职业设计师岗位技能培训系列教程

从设计到印刷

Illustrator CS5

平面设计师必读

1 DVD 影音视频教学光盘

赵艳东　井大为　谭　利　编著

AI

GCP 印刷工业出版社

BHP 北京希望电子出版社
Beijing Hope Electronic Press
www.bhp.com.cn

内容提要

本书全面、详细地讲解了Adobe Illustrator CS5的基础知识和各项功能，是介绍Adobe Illustrator CS5软件应用和印刷知识的平面设计专业教材。

本书由11章组成，包括Adobe Illustrator的基础知识、界面工具箱的基本操作、素材的获取和管理、路径的绘制、基本图形绘制和变换工具使用、颜色填充、符号工具和混合工具的使用、文本处理、滤镜和效果制作、图表的设计、陷阱分析与输出知识等。

本书由业内资深人士和一线设计工作人员编写，讲解明确、清晰，语言生动详实，内容丰富，并且配有大量的图片，方便读者更有效率地掌握Adobe Illustrator CS5的重点和难点。本书打破一贯到底的叙述方式，采用"理论知识+实战案例"的结构，使读者通过理论联系实际，能够更好、更快、更牢固地掌握Adobe Illustrator CS5的软件知识。

本书可以作为全国高等院校艺术专业类计算机图形软件的课程教材，也适合各类职业培训班和自学人员使用。

本书配套光盘内容为书中案例视频教学、从设计到印刷的设计流程教学视频，同时还配有部分图片素材。

图书在版编目（CIP）数据

从设计到印刷Illustrator CS5平面设计师必读/赵艳东，井大为，谭利编著.-北京:印刷工业出版社，2011.6

职业设计师岗位技能培训系列教程

ISBN 978-7-5142-0214-4

I.从…II.①赵…②井…③谭…III.①图形软件，Illustrator CS5－技术培训－教材
Ⅳ.TP391.41

中国版本图书馆CIP数据核字(2011)第094510号

从设计到印刷Illustrator CS5平面设计师必读

编　著：赵艳东　井大为　谭　利

责任编辑：郭　蕊　周凤明　　责任校对：黄如川
责任印制：密　东　　责任设计：深度文化

出版发行：印刷工业出版社（北京市翠微路2号　邮编：100036）
北京希望电子出版社（北京市海淀区上地三街9号嘉华大厦C座610　邮编：100085）

网　址：www.bhp.com.cn
经　销：各地新华书店
印　刷：北京市密东印刷有限公司

开　本：787mm×1092mm　1/16
字　数：368千字
印　张：16.75
印　数：1～4000
印　次：2011年6月第1版　2011年6月第1次印刷
定　价：39.80元　（配1张DVD光盘）

ISBN：978-7-5142-0214-4

序

职业教育是我国教育事业的重要组成部分，是衡量一个国家现代化水平的重要标志，我国一直非常重视职业教育的发展。西方发达国家的职业教育一直处于一个较高的水平，有效地促进了国家的经济发展、社会进步，增加了就业。发展职业教育，提高劳动者的素质，培养实用型人才是职业教育的一个重要目标，尤其是在当前我国城镇化步伐加快，农村剩余劳动力大转移的前提下，职业教育的地位更为突出和重要。经过20多年探索，我国职业教育改革发展的思路日益清晰。《国务院关于大力发展职业教育的决定》明确提出，要“推进职业教育办学思想的转变。坚持‘以服务为宗旨、以就业为导向’的职业教育办学方针，积极推动职业教育从计划培养向市场驱动转变，从政府直接管理向宏观引导转变，从传统的升学导向向就业导向转变。促进职业教育教学与生产实践、技术推广、社会服务紧密结合，推动职业院校更好地面向社会、面向市场办学”。各级领导和社会各界对这种职业教育的办学思路已逐步形成共识，并引导着我国职业教育不断深化改革，在服务中求支持，在改革中求发展。

在此背景下，新闻出版总署教育培训中心与相关专业培训公司、软件厂商、相关院校合作推出了“职业数码出版设计师”培训计划，旨在培养出符合企业需求的平面设计师。该培训计划将实际工作场景融入培训课程，以实际工作案例作为课程内容，将大大激发学生的学习热情。随着排版设计的新技术和平板电脑、手机等硬件设备的广泛应用，人们渐渐更乐意使用这些硬件来阅读电纸书，以获取信息。电纸书的排版设计师也成为市场稀缺的高薪人才。“职业数码出版设计师”培训计划更是根据此市场需求，推出了“电、纸媒体排版”学习课程，让学员不光掌握传统的设计印刷知识，对前沿技术也能充分了解。

“职业数码出版设计师”培训地点位于北京大兴区的北京印刷学院高职院内，从这里已经走出了一批批高素质平面设计师。他们深深地感到“职业数码出版设计师”培训为其工作打下了良好的基础，并且起到了连接学校和企业的桥梁作用。本系列图书是根据“职业数码出版设计师”培训计划编写的教材，作者将多年的工作经验和技巧融入教材实例中，也希望该书能对有兴趣从事平面设计工作的读者有所帮助。

本套教材是配合该项目的实施，专门开发的教材。教材采用了大量实际案例，并将软件知识点与专业知识进行综合分析与讲解，力求帮助读者通过强化专业技能培训与实务训练，迅速掌握软件在平面设计中的关键应用方法、平面设计工作的工艺流程、各种常见印刷类设计稿的设计规范，清楚了解在平面设计工作中常遇到的技术难题与易犯错误，熟练掌握正确的工作方法，以达到具有两年以上工作经验的设计师的工作水平。

本书附赠的光盘中包括案例教学视频，拍摄了本套书封面从设计、制作、出片、打样、印刷以及装订的完整流程，带领读者实地跟踪、参观演练从设计到印刷的完整工艺流程，以对其有一个完整的感性认识，从而更加清晰地掌握手中涉及到的专业知识。

编著者

前 言

本套教材以职业活动为导向，以“理论实践一体化”为原则，有较强的针对性和适应性，能帮助阅读者更准确、更快捷地理解和掌握平面设计与印刷的有关专业知识。本书充分体现了理论与实践的可操控性，既可以作为具有应用和实践特色的主题教材，同时又可以作为自学的实践教材，帮助学习者切实地把握本课程的知识内涵，提高理论与实践的水平，具备了职业活动导向教材的特色。

设计软件是设计师完成视觉传达的得力助手，平面类设计软件中最深入人心的当数Photoshop、Illustrator、InDesign、CorelDRAW，它们分工协作，相辅相成。通过对本教材的学习，可以传授给读者视觉思维的表达能力和软件设计能力。

平面设计软件大致可以分为图像软件（如Photoshop）、图形软件（如Illustrator、CorelDRAW）、排版软件（如InDesign、CorelDRAW）三类。图像和图形软件的区别就如同给设计师一个照相机和一支画笔，设计师可以选择将物品拍下来，也可以选择画出来。而排版软件区别于其他两类软件就是能对文字更加高效精确地编辑，对版面的控制也最方便。

本书介绍的Illustrator是Adobe公司推出的一款优秀的图形软件，在实际的设计工作中运用广泛，如印刷领域中的绘制各种美术字体、矢量图形，图案、花纹，同时该软件还应用于其他的设计领域，如网页制作、平面设计和办公处理领域等。

本书内容与特点

本书语言通俗，介绍了Illustrator CS5的基础知识和使用方法，同时讲解了Illustrator CS5的新功能，并通过来自一线的典型案例，全面讲解了软件界面设置、图形与色彩、路径绘制工具、图形的编辑、文字的应用、图层与蒙版、画笔、符号与混合的应用等内容，以及职业设计工作中涉及到的最多的实际案例，包括封面设计、招贴广告等。

本书的最大特点就是在保证基础知识讲解完整的基础上，融入了工作中应该掌握的印刷知识，并且以实际案例让读者身临其境地感受平面设计。

在图书的最后，还通过实际案例介绍和陷阱分析来帮助读者迅速掌握软件在平面设计中的关键应用方法、平面设计工作的工艺流程、各种常见印刷类设计稿的设计规范，清楚了解在平面设计工作中常遇到的技术难题与易犯错误，熟练掌握正确的操作方法，以达到具有两年以上工作经验的设计师的操作水平。

本书配套光盘内容为书中案例视频教学、从设计到印刷的设计流程教学视频，同时还配有部分图片素材、矢量成品案例供读者学习使用。

本书由赵艳东、井大为、谭利编写，同时参与编写和资料整理的还有王夕勇、王静、霍奇超、蔡欣平、陈涛杰、韦娜娜、姚秀菊、李娜、李畅、韩妥、张冠玉、于亚杰，在此一并表示感谢。

因为编者水平有限，敬请读者批评指正。

编著者

CONTENTS 目录

第1章 认识Illustrator CS5

第2章 Illustrator开始前的准备工作

第3章 路径

第4章 基本绘图和变形工具

第5章 颜色填充

CONTENTS 目录

第6章 符号工具与混合工具

第7章 文本处理

第8章 效果

第9章 图表

第10章 实战案例

第11章 逃出陷阱和提高工作效率

1

第1章

认识Illustrator CS5

Adobe Illustrator CS5是一款非常优秀的矢量编辑与平面设计软件，它以矢量图形编辑强大、操作使用简便、对素材格式支持广泛等优势受到众多设计师的青睐。了解Illustrator在设计流程中的作用，熟悉Illustrator的工作环境，会让设计师的设计工作更加轻松愉快。

本章将对Illustrator CS5进行简单的介绍，包括对软件的工作界面、工具名称和用途。

设计要点

- Illustrator在设计流程中的重要作用
- Illustrator基础知识
- Illustrator文件的基本操作

印刷要点

- Illustrator在印刷设计中的运用
- 矢量图与位图的区别

1.1 Illustrator在设计流程中的重要作用

Illustrator没有Photoshop强大的图片处理功能，也不能像InDesign那样快速无误地排版多页面出版物。它是一个矢量绘图软件，它主要用于制作标志、包装设计和插画等，了解Photoshop、Illustrator和InDesign 3个软件的不同功能，有助于设计师合理运用软件，完成印刷品的制作。

通过下面的流程图，设计师能直观地看到3个软件的不同作用，以及它们共同协作完成作品的制作流程。

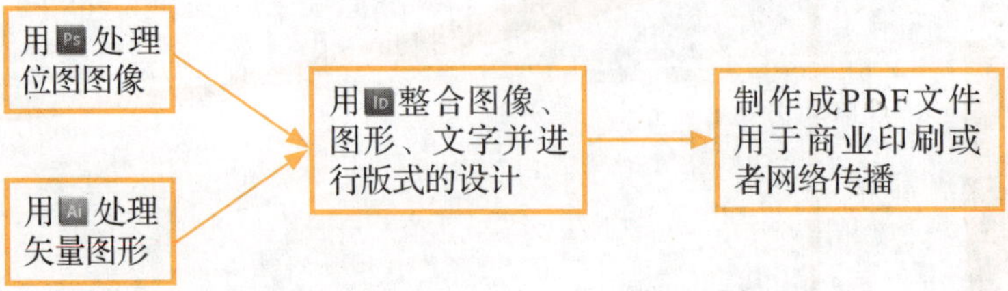

1.2 Illustrator在印刷设计中的运用

使用Illustrator为企业绘制标志、为排版提供矢量图形是设计师必备的技能之一。Illustrator常用来处理以下工作。

1. 绘制地图

Illustrator的钢笔工具和描边调板能让设计师轻松地完成路径绘制以及地图中各路线的描边效果。使用自定义符号可节省时间并显著减小文件大小，如图1-1所示。

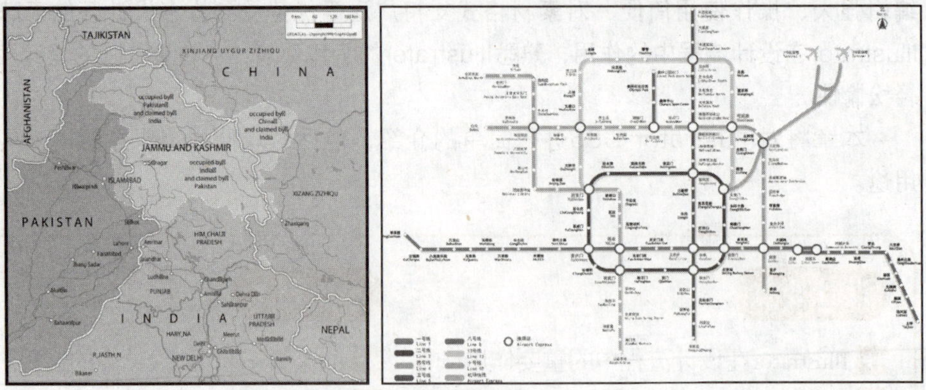

图1-1

2. 海报

利用画笔、文字变形和图案能制作出漂亮的海报，如图1-2所示。

3. 名片

通过Illustrator的绘图功能、文字变形和图案编辑制作名片，如图1-3所示。

图1-2

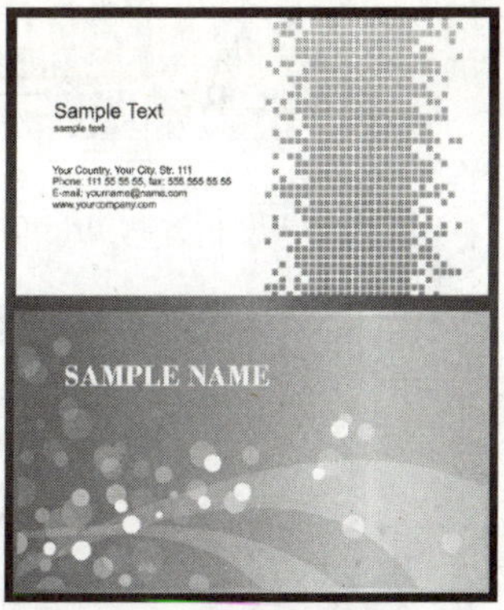

图1-3

4. 网站

用Illustrator的绘图功能绘制网站需要的各个元素，然后存储为Web所用格式，如图1-4所示。

图1-4

1.3 Illustrator基础知识

熟悉Illustrator的操作界面、工具箱、调板与基本操作是深入学习后面知识的重要基础。本节主要讲解的内容包括工作区概览和文件的基本操作，让设计师快速掌握Illustrator的工作环境。

1.3.1 工作区概览

Illustrator CS5的自定义工作区，可以使设计师随心所欲地对其进行调整以符合自己的工作习惯。它与Photoshop CS5有着相似的界面，可以让设计师更快地掌握界面操作，避免对软件产生生疏感。本小节将简单介绍操作界面、工具箱以及调板的不同作用。

1. 操作界面

默认情况下，Illustrator的工作区域中包含菜单栏、选项栏、画板、工具箱、状态栏和调板，如图1-5所示。

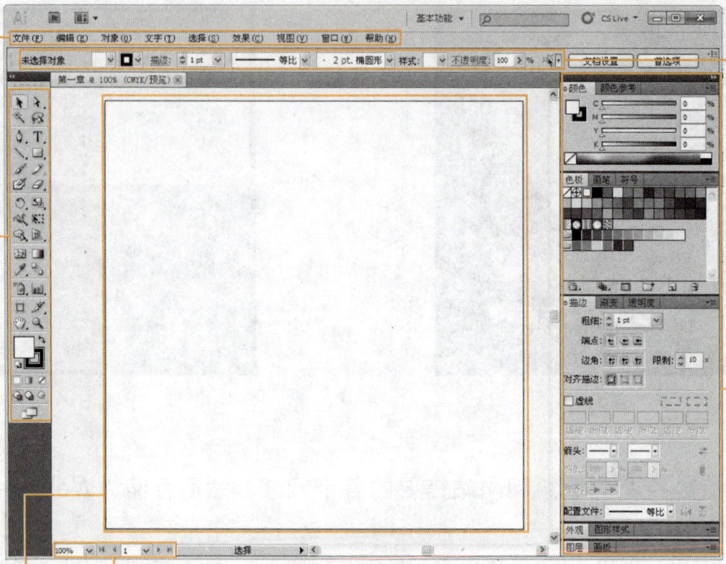

状态栏：显示当前缩放级别和关于下列主题之一的信息，包括当前使用的工具、日期和时间、可用的还原和重做次数、文档颜色配置文件或被管理文件的状态。

调板：可帮助监控和修改图稿和菜单

选项栏：用于显示当前所选对象的选项。

画板：可以绘制和设计图稿。

工具箱：用于绘制和编辑图稿的工具。

菜单栏：包含用于执行任务的命令。单击菜单栏的各种命令，是实现Illustrator主要功能的最基本的操作方式。Illustrator CS5中文版的菜单栏中包括【文件】、【编辑】、【对象】、【文字】、【选择】、【滤镜】、【效果】、【视图】、【窗口】和【帮助】等功能各异的菜单。单击菜单栏中的各个命令会出现相应的下拉菜单。

图1–5

提 示

“选项栏”中显示的选项因所选的对象或工具类型而异。例如，选择文本对象时，“选项栏”除了显示用于更改对象颜色、位置和尺寸的选项外，还会显示文本格式选项。选择工具处于现用状态时，可以从“选项栏”中设置“文档设置”和“首选项”。

问 答 1

状态栏中可以显示什么内容?

当前缩放级别、当前正在使用的工具、当前正在使用的画板、用于多个画板的导航控件、日期和时间、可用的还原和重做次数、文档颜色配置文件、受管理文件的状态。

2. 工具箱的介绍

Illustrator CS5把最常用的工具都放置在工具箱中，将功能近似的工具以展开的方式归类组合在一起，使操作更加灵活方便，如图1-6所示。把鼠标放在工具箱内的工具上停留几秒会显示工具的快捷键。熟记这些快捷键可减少鼠标在工具箱和文档窗口间来回移动的次数，提高工作效率。

工具图标右下角的小三角形表示有隐藏工具。单击右下角有小三角形的工具图标并按住左键不放，隐藏的工具便会弹出来。要将隐藏工具拖出到单独的调板中，将指针拖移到隐藏工具末尾的箭头上并松开鼠标即可。

选择工具组

- 选择工具 (V) 用于选择整个对象
- 直接选择工具 (A) 用于选择对象内的点或路径段
- 编组选择工具用于选择组内的对象或组内的组
- 魔棒工具 (Y) 用于选择具有相似属性的对象
- 套索工具 (Q) 用于选择对象内的点或路径段
- 画板工具创建用于打印或导出的单独画板

上色工具组

- 画笔工具 (B) 用于绘制徒手画和书法线条以及路径图稿、图案和毛刷画笔描边
- 网格工具 (U) 用于创建和编辑网格和网格封套
- 渐变工具 (G) 调整对象内渐变的起点和终点以及角度，或者向对象应用渐变
- 吸管工具 (I) 用于从对象中采样以及应用颜色、文字和外观属性，其中包括效果
- 实时上色工具 (K) 用于按当前的上色属性绘制“实时上色”组的表面和边缘
- 实时上色选择 (Shift+L) 工具用于选择“实时上色”组中的表面和边缘
- 度量工具用于测量两点之间的距离
- 斑点画笔工具 (Shift+B) 所绘制的路径会自动扩展和合并堆叠顺序中相邻的具有相同颜色的书法画笔路径

绘图工具组

- 钢笔工具 (P) 用于绘制直线和曲线来创建对象
- 添加锚点工具 (+) 用于将锚点添加到路径
- 删除锚点工具 (–) 用于从路径中删除锚点
- 转换锚点工具 (Shift + C) 用于将平滑点与角点互相转换
- 直线段工具 (\) 用于绘制直线段
- 弧线工具用于绘制各个凹入或凸起的曲线段
- 螺旋线工具用于绘制顺时针和逆时针螺旋线
- 矩形网格工具用于绘制矩形网格
- 极坐标网格工具用于绘制圆形图像网格
- 矩形工具 (M) 用于绘制方形和矩形
- 圆角矩形工具用于绘制具有圆角的方形和矩形
- 椭圆工具 (L) 用于绘制圆和椭圆
- 多边形工具用于绘制规则的多边形
- 星形工具用于绘制星形
- 光晕工具用于创建类似镜头光晕或太阳光晕的效果
- 铅笔工具 (N) 用于绘制和编辑自由线段
- 平滑工具用于平滑处理贝塞尔路径
- 路径橡皮擦工具用于从对象中擦除路径和锚点
- 透视网格工具可以在透视中创建和渲染图稿
- 透视选区工具可以在透视中选择对象、文本和符号、移动对象以及在垂直方向上移动对象

改变形状工具组

旋转工具 (R) 可以围绕固定点旋转对象

镜像工具 (O) 可以围绕固定轴翻转对象

比例缩放工具 (S) 可以围绕固定点调整对象大小

倾斜工具可以围绕固定点倾斜对象

整形工具可以在保持路径整体细节完整无缺的同时，调整所选择的锚点

自由变换工具 (E) 可以对所选对象进行比例缩放、旋转或倾斜

混合工具 (W) 可以创建混合了多个对象的颜色和形状的一系列对象

宽度工具 (Shift+W) 用于创建具有不同宽度的描边

变形工具 (Shift + R) 可以随光标的移动塑造对象形状（打个比方，就像铸造粘土一样）

旋转扭曲工具可以在对象中创建旋转扭曲

收缩工具可通过向十字线方向移动控制点的方式收缩对象

膨胀工具可通过向远离十字线方向移动控制点的方式扩展对象

扇贝工具可以向对象的轮廓添加随机弯曲的细节

晶格化工具可以向对象的轮廓添加随机锥化的细节

皱褶工具可以向对象的轮廓添加类似于皱褶的细节

形状生成器工具可以合并多个简单的形状以创建自定义的复杂形状

符号工具组

符号喷枪工具 (Shift + S) 用于将多个符号实例作为集置入到画板上

符号移位器工具用于移动符号实例

符号紧缩器工具用于将符号实例移到离其他符号实例更近或更远的地方

符号缩放器工具用于调整符号实例的大小

符号旋转器工具用于旋转符号实例

符号着色器工具用于为符号实例上色

符号滤色器工具用于为符号实例应用不透明度

符号样式器工具用于将所选样式应用于符号实例

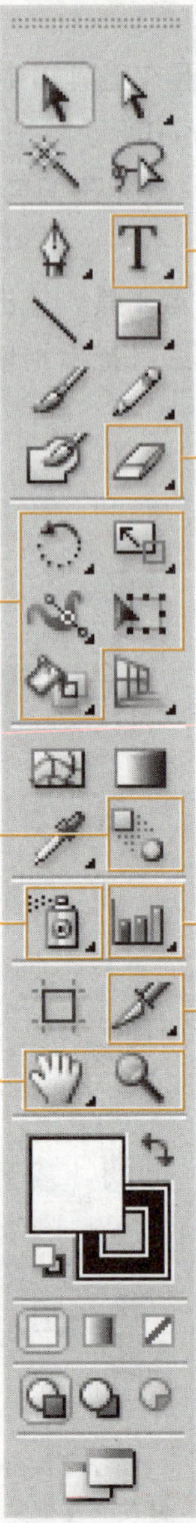

文字工具组

文字工具 (T) 用于创建单独的文字和文字容器，并允许输入和编辑文字

区域文字工具用于将封闭路径改为文字容器，并允许在其中输入和编辑文字

路径文字工具用于将路径更改为文字路径，并允许在其中输入和编辑文字

直排文字工具用于创建直排文字和直排文字容器，并允许在其中输入和编辑直排文字

直排区域文字工具用于将封闭路径更改为直排文字容器，并允许在其中输入和编辑文字

直排路径文字工具用于将路径更改为直排文字路径，并允许在其中输入和编辑文字

图表工具组

柱形图工具 (J) 创建的图表可用垂直柱形来比较数值

堆积柱形图工具创建的图表与柱形图类似，但是它将各个柱形堆积起来，而不是互相并列

条形图工具创建的图表与柱形图类似，但是水平放置条形而不是垂直放置柱形

堆积条形图工具创建的图表与堆积柱形图类似，但是条形是水平堆积而不是垂直堆积

折线图工具创建的图表使用点来表示一组或多组数值，并且对每组中的点都采用不同的线段来连接

面积图工具创建的图表与折线图类似，它强调数值的整体和变化情况

散点图工具创建的图表沿 x 轴和 y 轴将数据点作为成对的坐标组进行绘制

饼图工具可创建圆形图表，它的楔形表示所比较的数值的相对比例

雷达图工具创建的图表可在某一特定时间点或特定类别上比较数值组，并以圆形格式表示

切片和剪切工具组

切片工具用于将图稿分割为单独的 Web 图像

切片选择工具 (Shift+K) 用于选择 Web 切片

橡皮擦工具 (Shift+E) 用于擦除拖动到的任何对象区域

剪刀工具 (C) 用于在特定点剪切路径

美工刀工具可剪切对象和路径

移动和缩放工具组

抓手工具 (H) 可以在插图窗口中移动 Illustrator 画板

打印拼贴工具可以调整页面网格以控制图稿在打印页面上显示的位置

缩放工具 (Z) 可以在插图窗口中增加和减小视图比例

图1-6

单击工具箱最下面的更改屏幕模式按钮，可以选择3种视图模式，如图1–7所示。

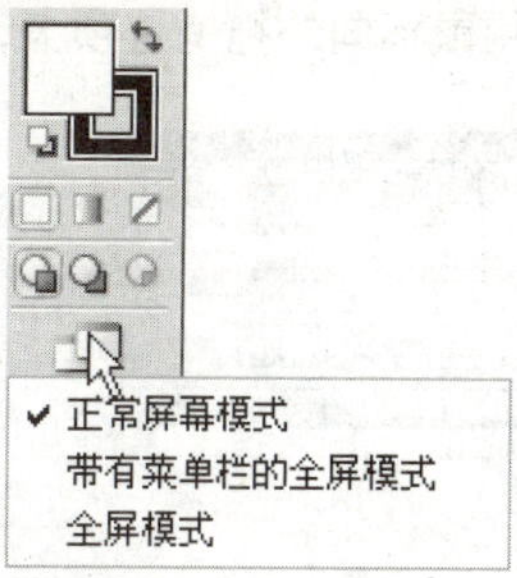

图1–7

正常屏幕模式：在标准窗口中显示图稿，菜单栏位于窗口顶部，滚动条位于侧面，如图1–8（a）所示。

带有菜单栏的全屏模式：在全屏窗口中显示图稿，有菜单栏但是没有标题栏或滚动条，如图1–8（b）所示。

全屏模式：在全屏窗口中显示图稿，不带标题栏、菜单栏或滚动条，如图1–8（c）所示。

（a）

（b）

（c）

图1–8

3. 调板的组合使用

调板可显示为3种视图模式，可以形象地称之为折叠视图、简化视图和普通视图，反复双击选项卡可完成3种视图的转换，如图1–9所示。

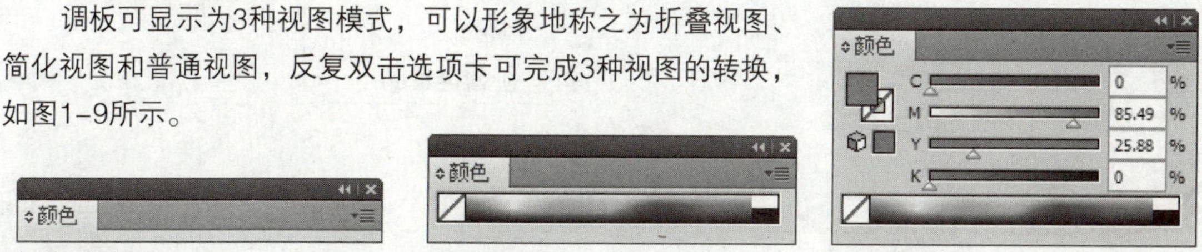

折叠视图模式

简化视图模式

普通视图模式

图1–9

提 示

若要移除调板，右键单击调板右上方的“折叠为图标”按钮，在弹出的下拉菜单中选择“关闭”，或从【窗口】菜单中取消选择该调板，也可以直接单击调板右上方的“关闭”按钮。要添加调板，可以从【窗口】菜单中选择所要打开的调板，然后将其放在所需的位置。

用鼠标向外拖曳选项卡，可以将多个组合的调板分为单独的调板，如图1-10所示。

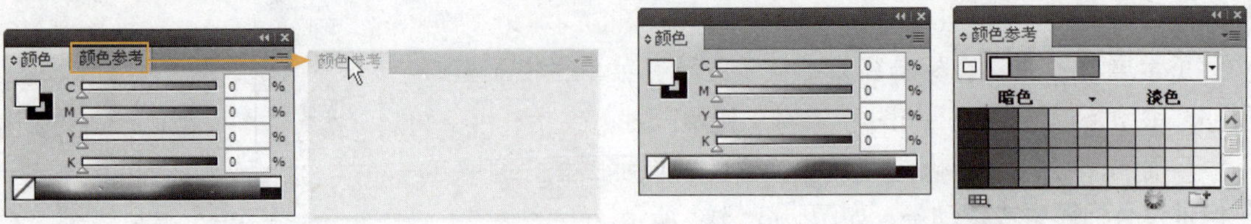

图1-10

在移动调板时，能看到蓝色突出显示的放置区域，可以在该区域中移动调板。通过将一个调板拖移到另一个调板下面的窄蓝色放置区域中，可使两个调板上下排列放置，如图1-11所示。如果拖曳到的区域不是放置区域，该调板将在工作区中自由浮动。

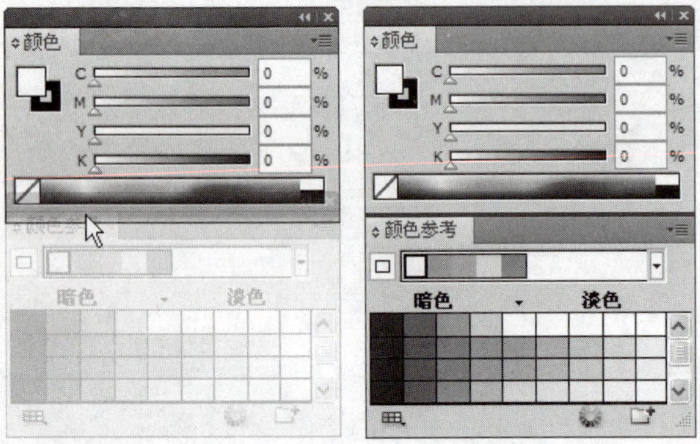

图1-11

提 示

图1-11中的鼠标位置为可激活放置区域，如果看不到放置区域，可先将鼠标拖到放置区域应处于的位置。若要移动调板，拖动调板的标签；若要移动调板组，拖动调板组的标题栏。图1-11中的蓝色放置区域表示【颜色参考】调板将放在【颜色】调板的下面。

用鼠标单击调板右侧的黑色三角按钮，可以打开隐藏菜单，如图1-12所示。

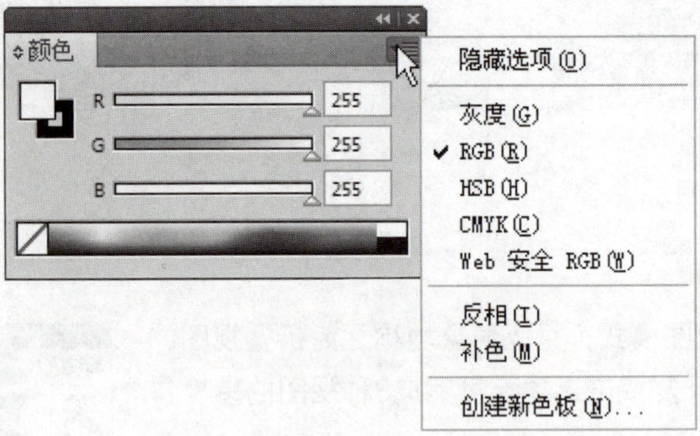

图1-12

问 答 2

如何调整调板的大小？

要将调板或调板组最小化或最大化，可以双击选项卡，也可以双击选项卡区域（选项卡上的空白区）。

要调整调板的大小，可以拖动调板的任意一条边。有些调板无法通过拖动来调整大小，如【颜色】调板。

1.3.2　文件的基本操作

文档是指可以创建图稿的空间。设计师可以从头创建或者基于模板创建一个新的 Illustrator 文档。从头创建文档提供一个空白的文档，它具备默认的填色和描边颜色、图形样式、画笔、符号、动作、视图首选项和其他设置；从模板创建文档提供一个具备预设设计元素和设置的文档。

1. 新建和打开文件

在绘制图形之前，首先要创建或打开一个新的文件。下面介绍新建或打开文件的几种方法。

方法一：执行【文件】→【新建】命令，弹出【新建文档】对话框，如图1-13所示，在其中设置画板的大小、宽度、高度、单位和颜色模式选项，单击【确定】按钮，即完成了新建文档的操作，如图1-14所示。

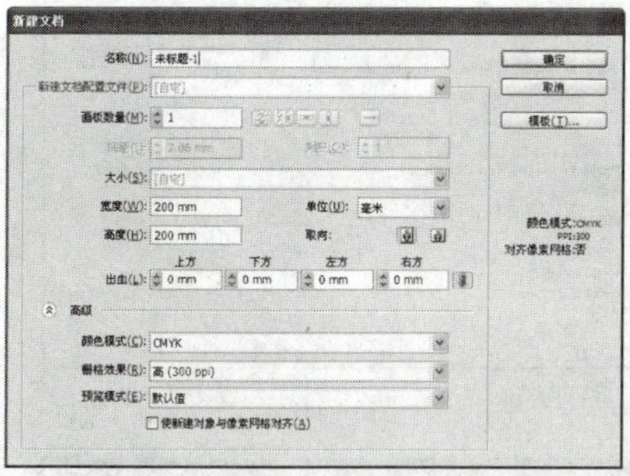

图1-13

图1-14

方法二：从模板中创建新文档，执行【文件】→【从模板新建】命令，在【从模板新建】对话框中选择一个模板，如图1-15所示，单击【新建】按钮则完成从模板中创建新文档的操作，如图1-16所示。通过“从模板新建”命令选择模板时，Illustrator 会创建一个新文档，其内容与模板相同，且丝毫不改变原始的模板文件。

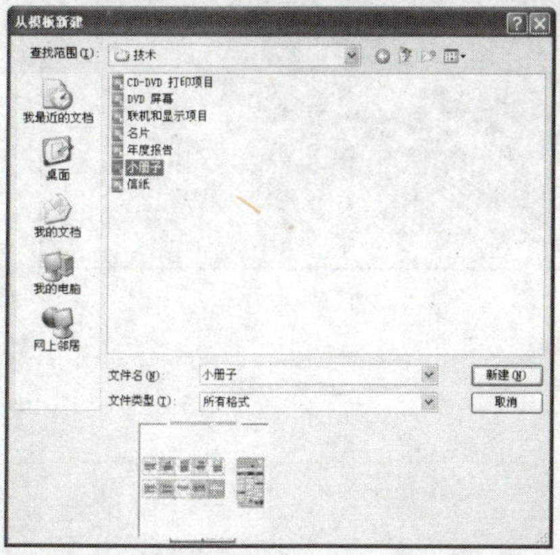

图1-15

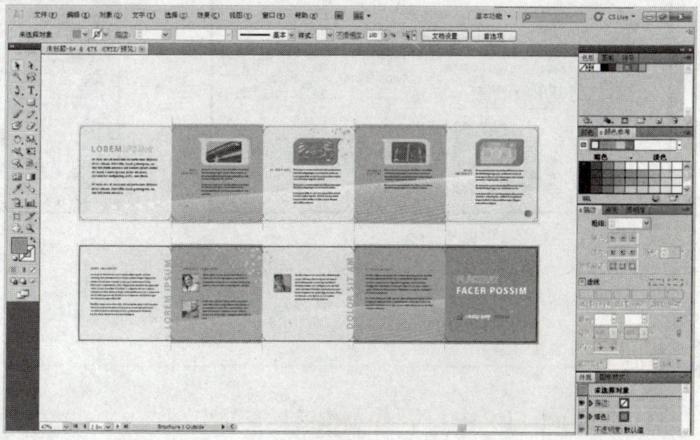

图1-16

方法三：通过Illustrator CS5启动时的欢迎屏幕来创建一个新的文件。单击欢迎屏幕上的【新建文档】按钮，可以创建一个新的文件；或选择【从模板新建】按钮，利用模板迅速地建立一个图形文件，如图1-17所示。

提 示

如果启动Illustrator软件时没有欢迎屏幕，可以执行【帮助】→【欢迎屏幕】命令，打来欢迎屏幕对话框。

执行【文件】→【最近打开的文件】命令，可以方便地打开最近编辑过的文件，如图1-18所示。同样可执行【文件】→【打开】命令，在弹出的【打开】对话框中选择需要打开的文件，如图1-19所示，单击【打开】按钮，可以打开保存好的文件。还可以执行【文件】→【在Bridge中浏览】命令，软件会自动运行Adobe Bridge，如图1-20所示。通过Adobe Bridge来浏览、查找和打开文件。

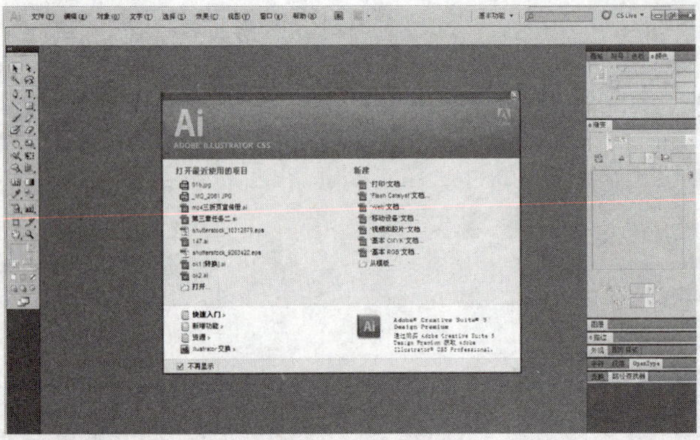

图1-17

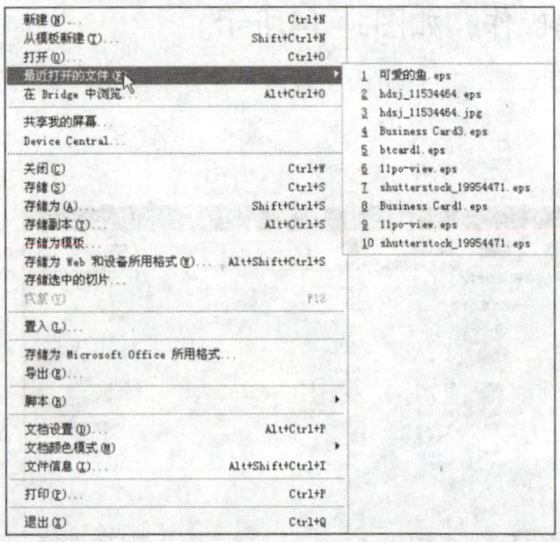

图1-18

图1-19

图1-20

问 答 3

在Illustrator中打开Bridge的方式如下。

- 执行【文件】→【在 Bridge 中浏览】命令，打开Bridge。
- 单击菜单栏中的 Adobe Bridge 图标，打开Bridge。
- 从状态栏中选择“在 Bridge 中显示”，打开Bridge。

2. 存储文件

设计师在设计一部作品时，要记住随时对自己的作品进行保存，以免发生意外丢失文件，下面讲解保存文件的方法。

执行【文件】→【存储】命令，如果文件是第一次保存，会弹出【存储为】对话框，如图1-21所示，设置好文件名和保存类型等，再单击【保存】按钮。

图1-21

为了更好地保存文件，可以将图形另外存一个副本，执行【文件】→【存储为】或者【存储副本】命令，通过【存储为】对话框来保存文件。

在【存储为】对话框的【保存类型】下拉文本框中有5种基本文件格式：AI、PDF、EPS、FXG和SVG。这些格式称为本机格式，因为它们可保留所有 Illustrator 数据（PDF和SVG格式，必须选择“保留Illustrator编辑功能”选项才可以保留所有的Illustrator数据，如图1-22所示）。

将图稿存储为*.ai格式时，单击【保存】按钮后，弹出【Illustrator选项】对话框，如图1-23所示，单击【确定】按钮，完成存储的操作。

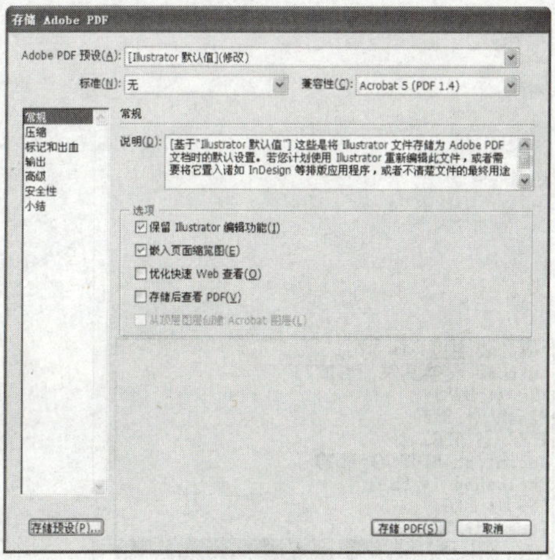

图1-22

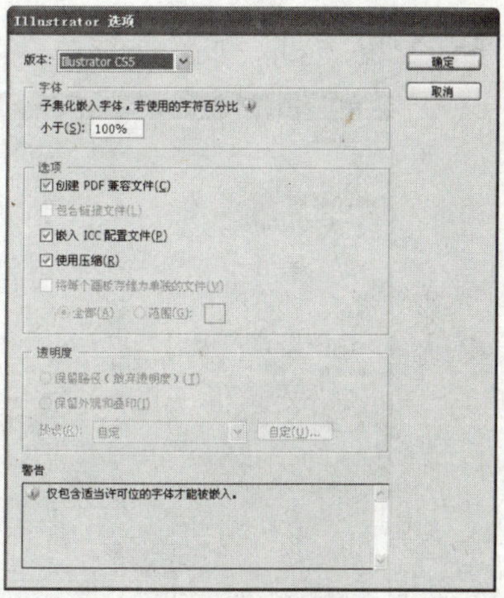

图1-23

提 示

EPS和FXG格式可以将各个画板存储为单独的文件。SVG只存储现用画板，但是，所有画板的内容都会显示。

3. 置入与导出文件

由于Illustrator所能打开的是*.ai格式的文件，所以在需要使用其他格式的素材文件时，就要通过【置入】命令来完成。【置入】命令是主要的导入方法，因为它对文件格式、置入选项和颜色提供最高级别的支持。置入文件后，可使用【链接】调板来识别、选择、监控和更新文件。

置入的操作步骤如下。

1 选择菜单中的【文件】→【置入】命令，弹出【置入】对话框，如图1-24所示。

2 选择需要置入图形的文件名、文件类型等，选择【链接】选项可创建文件的链接，取消选择【链接】选项可将图稿嵌入Illustrator文档中。最后单击【置入】按钮，就可将其他格式的图形文件导入至绘图页面中。

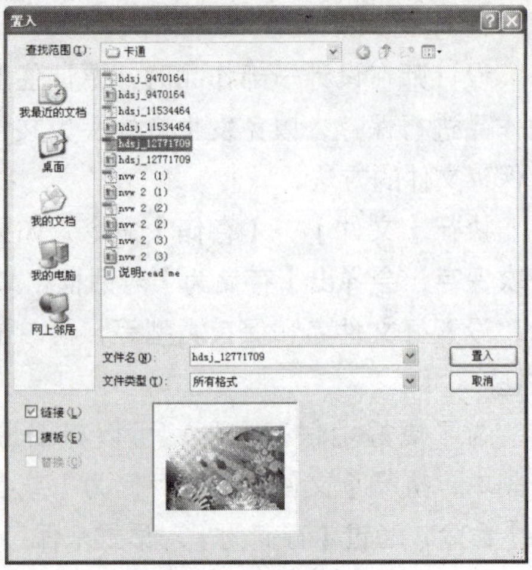

图1-24

提 示

如果要置入具有多个页面的 PDF文件，可选择要置入的页面以及裁剪图稿的方式。如果要置入Photoshop文件，可选择转换图层的方式。如果文件包含图层复合，应选择要导入的图像版本。

Illustrator的文件也可以通过【导出】命令，使文件输出成为其他软件可以读取的格式，供在Illustrator 以外的软件使用。这些格式称为非本机格式。导出的操作步骤如下。

1 执行【文件】→【导出】命令，弹出【导出】对话框，如图1-25所示。

2 设置需要导出的图形的文件名、保存类型，单击【导出】按钮，即可在指定的文件夹内生成导出文件。

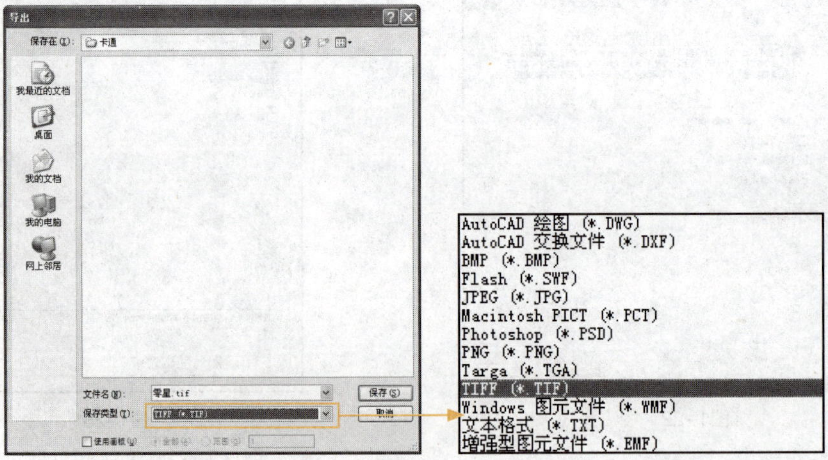

图1-25

提示

在【导出】对话框中，可以选择导出的文件格式。

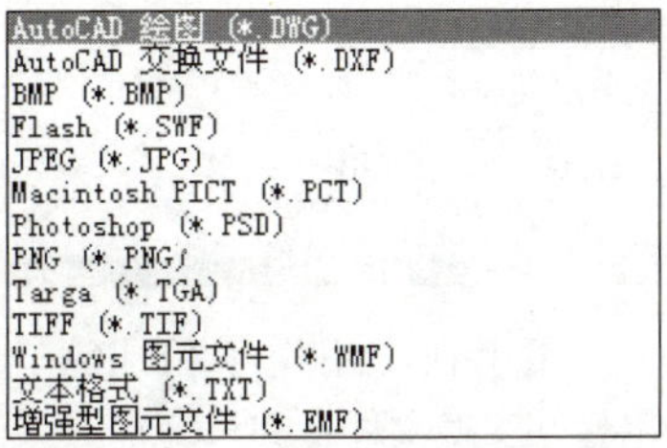

“AutoCAD绘图”是用于存储AutoCAD中创建的矢量图形的标准文件格式。“AutoCAD交换文件”是用于导出AutoCAD绘图或从其他应用程序导入绘图的绘图交换格式。

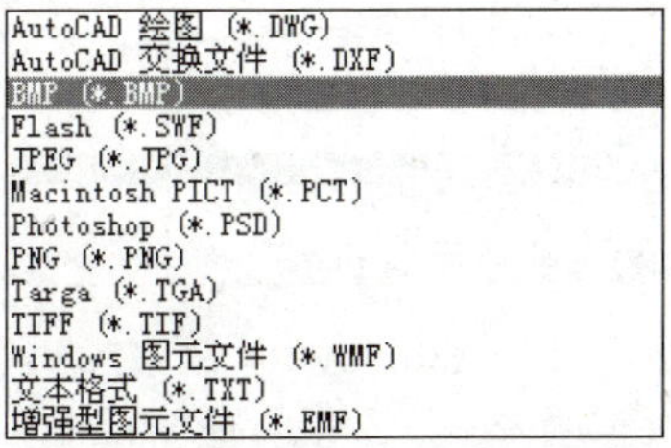

标准Windows图像格式，可以指定颜色类型、分辨率和消除锯齿设置，用于栅格化图稿，格式和位深度用于确定图像可包含的颜色总数（或灰色阴影数）。

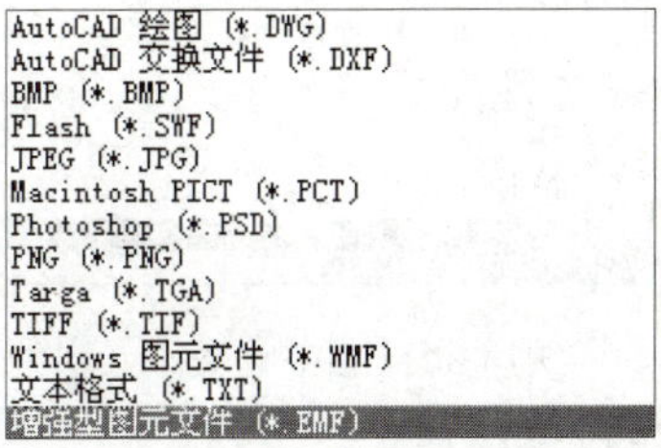

Windows应用程序广泛用作导出矢量图形数据的交换格式。Illustrator将图稿导出为EMF格式时可栅格化一些矢量数据。

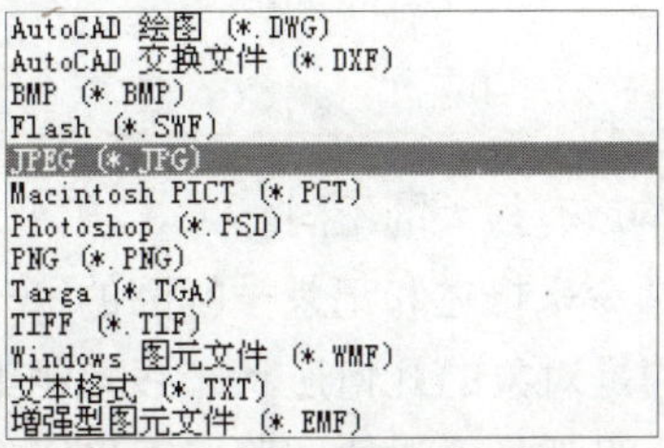

常用于存储照片。JPEG格式保留图像中的所有颜色信息，但通过有选择地扔掉数据来压缩文件大小。JPEG是在 Web上显示图像的标准格式。也可以使用“存储为Web和设备所用格式”命令将图像存储为JPEG文件。

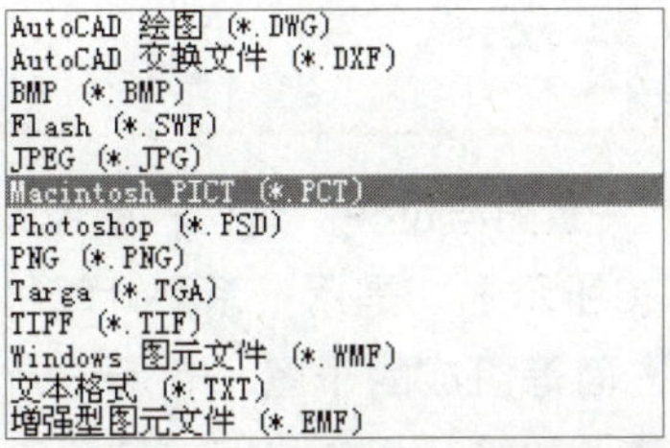

与Mac OS图形和页面布局应用程序结合使用以便在应用程序间传输图像。PICT在压缩包含大面积纯色区域的图像时特别有效。

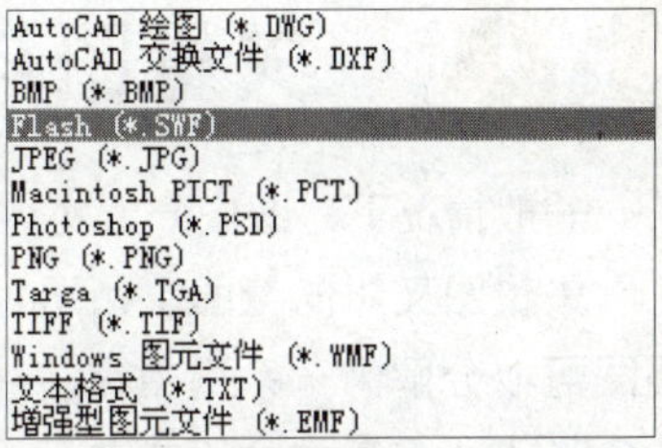

基于矢量的图形格式，用于交互动画Web图形。可以将图稿导出为Flash(SWF)格式，以便在Web设计中使用，并在任何配置了Flash Player增效工具的浏览器中查看图稿。

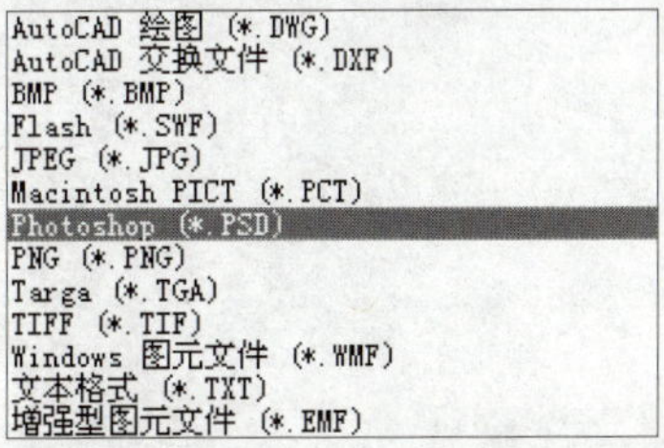

标准Photoshop格式。如果图稿包含不能导出到 Photoshop格式的数据，Illustrator可通过合并文档中的图层或栅格化图稿，保留图稿的外观。因此，图层、子图层、复合形状和可编辑文本可能无法在Photoshop文件中存储，即使选择了相应的导出选项。

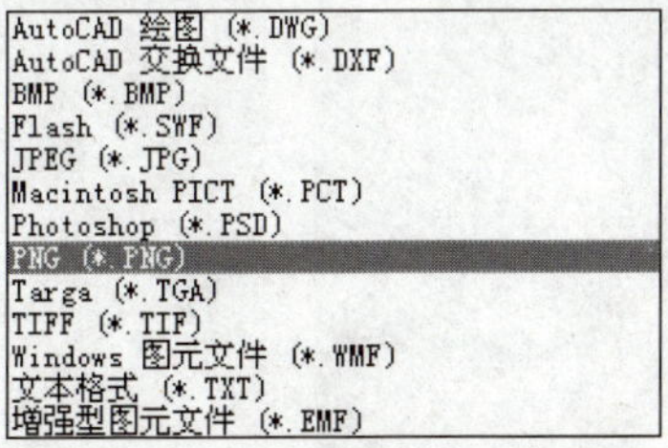

用于无损压缩和Web上的图像显示。与GIF不同，PNG支持24位图像并产生无锯齿状边缘的背景透明度；但是，某些 Web浏览器不支持PNG图像。PNG保留灰度和RGB图像中的透明度。

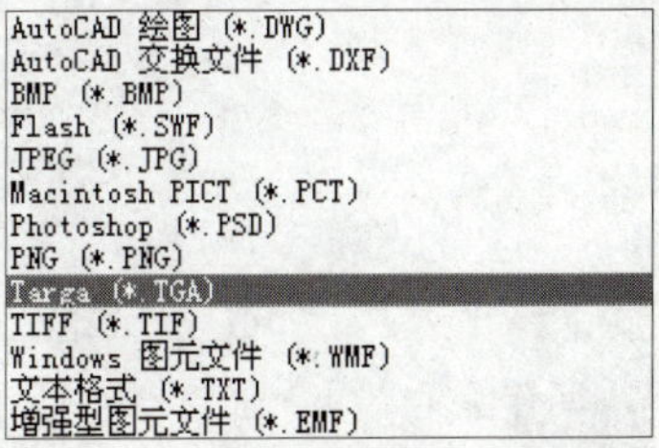

设计可以在使用 Truevision视频板的系统上使用。可以指定颜色类型、分辨率和消除锯齿设置，用于栅格化图稿，位深度用于确定图像可包含的颜色总数（或灰色阴影数）。

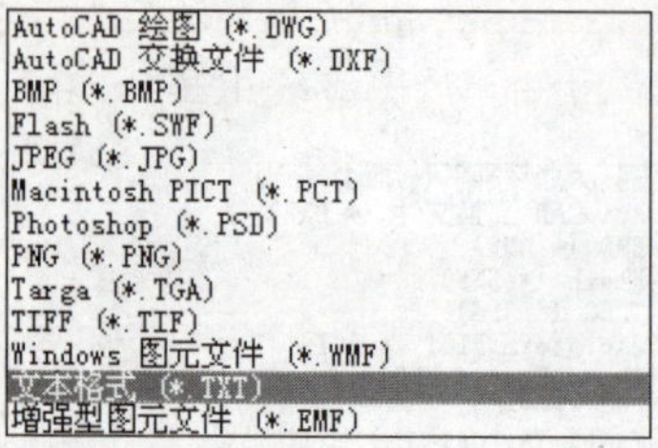

用于将插图中的文本导出到文本文件中。

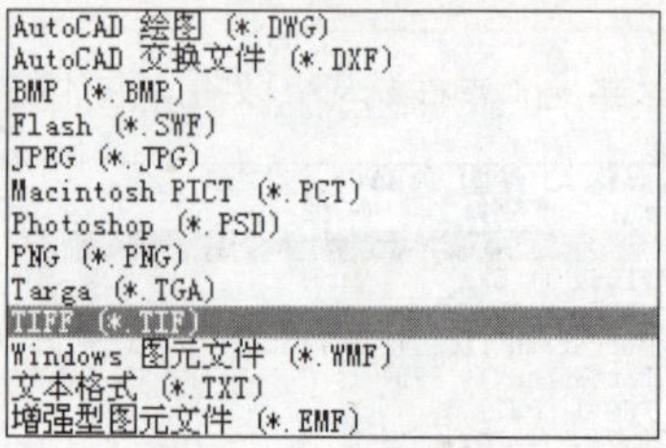

16位Windows应用程序的中间交换格式。几乎所有 Windows 绘图和排版程序都支持WMF格式。但是，它支持有限的矢量图形，在可行的情况下应以EMF代替WMF格式。

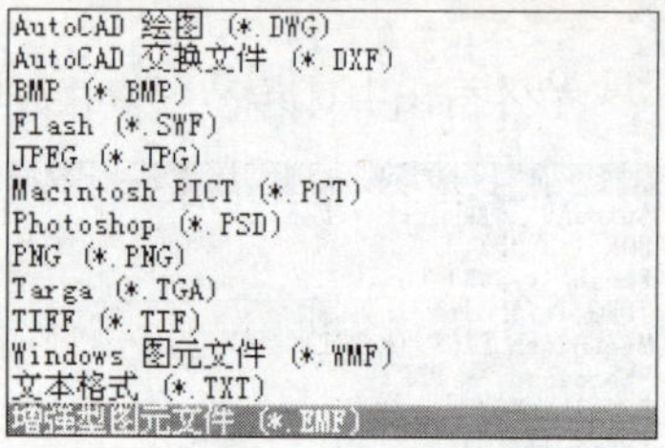

用于在应用程序和计算机平台间交换文件。TIFF是一种灵活的位图图像格式，绝大多数绘图、图像编辑和页面排版应用程序都支持这种格式。大部分桌面扫描仪都可生成 TIFF 文件。

1.4 矢量图与位图

一般情况下，图像分为两种：矢量图与位图。这两种图像的构成有很大的不同。

矢量图又叫向量图（如图1-26所示），是用一系列计算机指令来描述和记录一幅图的，一幅图可以分解为一系列由点、线、面等组成的子图，它所记录的是对象的几何形状、线条粗细和色彩等。其基本的组成单元是节点和路径。矢量图在缩放时边缘都是平滑的，所以图像不会失真，如图1-27所示。特别适用于文字设计、图案设计、版式设计、标志设计、计算机辅助设计（CAD）、工艺美术设计、插图等，且生成的矢量图文件存储量很小。现在介绍的Illustrator CS5 就是一个矢量绘图软件。

矢量图主要是依靠设计软件生成，矢量图的缺点在于不容易制作色彩丰富的图像，无法像位图那样精确地绘制出各种绚丽、真实的效果。

图1-26

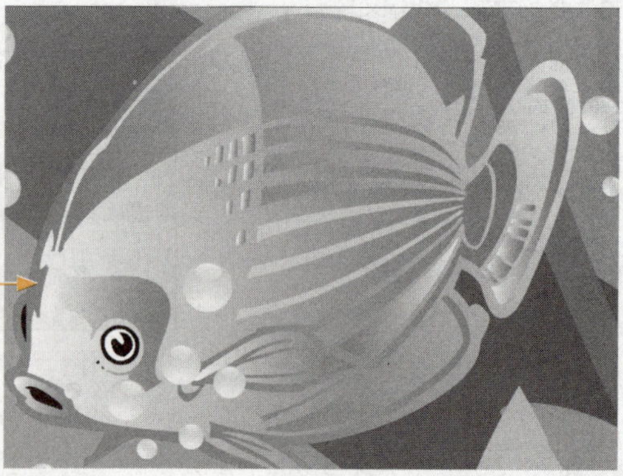

图1-27

位图（如图1-28所示）：位图又叫点阵图或像素图，计算机屏幕上的图是由屏幕上的发光点（即像素）构成的，每个点用二进制数据来描述其颜色与亮度等信息，这些点是离散的，类似于点阵。多个像素的色彩组合就形成了图像，称之为位图。位图可以通过数码相片、扫描或PhotoCD（图库）获得，也可以通过其他设计软件生成。

位图的主要优点在于表现力强、细腻、层次多、细节多，可以十分容易地模拟出像照片一样的真实效果。由于是对图像中的像素进行编辑，所以在对图像进行拉伸、放大或缩小等处理时，其清晰度和光滑度会受到影响，如图1-29所示。

图1-28

图1-29

提 示

位图图像与分辨率有关，也就是说，它们包含固定数量的像素。因此，如果在屏幕上以高缩放比率对它们进行缩放或以低于创建时的分辨率来打印它们，将丢失其中的细节，并会呈现出锯齿。位图图像有时需要占用大量的存储空间，在某些 Creative Suite 组件中使用位图图像时，通常需要对其进行压缩以减小文件大小。例如，将图像文件导入布局之前，先要在其原始应用程序中压缩该文件。

1.5 小结

在开始使用Illustrator CS5之前，首先要了解它的用途。本章主要介绍了Illustrator CS5是一个矢量绘图软件，它在设计流程中所处的位置，让设计师对Illustrator CS5有一个初步的认识。熟练运用和掌握Illustrator CS5最基本的操作方法，为后面的高级技巧的应用和印刷后期操作打下坚实的基础。

1.6 习题

1. 填空题

（1）Illustrator CS5主要用于（　　）、（　　）和（　　）等，它是一个（　　）软件。

（2）一般情况下，图像分为两种：（　　）与（　　）。

2. 问答题

（1）什么是矢量图和位图?

（2）矢量图与位图的区别是什么?

3. 操作题

（1）练习调板的组合使用：折叠视图、简化视图和普通视图。

（2）练习新建、打开、保存和导出文档。

读书笔记

2 第2章 Illustrator开始前的准备工作

设计师在使用Illustrator进行设计工作前需要做好充分的准备工作，只有这样才能在设计过程中事半功倍。

设计要点

- 文字、图片、制作文件的管理
- 书刊封面、单页、对页、纸袋文档的创建

印刷要点

- 从Word文档中获取较清晰的图片
- 常见印刷品尺寸介绍
- 出血的设置

2.1 原稿的获取与筛选

好的开始是成功的一半，在用Illustrator进行平面设计之前，首先要准备好文字和图片素材。通过不同方式获得的原稿品质各有不同，它会很大程度地影响后面的设计制作环节，这一章主要介绍，目前平面设计工作中常见的原稿来源。

2.1.1 文字的获取与筛选

文字是排版中最重要的环节之一，所以对文字的前期处理要规范，随便排入文字会出现各种各样令人烦恼的问题。因此，设计师在开始设计制作之前，应把获取的文字进行筛选。文字来源：Word格式的文字、网页中的文字、纯文本。

1. Word格式的文字

Word格式的文字素材可通过置入、复制粘贴和拖曳3种方法应用到Illustrator CS5中。置入的操作步骤如下。

1 执行【文件】→【置入】命令，弹出【置入】对话框，在【查找范围】下拉文本框中，选择光盘目录下的“素材\第2章\破碎的美丽.doc”文件，如图2-1所示。

2 单击【置入】按钮，弹出【Microsoft Word选项】对话框，选中【移去文本格式】复选框，可将Word文档中应用的格式去除，如图2-2所示。

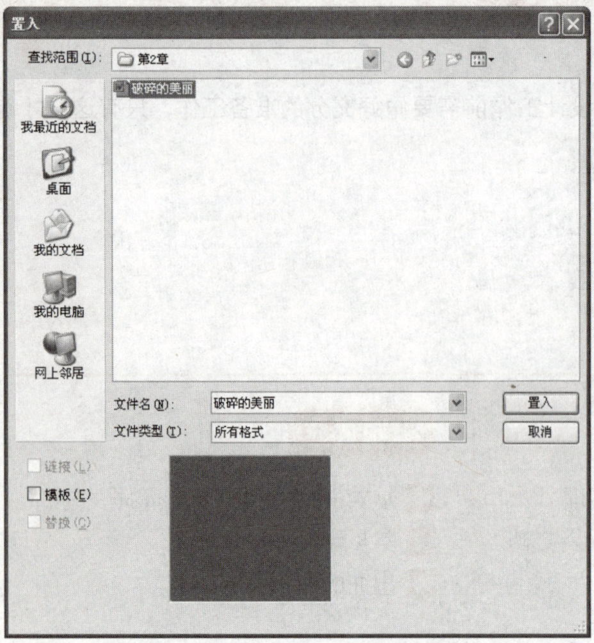

图2-1

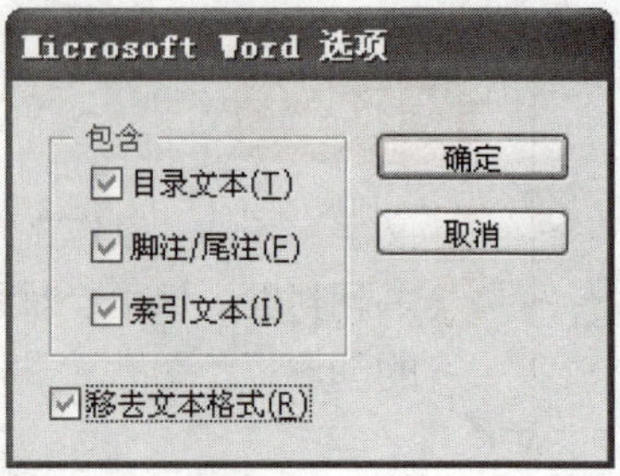

图2-2

3 单击【确定】按钮，完成Word文字的置入操作，如图2-3所示。

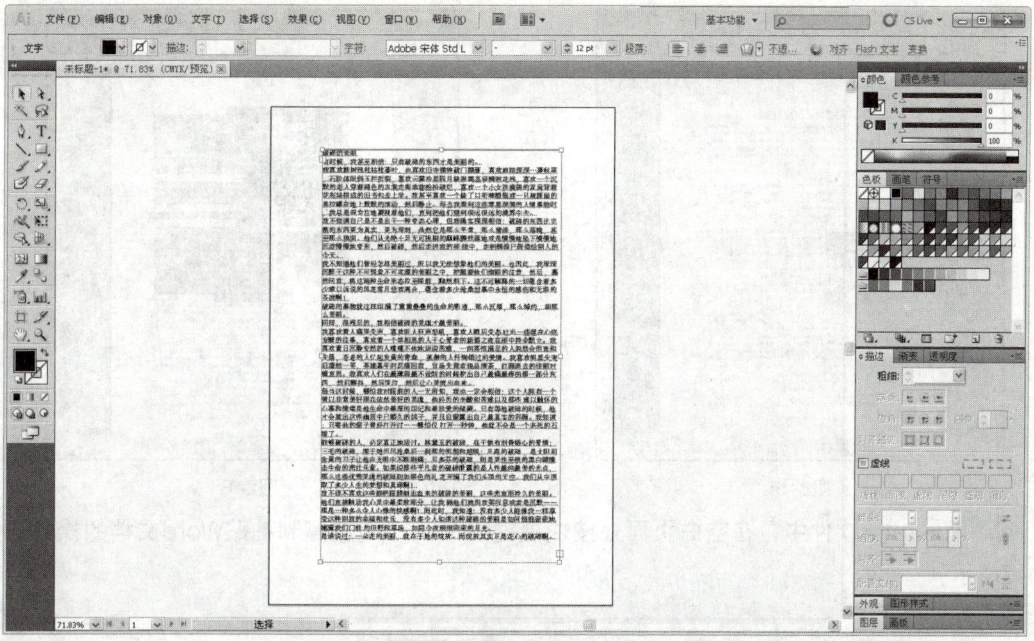

图2-3

提 示

在【Microsoft Word选项】对话框中，若不选中【移去文本格式】复选框，单击【确定】按钮，则会弹出【字体问题】对话框，如图2-4（a）所示。单击【确定】按钮，则完成置入文档的操作，如图2-4（b）所示。

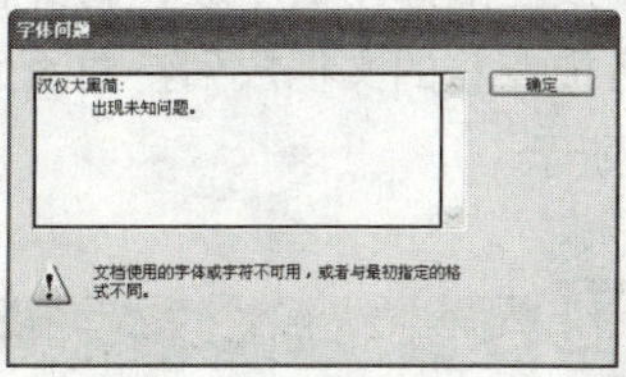

（a）

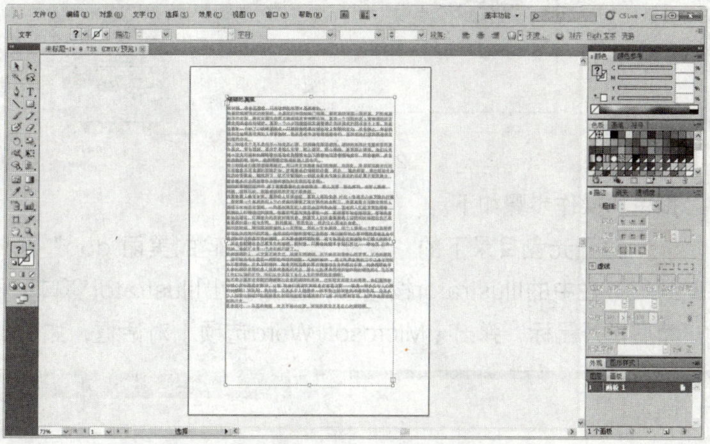

（b）

图2-4

复制粘贴的操作步骤如下。

1. 打开光盘目录下的“素材\第2章\破碎的美丽.doc”文件，如图2-5所示。

2. 按住鼠标左键并拖曳选择一段文字，再按快捷键Ctrl+C将选中的文字进行复制，如图2-6所示。

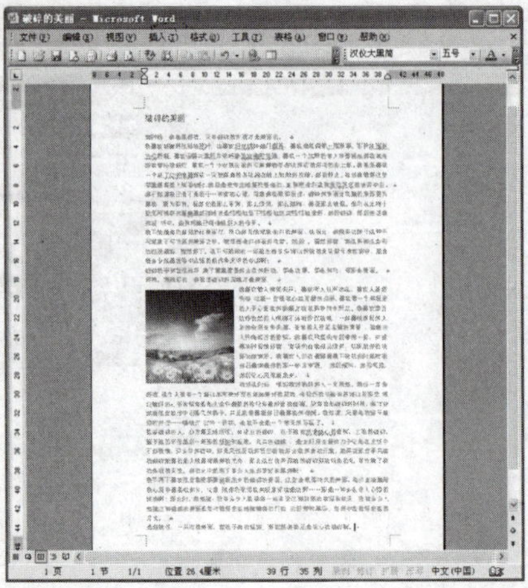

图2-5

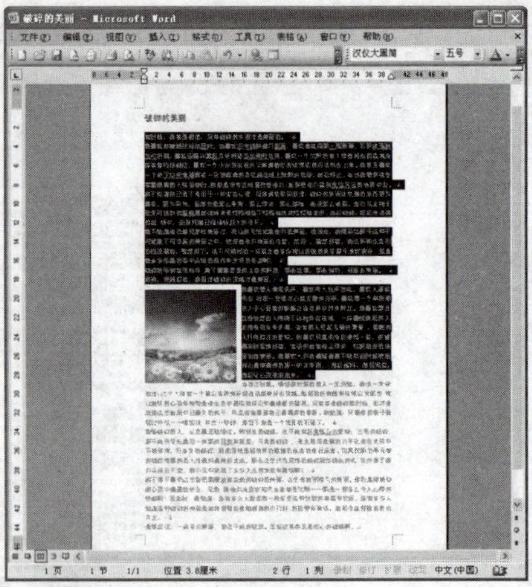

图2-6

回到Illustrator软件中，在空白页面处按快捷键Ctrl＋V，完成复制粘贴Word文档的操作，如图2-7所示。

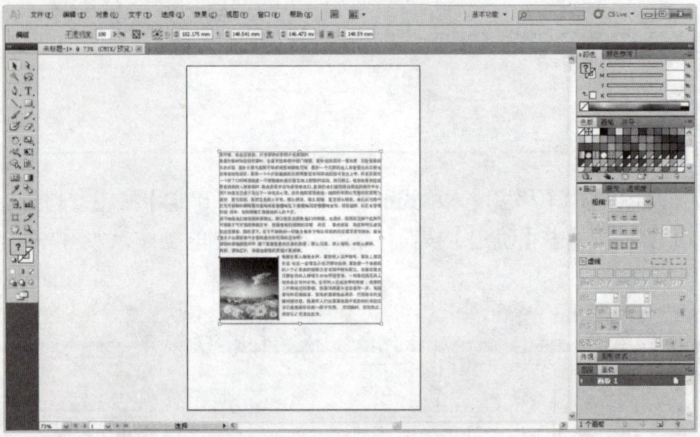

图2-7

提 示

复制粘贴Word文档时，可将图像嵌入到Illustrator中，而置入Word文档时，则无法在置入的过程中同时将图像置入到Illustrator里。

拖曳的操作步骤如下。

1 打开光盘目录下的“素材\第2章\破碎的美丽.doc”文件，按住鼠标左键不放，将文档拖曳到任务栏中的Illustrator按钮上，直到弹出Illustrator窗口，再将拖曳着的文档放到空白页面中，然后松开鼠标，弹出【Microsoft Word选项】对话框，如图2-8所示。

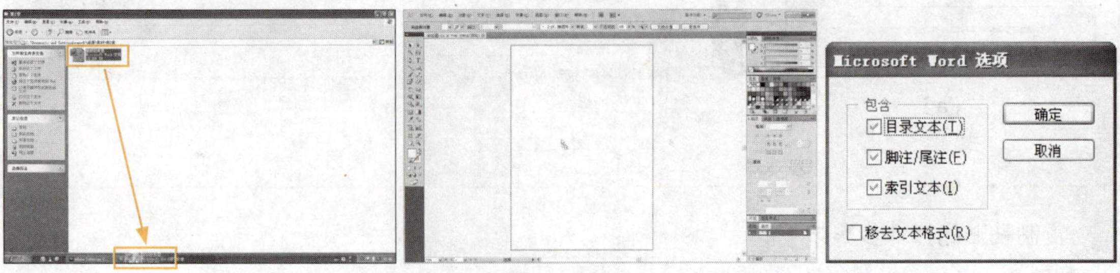

图2-8

2 单击【确定】按钮，弹出【字体问题】对话框，再单击【确定】按钮，则完成拖曳文档的操作，如图2-9所示。

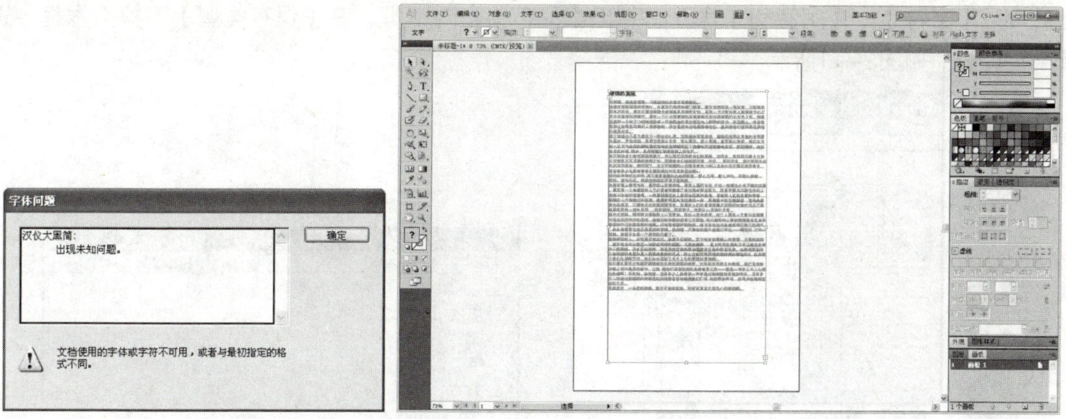

图2-9

提 示

将文字拖曳至Illustrator中后，Illustrator会自动生成一个新文档。

2. 网页中的文字

设计师经常会在网站上搜索设计需要的资料，把搜集到的资料直接复制到Word中。通常会发现，Word在复制过程中速度非常慢，出现这种情况是因为从网页复制到Word的过程中会带有超链接、图片和文字样式。建议设计师把复制的网页文字粘贴到纯文本格式文件中，纯文本格式的文件可以将带有超链接、图片和文字样式过滤掉。

3. 纯文本

纯文本格式相当于一个文字过滤器，可以清除带有样式的文字，避免了文字的丢失，带警告字体的情况。建议设计师在置入文字时使用纯文本文字。

2.1.2 图片的获取与筛选

图片的来源：

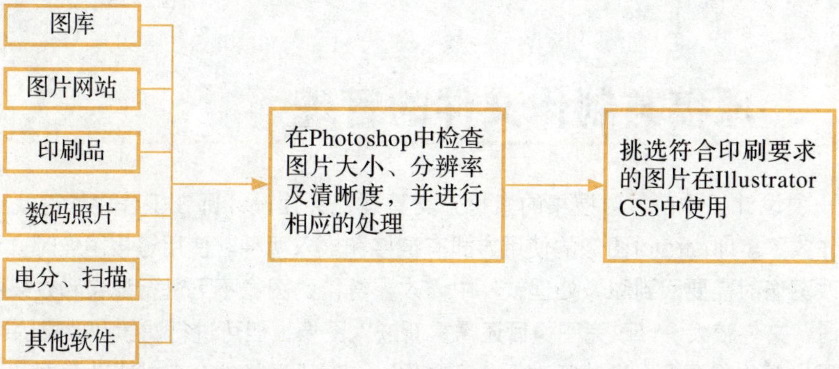

在Word文档中，会对放入的图片进行压缩，以减小文件量。要获得Word文档中的图片，可将Word文件另存为网页格式，然后从保存的文件夹中挑选清晰的图片。

打开光盘目录下的“素材\第2章\破碎的美丽1.doc”文件，如图2-10所示。

执行【文件】→【另存为】命令，弹出【另存为】对话框，在【保存类型】下拉文本框中选择“网页”，如图2-11所示。

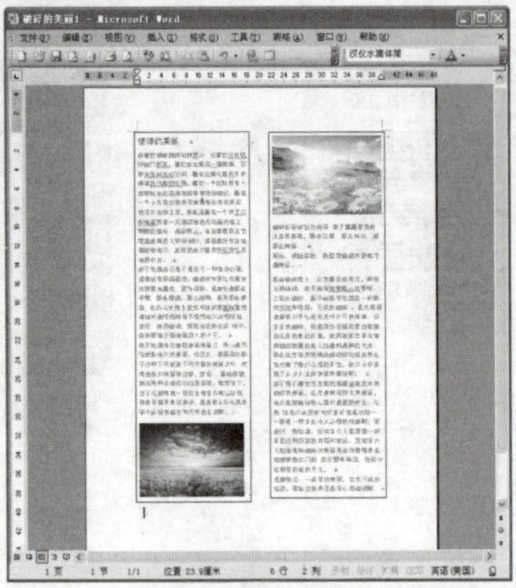

图2-10

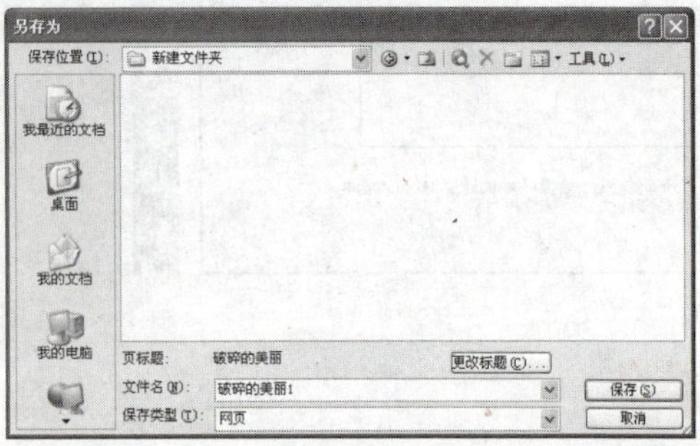

图2-11

单击【保存】按钮，完成保存网页格式的操作。打开保存路径，可以看到“破碎的美丽1.files”文件夹，双击打开文件，然后单击【查看】按钮，在弹出的下拉菜单中选择“详细信息”，如图2-12所示。

比较详细信息列表中图像容量的大小，最大的则为较清晰的图片，如图2-13所示。

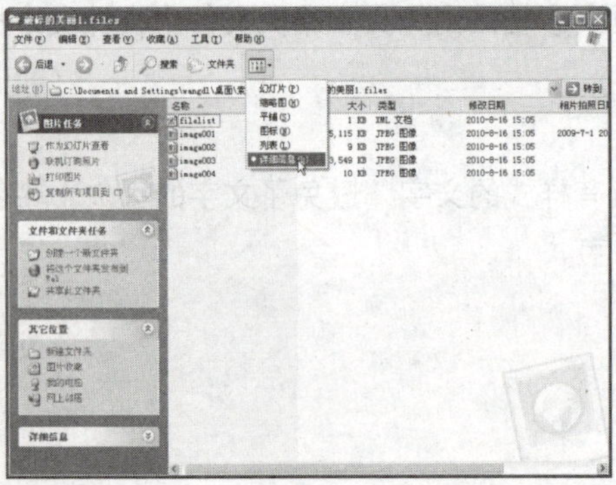

图2-12

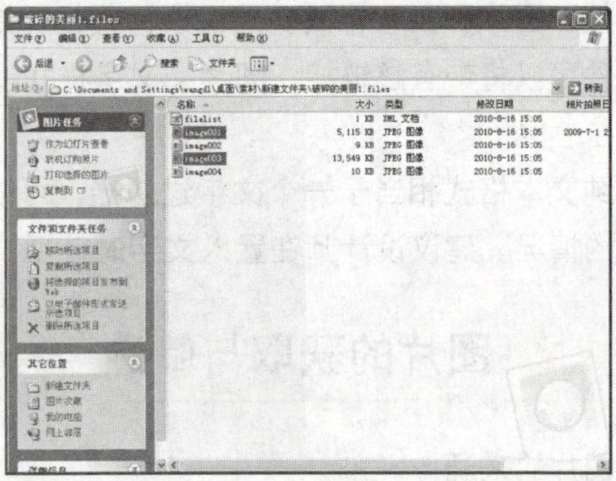

图2-13

2.2 原稿与制作文件的管理

在进行一项设计工作前，对搜集的素材分类管理，会让设计师在工作中快速找到需要的素材，提高工作效率。Illustrator图像的使用方式有链接和嵌入两种。使用链接图像时，可防止文件过大，但修改图像时需要回到图像处理软件中修改，链接的图像不可进行滤镜和效果的操作。使用嵌入图像时，文件较大，修改完图像后还需重新嵌入图像，但可进行滤镜和效果的操作。

一个多页出版物需要几个设计师进行分工协作时，对于图像的命名就尤为重要。当多个文档合并为一个文档时，在整理链接图像时，文件名重复的图像很容易被覆盖掉，因此，在为图像起名字时最好按页码及用图顺序进行，如：第一页的第一张图起名为1-1，如图2-14所示。

Illustrator文件的分类管理，如图2-15所示。

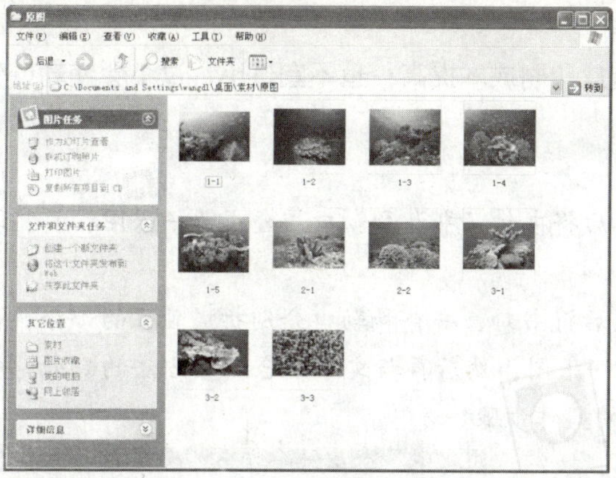

图2-14

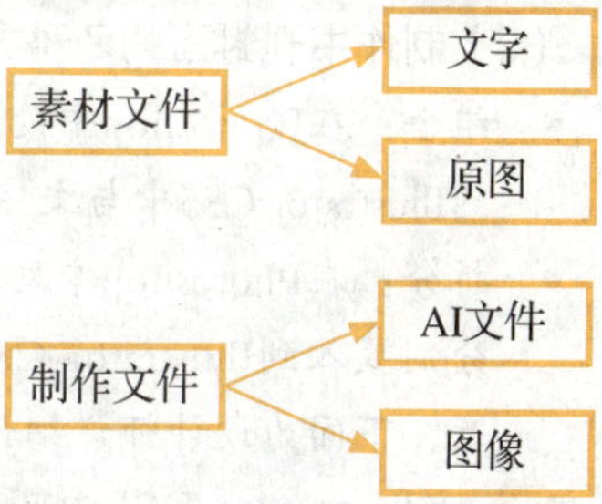

图2-15

2.3 创建合格的文件

创建一个符合印刷要求的Illustrator文件，需要设计师注意成品尺寸、出血和裁切线的设置。本小节用实例操作为设计师讲解在实际运用中如何对书刊封面文档进行正确创建。

在创建书刊封面的文档时，设计师应注意两个问题。

（1）书脊的尺寸要计算准确

设计师在做书刊封面时，一定要对书的厚度计算准确，这关系到书脊的正确尺寸。如果书脊尺寸计算不准确，当书脊与书封颜色不同时，容易造成书封上出现多余的书脊颜色，或者书脊上出现多余的书封颜色，如图2-16所示。为避免此情况出现，建议设计师在设计书封和书脊时尽量使用相同的颜色。

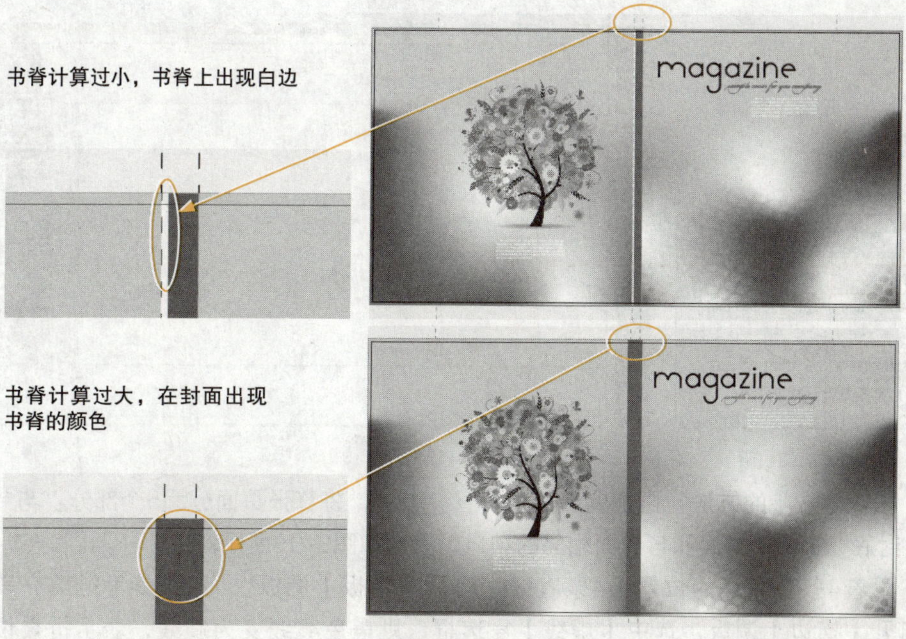

图2-16

（2）勒口尺寸设计要合理

封面在制作勒口时不宜过大，过大会造成印刷成本提高；也不宜过小，过小会使勒口失去保护书籍的作用。

（3）制作书刊封面的两种方法

- 组合：在Photoshop中处理图像，然后将书封、书脊和勒口组合成为一张图，再将其置入到Illustrator CS5中与文字组合。
- 拆分：在Photoshop中处理图像，然后将书封、书脊和勒口分别拆成独立的部分，再将其分别置入到Illustrator CS5中拼合成一张图，然后再与文字组合。该方法的好处是便于修改，下面为设计师详细讲解该方法的操作步骤。

1 在Illustrator CS5中新建一个文档，执行【文件】→【新建】命令，打开【新建文档】对话框。在本例中设置封面大小为210mm×285mm、封底为210mm×285mm、书脊厚度为10mm、勒口宽度为70mm，把这些部分相加，因此页面大小为570mm×285mm，【取向】为"横向"，【出血】均为"3mm"，【颜色模式】为"CMYK颜色"，如图2-17所示。

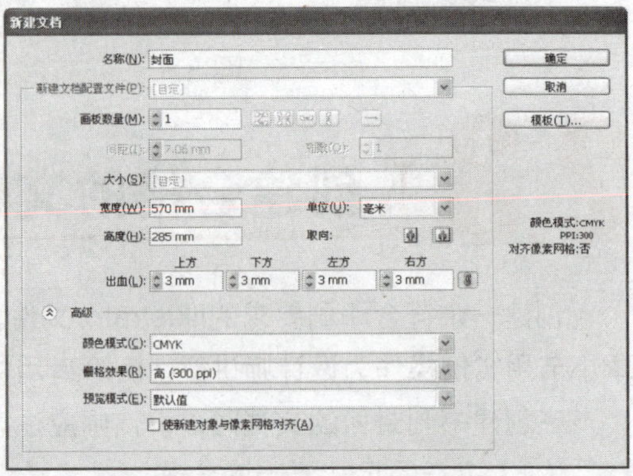

图2-17

2 为新建的页面打上折线标记，方便印后工作人员根据标记折叠封面。

按Ctrl+R键，打开标尺。执行【视图】→【参考线】→【锁定参考线】命令，将参考线解锁。在标尺中拖曳一条垂直参考线，并执行【窗口】→【变换】命令，打开【变换】调板，在【X】数值框中输入"70"，如图2-18所示。

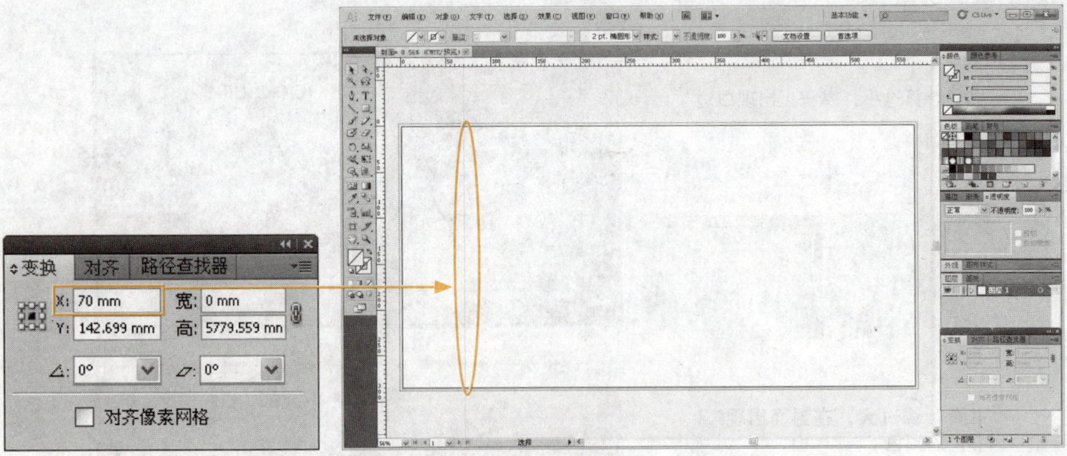

图2-18

3 按照上一步的方法，再拖曳出三条垂直参考线，将整张页面分为5个部分：与封底相邻的勒口、封底、书脊、封面和与封面相邻的勒口，参数如图2-19所示。

4 沿着4条参考线的位置画4条直线，打开【色板】调板，为4条参考线填充黑色描边色。再打开【描边】调板，选中【虚线】复选框，则黑色实线变为虚线，表示折叠位置，如图2-20所示。

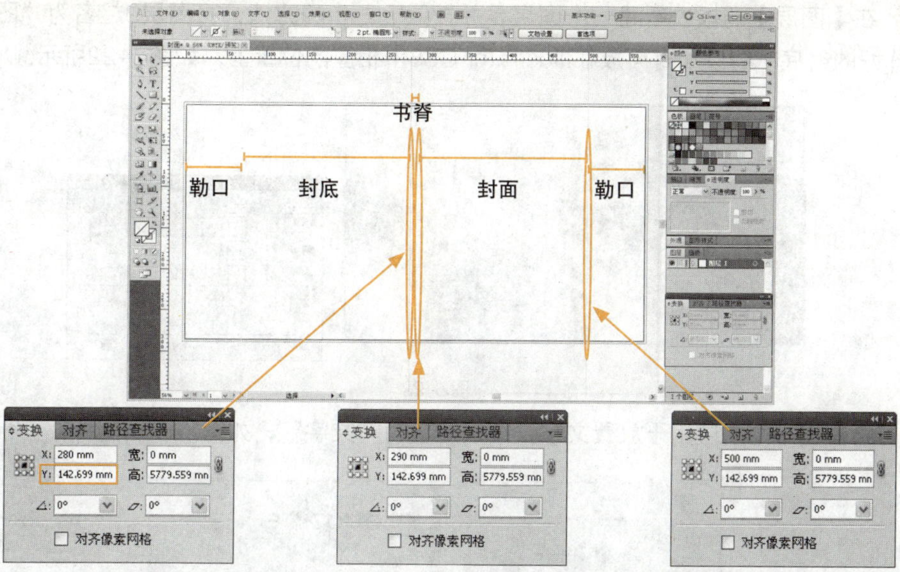

图2-19

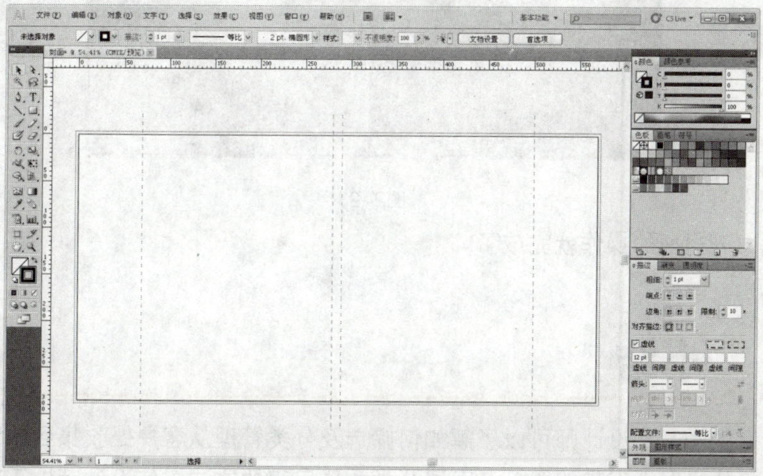

图2-20

5 将折线标记所在的图层起名为“折线标记”，双击图层，弹出【图层选项】对话框，在【名称】文本框中输入“裁切标记”，如图2-21所示。

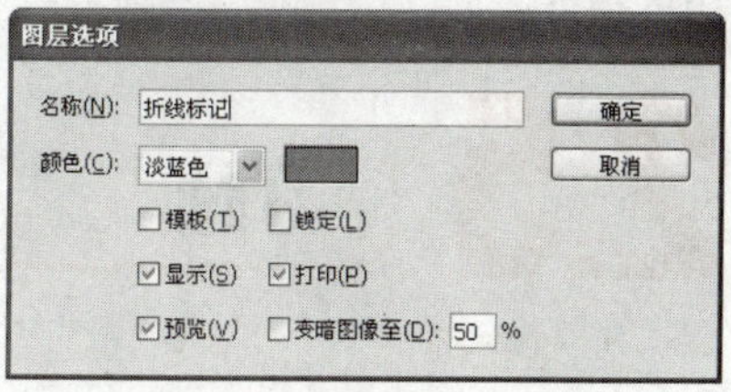

图2-21

6 在Photoshop中制作封底、封面和书脊时应该注意出血的计算，将封面与右面勒口一起制作，在Illustrator CS5中要与书脊拼合，因此只需在右边加出血，而左边不需要，上下边都要加出血，尺寸为283mm×291mm。封底与封面相同，只需在左边加出血。书脊拼合在中间，因此左右两边不需要出血。

提 示

出血是指为了印刷品最后的切割而在设计时预留的尺寸。通常在印刷品的每边都多留3mm，也就是设计作品要在实际尺寸基础上长宽各加6mm。

7 在【图层】调板中新建一个图层，并按照上一步的方法，将图层2起名为“图像”。然后将制作好的封底、勒口和封面放在Illustrator CS5中相应的位置上，如图2-22所示。

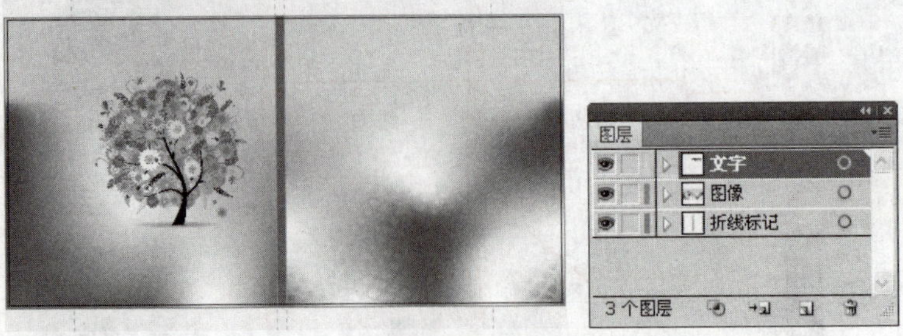

图2-22

8 再新建一个图层用于放置文字，图层起名为“文字”，如图2-23所示。

图2-23

9 创建书刊封面的操作就完成了。

2.4 小结

通过对本章的学习，设计师可以了解如何筛选及分类管理从客户处收集到的素材。掌握新建文档、裁切标记的设置、图稿的置入及图层分类放置元素的方法，使设计师以正确的流程进行规范的操作。

2.5 习题

1. 填空题

（1）Illustrator文字的来源包括：（ ）、（ ）和（ ）。

（2）Illustrator图片的来源包括：（ ）、（ ）、（ ）、（ ）、（ ）和（ ）。

2. 问答题

什么是出血?

3. 操作题

（1）练习筛选文字与图片。

（2）练习设置裁切标记。

3

第3章

路径

本章将介绍路径的基本概念，钢笔工具的使用技巧，锚点的添加和删除等编辑路径的方法，以及画笔工具等其他路径绘制工具的应用技巧。

设计要点

- 路径的基本概念
- 路径的绘制
- 路径的编辑
- 铅笔工具、平滑工具和擦除工具的使用
- 画笔工具的用法

3.1 关于路径

Illustrator是通过路径来完成矢量绘图的。矢量图的创作过程，就是创建路径、编辑路径的过程，因此，路径的学习，是Illustrator学习中最为基础、最为重要的一部分。

3.1.1 路径的基本概念

在Illustrator中，使用绘图工具绘制产生的线条称为路径。路径由一个或多个直线段或曲线段组成，如图3-1所示为曲线路径。

线段的起始点和结束点由锚点标记。锚点为控制曲线的小正方形，在未被选中状态下，锚点是空心的，在选中状态下锚点是实心的，如图3-2所示。通过编辑路径的锚点，可以改变路径的形状。

路径的方向线和方向点，如图3-3所示。可以通过拖动方向线和方向点的方法来控制曲线。

图3-1　　图3-2　　图3-3

路径可以是开放的，如图3-4（a）所示的弧；也可以是闭合的，如图3-4（b）所示的圆。

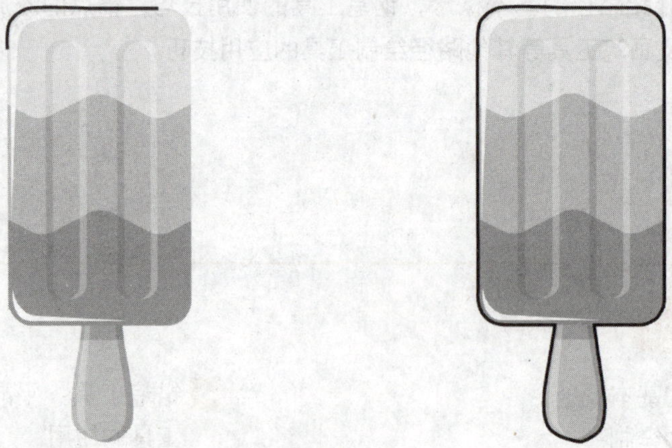

（a）　　（b）

图3-4

提 示

对于开放路径，路径的起始锚点称为端点。

路径具有两种锚点：角点和平滑点。

- 角点：路径突然改变方向，如图3-5所示。
- 平滑点：路径段连接为连续曲线，如图3-6所示。

可以使用角点和平滑点的任意组合来绘制路径，如图3-7所示为角点和平滑点的组合。

图3-5

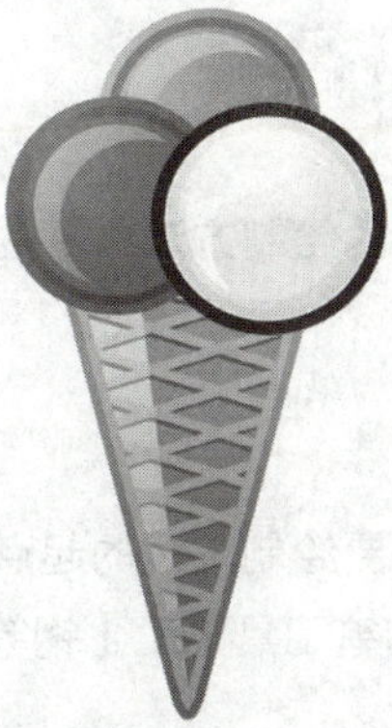

图3-6

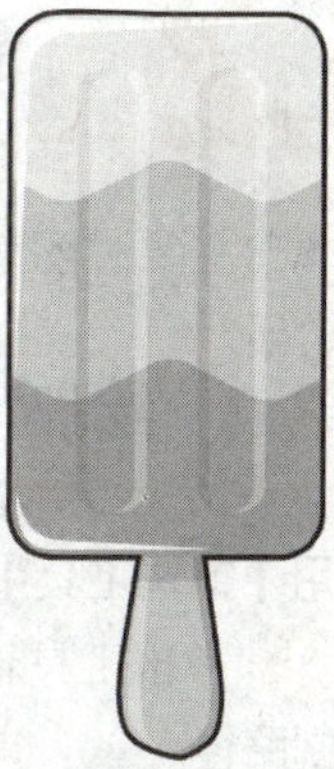

图3-7

提 示

角点可以连接任何两条直线段或曲线段，如图3-8所示，而平滑点始终连接两条曲线段，如图3-9所示。

图3-8

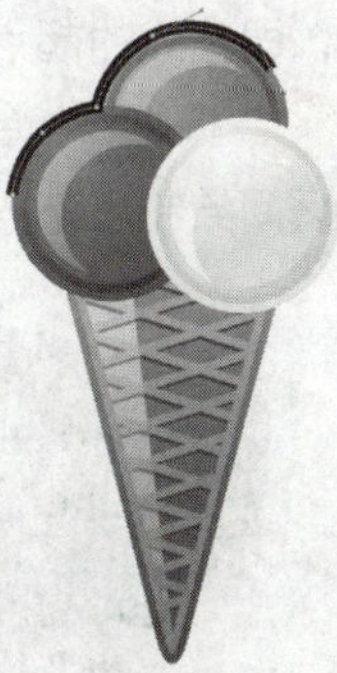

图3-9

3.1.2 有关路径的工具

用来创建或编辑路径的工具包括【钢笔工具】、【添加锚点工具】、【删除锚点工具】、【转换锚点工具】、【铅笔工具】、【平滑工具】以及【擦除工具】。

- 【钢笔工具】：绘制路径的基本工具，与添加锚点、删除锚点或转换工具组合使用，可以绘制出复杂的路径。
- 【添加锚点工具】：在路径上添加锚点，以增强对路径形状的控制。
- 【删除锚点工具】：删除路径上的锚点，简化路径。
- 【转换锚点工具】：将角点转换为平滑曲线锚点，或把平滑曲线锚点转化为角点。用来调整路径的形状。

- 【铅笔工具】：绘制和编辑路径，绘制路径时锚点沿轨迹自动生成。
- 【平滑工具】：用来平滑路径的一部分，会改变锚点的分布。
- 【擦除工具】：用来擦除路径的一部分，会改变锚点的分布。

3.2 绘制路径

本节主要讲解直线和曲线的绘制方法，掌握【钢笔工具】的使用技巧和方法。

3.2.1 绘制直线

用【钢笔工具】分别在所要绘制直线的起点和终点位置单击鼠标，即可绘制出一条直线。

1 单击工具箱中的【钢笔工具】，【钢笔工具】的右下侧将出现一个小乘号，表示将要开始绘制路径。

提 示

如果在界面中看不到工具箱，可以执行【窗口】→【工具】命令，即显示工具箱。

2 在绘图区域内单击鼠标左键，可以看到绘图区内出现一个小的实心正方形，为新创建的锚点，即直线的起点，如图3-10所示。

3 将鼠标指针向右移动，再次单击鼠标，创建第二个锚点，即直线的终点，可以看到两个锚点之间绘制出来一条直线，如图3-11所示。

图3-10

图3-11

4 单击工具箱中的【钢笔工具】，终止路径的绘制。

问 答 1

结束路径绘制的方法

要闭合路径，将【钢笔工具】定位在第一个锚点上，当放置位置正确时，【钢笔工具】指针旁边将出现一个圆圈，单击或拖动鼠标即可闭合路径。

若要保持路径开放，按住Ctrl键并单击空白处即可结束路径的绘制。还可以直接选择其他工具，以此来结束路径的绘制，或是执行【选择】→【取消选择】命令。

提 示

按住键盘上的Shift键，还可以绘制出固定角度的直线，如水平、竖直及45° 角的倍数方向的直线，如图3-12所示。

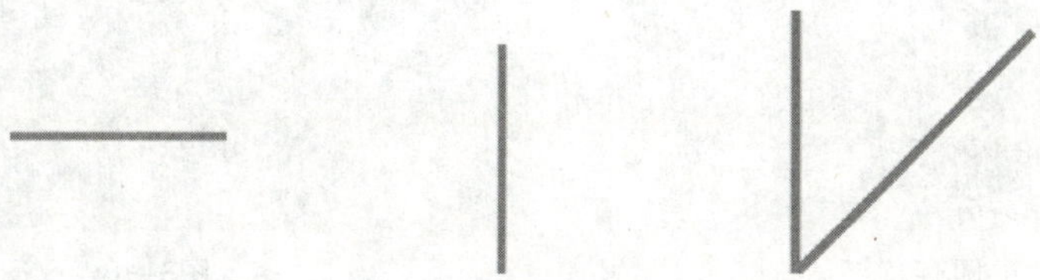

图3-12

第1章 第2章 第3章 第4章 第5章

3.2.2 绘制曲线

本小节介绍如何使用【钢笔工具】绘制曲线。首先绘制单独的曲线，然后循序渐进地绘制连续的曲线，使设计师体会曲线的绘制技巧。

方法一

1 在工具箱中选择【钢笔工具】，在页面空白处单击并向上方拖曳鼠标，拖曳出锚点的方向线至适当的长度，如图3-13所示。

2 在锚点的右边，单击并向下方拖曳鼠标，拖曳出锚点的方向线，并使方向线至适当的长度，如图3-14所示。

3 用鼠标单击并拖曳方向点，调整方向点的位置，使绘制的曲线和底图的曲线弧度一致，在调整的过程中体会和掌握钢笔工具的使用技巧。

图3-13

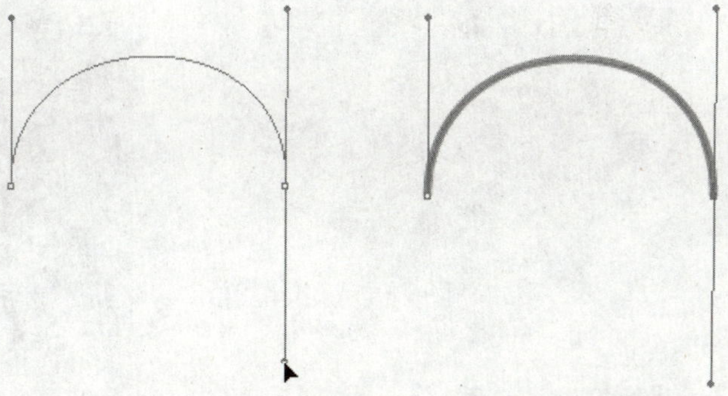

图3-14

4 单击工具箱中的【钢笔工具】，即可完成当前路径的绘制。

下面通过提供的素材介绍多个曲线路径的绘制方法，巩固和强化【钢笔工具】的使用方法。

方法二

1 使用钢笔工具运用曲线绘制波纹。在工具箱中选择【钢笔工具】，在空白图层中单击并向上拖动鼠标，如图3-15所示。

2 在锚点的左边单击并向下拖动鼠标，如图3-16所示。

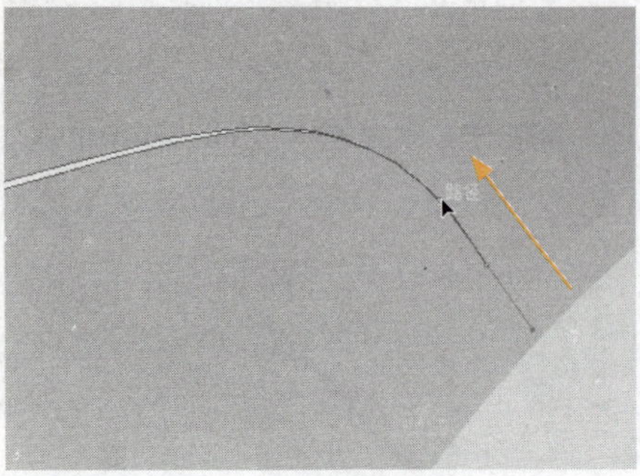
图3-15

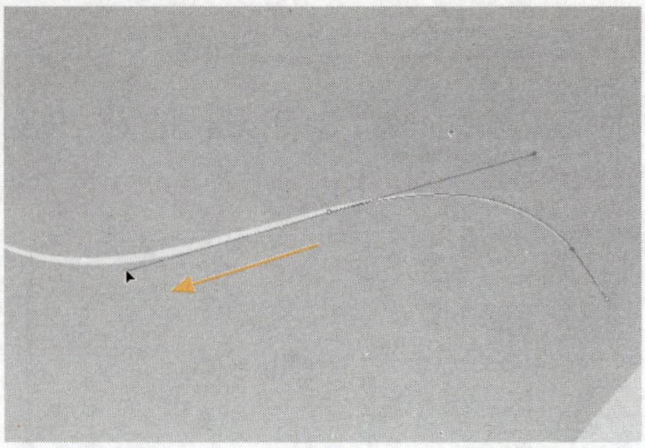
图3-16

3 在锚点左边单击并向左上方拖曳鼠标，如图3-17所示。

4 使用相同的方法，在锚点左边单击鼠标，如图3-18所示。

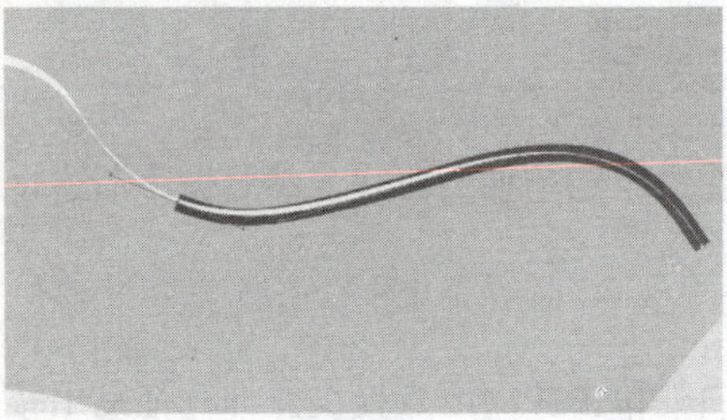
图3-17

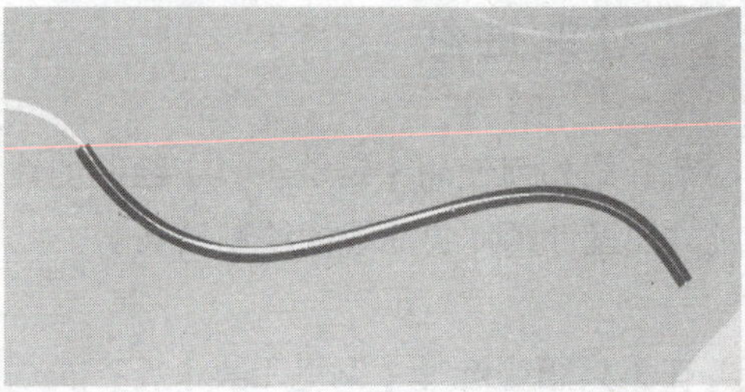
图3-18

5 在工具箱中单击【钢笔工具】，结束绘制。

方法三

1 使用钢笔工具曲线绘制云朵。在空白图层中单击鼠标并向上拖曳，如图3-19所示。在第二个锚点处单击鼠标并向下拖曳，如图3-20所示。

图3-19

图3-20

2 按住Alt键，当指针变为 时，选择下方的方向点，并向上拖曳鼠标到图3-21所示的位置。

3 松开Alt键后，在下一个锚点处单击鼠标，并且斜向下拖曳鼠标，如图3-22所示。

图3-21

图3-22

4 重复第二个步骤，按住Alt键，选择第三个锚点下方的方向，单击并向上拖曳鼠标，如图3-23所示。

5 再重复第三个步骤，在第四个锚点处单击并向下拖动鼠标，如图3-24所示。

图3-23

图3-24

6 在工具箱中单击【钢笔工具】，结束绘制。

方法四

1 在图像边缘处单击鼠标并向斜上方拖曳鼠标，在第二个锚点处单击并向斜下方拖曳鼠标，如图3-25所示，可以看到绘制出的曲线。

2 将指针移动到第二个锚点上，当指针发生变化时，单击鼠标。这样可把该锚点下半部分的方向线去除，如图3-26所示。

图3-25

图3-26

3 在第三个锚点处单击鼠标，可以看到两个锚点间绘制出的曲线，如图3-27所示。

4 重复第二个步骤，当指针发生变化时，在第三个锚点处单击鼠标，如图3-28所示。

图3-27

图3-28

5 在第四个锚点处单击并向上拖曳鼠标，如图3-29所示。

6 在工具箱中单击【钢笔工具】，结束绘制。

图3-29

3.3 编辑路径

本节首先介绍【选择工具】和【直接选择工具】的使用方法，再通过实例详细讲解路径的连接、修改，以及添加、删除、转换及闭合锚点的方法。

3.3.1 选择工具和直接选择工具

1. 选择工具

单击工具箱中的【选择工具】，在路径或图形上单击鼠标，就会将整个路径或图形选中。选中后的路径上每个锚点都是实心正方形，表示每个锚点都被选中，如图3-30所示。

使用【选择工具】选择图形有两个方法：一是使用鼠标单击图形，即可将图形选中；二是使用鼠标拖曳出矩形框来选取部分图形，如图3-31所示，也可将图形全部选中。

图3-30

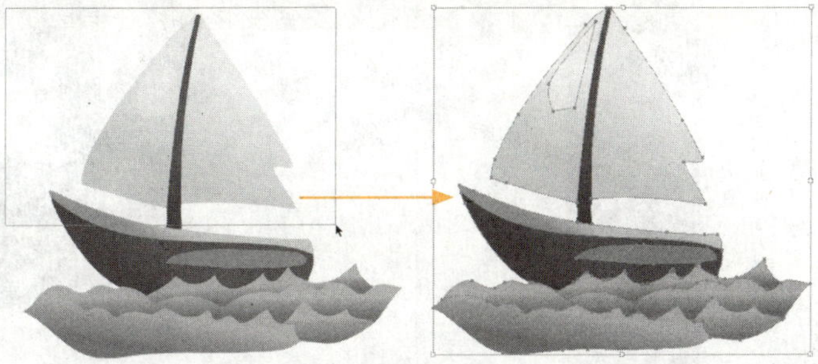

图3-31

提 示

使用【选择工具】选中对象后，在对象的外面可以看到一个矩形外框。矩形外框包括8个调整点，如图3-30所示，把【选择工具】放在不同的调整点上，拖曳鼠标可以放大或缩小图形，如图3-32所示。按住Shift键的同时拖曳鼠标可等比例放大或缩小图形，如图3-33所示。

图3-32

图3-33

2. 直接选择工具

【直接选择工具】可以选取成组对象中的一个对象、路径上任何一个单独的锚点或某一路径上的线段。【直接选择工具】多用来修改对象的形状。

用【直接选择工具】单击选中一个锚点时，锚点以实心正方形显示，未选中的锚点呈空心正方形，如图3-34所示。如果被选中的锚点是曲线点，曲线点的方向线及相邻锚点的方向线也会显示出来，如图3-35所示。

提 示

除了【选择工具】还有什么工具可以选择整个路径或图形?

使用工具箱中的套索工具，在路径或图像周围拖动鼠标，即可选择路径或图形，按住Shift键并在其他路径周围拖动可选择其他路径。

图3-34

图3-35

3.3.2 连接路径

下面通过实例操作来进行闭合路径的绘制练习。

1 绘制如图3-36所示的两条曲线，单击工具箱中的【直接选择工具】，选择如图3-37所示的锚点，可以看到这段路径的方向线上的方向点为实心的，即这段路径已经被选中了。

图3-36

图3-37

2 选择【钢笔工具】，将指针放在如图3-37所示的锚点上，当指针变为 时，表示继续绘制路径，在锚点上单击鼠标左键，如图3-38所示。

3 再将指针放在如图3-39所示的锚点上，当指针变成 时，表示闭合一个路径，在锚点上单击鼠标，即可将路径连接起来，如图3-40所示。

图3-38

图3-39

图3-40

提 示

连接两个或更多路径

Illustrator CS5提供了连接两个或更多开放路径的选项，要连接一个或多个开放路径，首先用【选择工具】选中开放路径，如图3-41所示，执行【对象】→【路径】→【连接】命令，或是按Ctrl+J键，将路径连接起来，如图3-42所示。

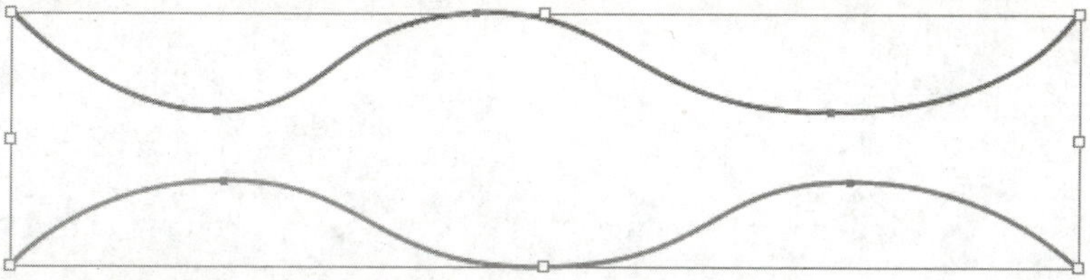

图3-41

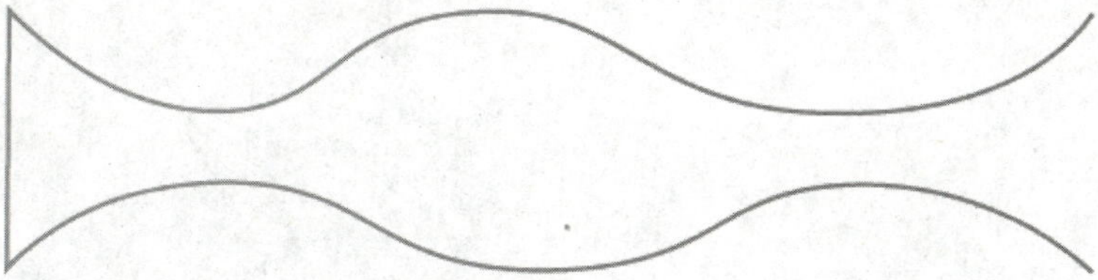

图3-42

当锚点未重合时，Illustrator将添加一个直线段来连接要连接的路径；当连接两个以上路径时，Illustrator首先查找并连接彼此之间端点最近的路径；如果只选择一条路径，则它将转换成闭合路径。无论选择锚点还是整条路径，连接选项都只生成角连接。

3.3.3 修改路径

可以通过【直接选择工具】移动曲线上的锚点或控制点、拖动方向线及线段来改变曲线的形状。

1 选择工具箱中的【直接选择工具】，在曲线的锚点上单击鼠标，可以看到锚点变成实心的。

2 用鼠标拖曳选中的锚点，移动锚点的位置，如图3-43所示，可以看到曲线的形状发生了变化。

图3-43

1. 绘制曲线

1 选择工具箱中的【钢笔工具】，在页面空白处单击鼠标并向左下侧拖曳，如图3-44所示。

2 再绘制曲线的第二个锚点，在下方的位置单击鼠标，并向左下侧拖曳出方向线，如图3-45所示。

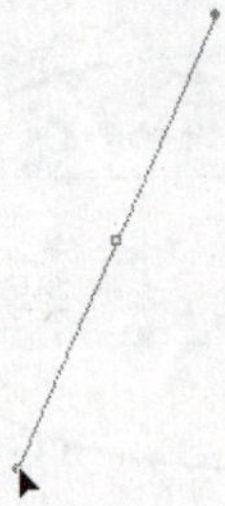

图3-44

图3-45

3 复制绘制的曲线。单击工具箱中的【选择工具】，拖曳鼠标选择曲线。按住键盘上的Alt键并向右侧拖曳鼠标，将曲线移动进行复制，如图3-46所示。

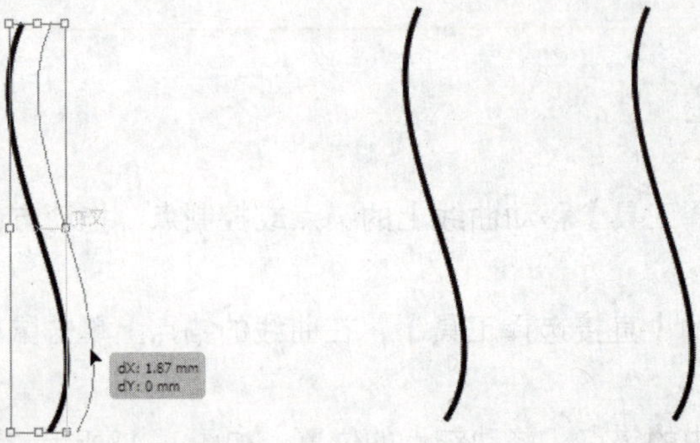

图3-46

2. 利用混合工具将曲线混合

1 用【选择工具】选择两条曲线，双击工具箱中的【混合工具】，弹出【混合选项】对话框。在【间距】下拉列表中选择“指定的步数”，设置为20，如图3-47所示，单击【确定】按钮。

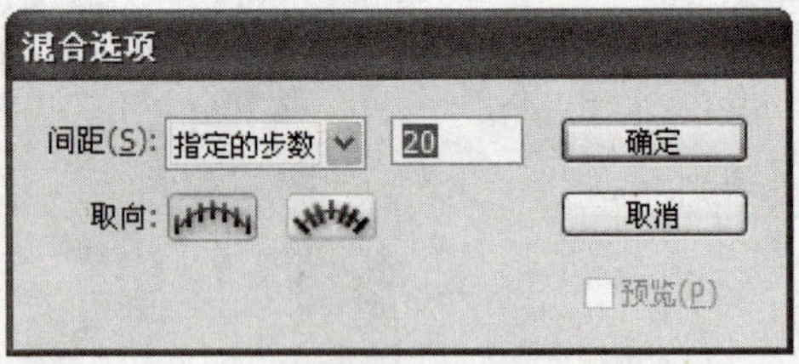

图3-47

提 示

混合操作可以在图形之间，或者两条或多条路径之间创建出在颜色、形状等方面的混合过渡效果。

2 分别在两条曲线路径上单击鼠标左键，如图3-48所示，可以看到两条曲线中间创建出了多条曲线路径，如图3-49所示。

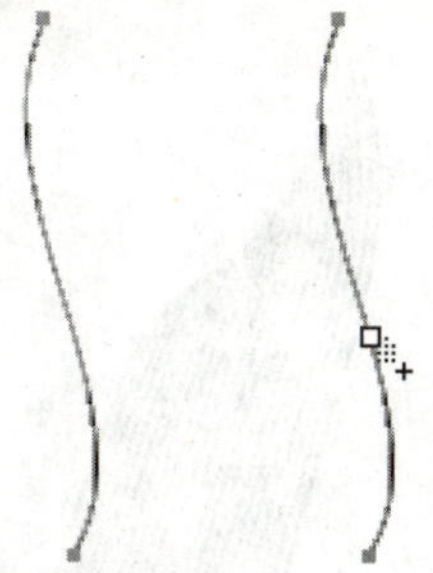

图3-48

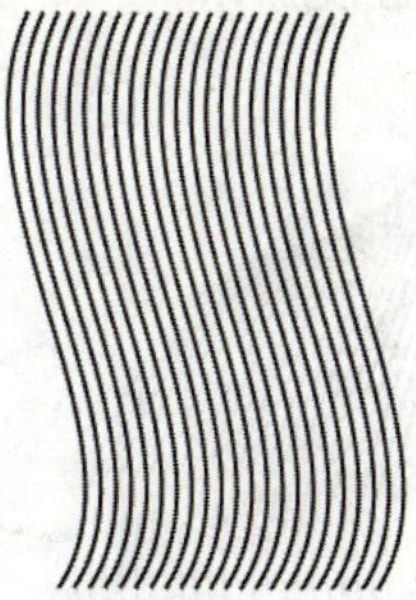

图3-49

问答 2

如何解决混合出的线条过于紧密的情况？

若混合出的线条间距过于紧密，可以在【混合选项】对话框中设置较小的混合步数值。

3. 调整混合图形的形状

1 单击工具箱中的【直接选择工具】，用鼠标拖曳选择右上角的锚点，如图3-50所示，可以看到显示出曲线的方向线及方向点，如图3-51所示。拖曳方向点，将其逆时针拖曳旋转180°。

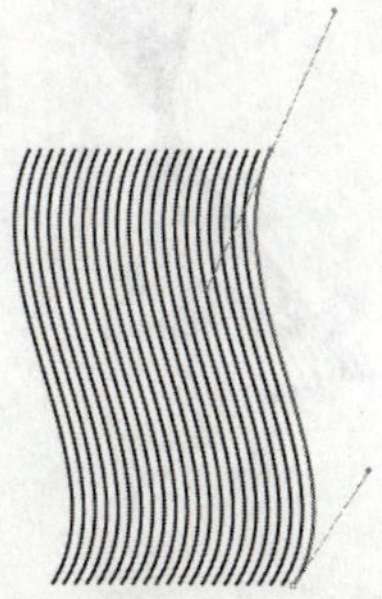

图3-50

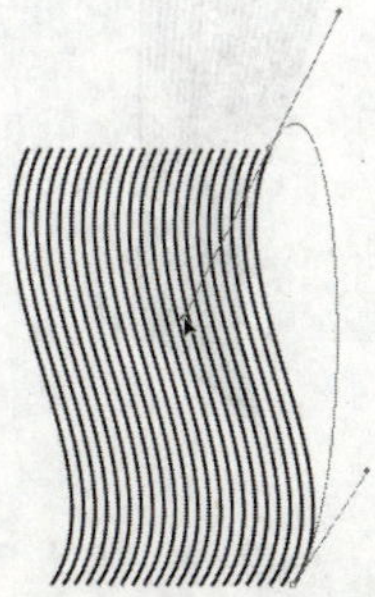

图3-51

2 旋转拖曳方向点后，曲线也相应地发生了变形，如图3-52所示。再通过移动曲线锚点和控制点、拖动方向线调整曲线至如图3-53所示的形状。

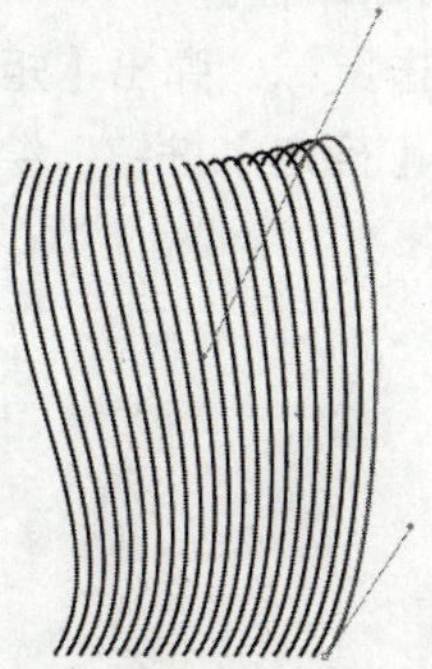

图3-52

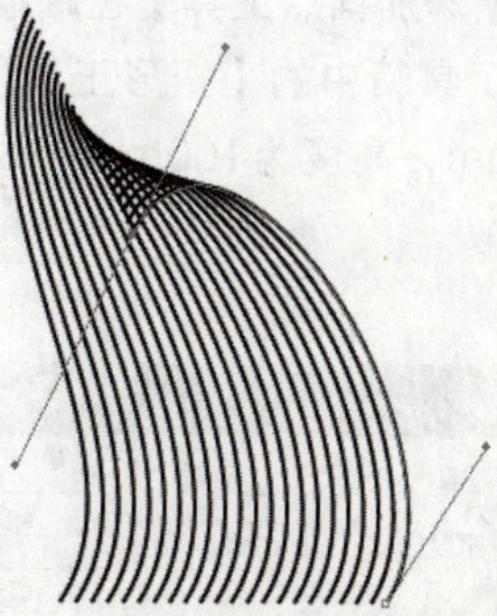

图3-53

3 使用同样的方法，选中混合图像右下角的锚点，如图3-54所示，逆时针拖曳锚点的方向点180° ，如图3-55所示。

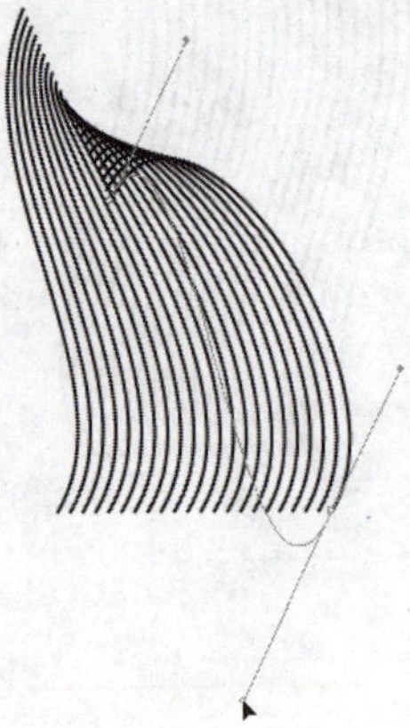

图3-54

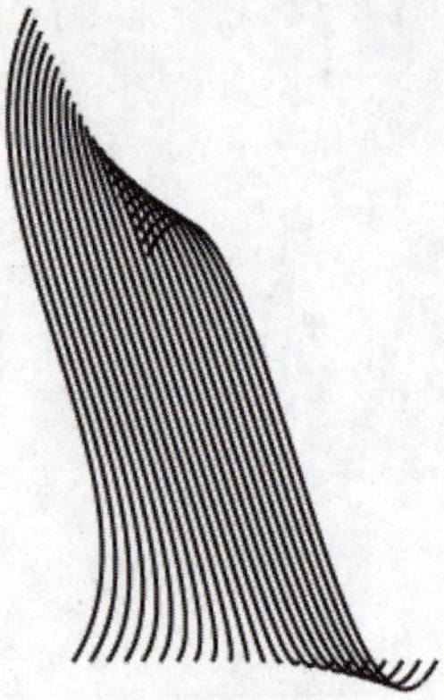

图3-55

4 用【直接选择工具】选中右下角的锚点，将锚点向左拖曳，如图3-56所示。可以通过调整方向点和方向线再来调整对象的形状，至此“线的设计效果”就绘制完成了，如图3-57所示。

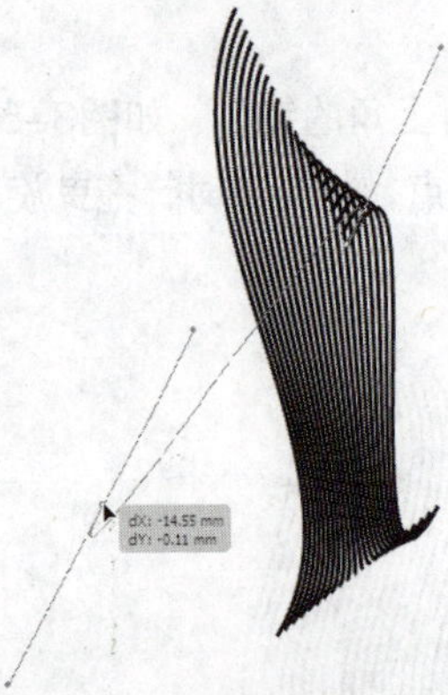

图3-56

图3-57

3.3.4 添加、删除锚点

可以使用【添加锚点工具】在路径上添加锚点，而不打断路径。

1 选择工具箱中的【矩形工具】，在页面空白处单击鼠标，弹出【矩形】对话框，输入宽度为100mm，高度为100mm，如图3-58所示，单击【确定】按钮，绘制出一个矩形，如图3-59所示。

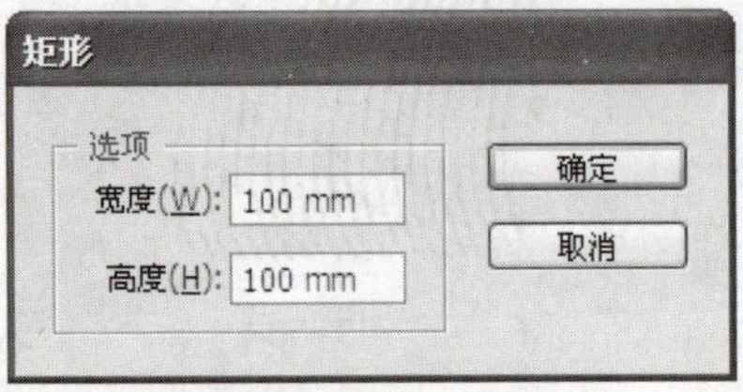

图3-58

图3-59

2 选择工具箱中的【添加锚点工具】，如图3-60所示。在矩形一边的中间位置单击鼠标，可以看到出现了一个新的锚点，如图3-61所示。

3 使用同样方法，在其余3个边上的中间处添加锚点，如图3-62所示。

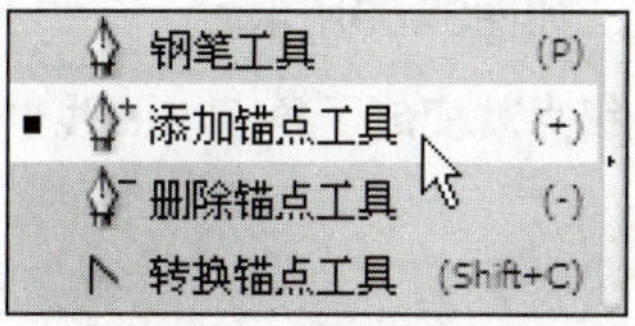

图3-60

图3-61

图3-62

4 选择工具箱中的【直接选择工具】，选中图3-63所示的锚点并向下拖曳鼠标，如图3-64所示。

5 再用【直接选择工具】拖曳其他的新添加的锚点，形成一个星形形状，如图3-65所示。

图3-63

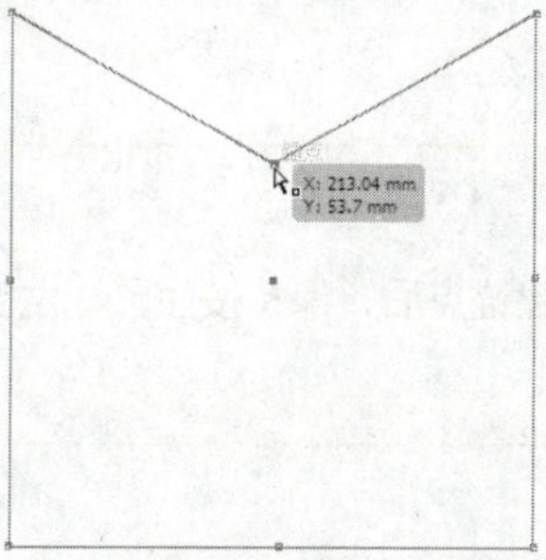

图3-64

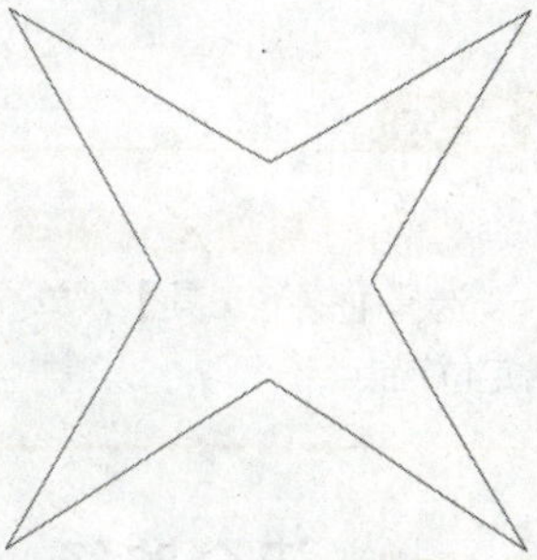

图3-65

6 同样，在工具箱中选择【删除锚点工具】，在锚点处单击鼠标，如图3-66所示，即可将锚点删除。

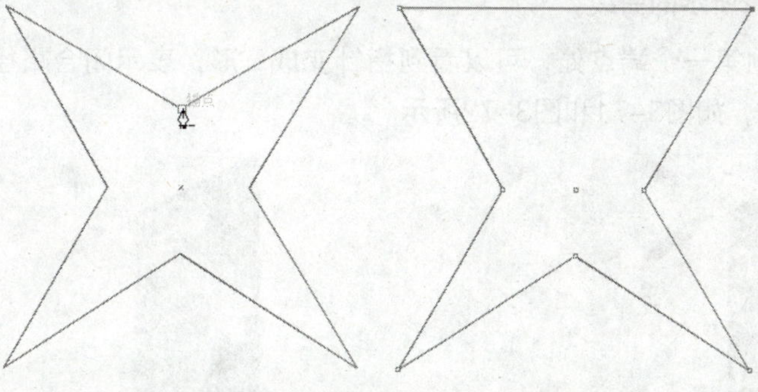

图3-66

提 示

选择工具箱中的【钢笔工具】，将鼠标放在路径上，当鼠标指针自动变为时，单击鼠标即可在路径上添加锚点；将鼠标放在锚点上，标指针自动变为时，单击鼠标即可删除锚点。

3.3.5 转换锚点

【转换锚点工具】可以使角点变得平滑或尖锐，完成锚点之间的转化。

1 在工具箱中选择【转换锚点工具】，如图3-67所示，把鼠标指针放在星形的锚点上，单击并向外拖曳鼠标，可以看到，在锚点上拖曳出方向线，如图3-68所示，锚点转变成平滑曲线锚点。

2 使用同样的方法，将其余角上的锚点转换为平滑曲线锚点，如图3-69所示。

3 同理，再选择【转换锚点工具】，单击各平滑锚点，平滑锚点就变成了角点，曲线也变成了直线，如图3-70所示。

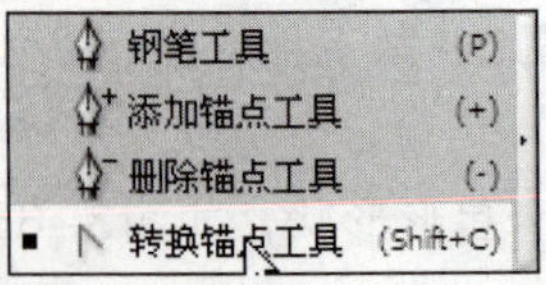

图3-67

图3-68

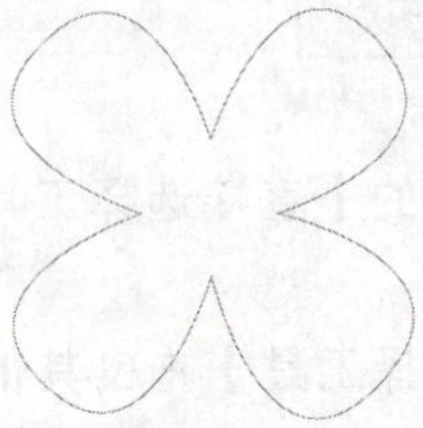
图3-69

图3-70

提 示

绘制时重新定义锚点

选择【钢笔工具】，单击鼠标创建锚点后，保持按住鼠标左键，并按住空格键，然后拖动鼠标以重新定位锚点。

3.3.6 闭合路径

下面通过实例操作来进行闭合路径的绘制练习。

1 绘制图3-72所示的曲线。

2 移动指针到第一个端点处，可以看到指针变成♁形，表示闭合路径，在端点处单击鼠标，即可使路径闭合，如图3-71和图3-72所示。

图3-71

图3-72

3.3.7 钢笔工具不同的形态

在绘制路径的过程中可以发现，【钢笔工具】具有不同的形态，通过这些形态变化可以确定【钢笔工具】处于路径的何种位置。

- ：表示将要开始绘制一个新的路径。单击工具箱中的钢笔工具后，将鼠标移动到绘图区域内，【钢笔工具】右下角就会有一个小×标记。单击鼠标生成锚点后，×标记就消失了。
- ：表示一个开放路径最后一个锚点的方向线可以编辑。选中该开放路径，然后将指针移动到最后一个锚点时。
- ：表示可以继续绘制路径。在绘制过程中，有可能意外地结束绘制。如果要继续已经绘制完的曲线，将鼠标放置在锚点上，即可继续绘制了，而且接下来绘制的直线和原有的路径是一体的。
- ：表示闭合一个路径。当结尾锚点和起始锚点重合时，开放路径将形成闭合路径。
- ：表示将要连接多个独立的开放路径。当用【钢笔工具】连接多个独立的开放路径时，【钢笔工具】的鼠标指针发生变化，通过这种方法可将多个开放路径连接成一个闭合路径，或是一个新的开放路径。
- ：表示在当选的路径上增加锚点。选择【钢笔工具】，将鼠标落在当选的路径上，这时单击鼠标可以在路径上增加一个锚点。
- ：表示在当选的路径上删除锚点。选择【钢笔工具】，将鼠标落在路径上的锚点上，这时单击鼠标可以将当前的锚点删除。

3.4 铅笔工具、平滑工具和路径橡皮擦工具

3.4.1 铅笔工具选项

【铅笔工具】可以绘制和编辑任意形状的路径，就像用铅笔在纸上绘图一样。此功能对快速素描或创建手绘外观最为有用。绘制路径后，如果需要可以立刻更改，也可以用来修改绘制完成的路径。

双击工具箱中的【铅笔工具】，弹出【铅笔工具选项】对话框，如图3-73所示。

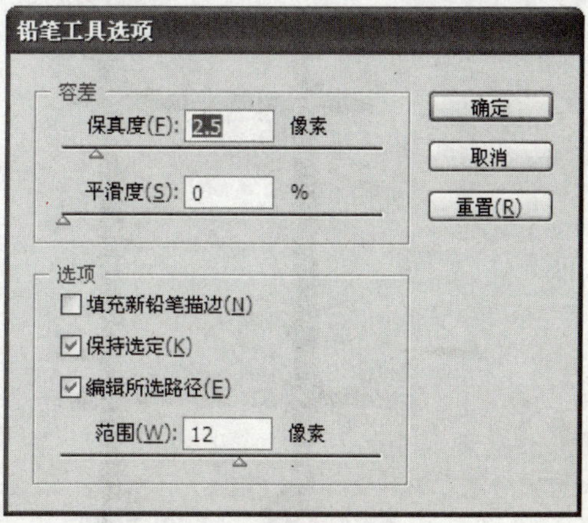

图3-73

- 【保真度】：控制Illustrator中路径添加新锚点前，移动鼠标或光笔的最远距离。图3-74所示为保真度为2.5像素时的曲线；图3-75所示为保真度为15像素时的曲线。
- 【平滑度】：控制所绘曲线与铅笔移动的

方向的差别。平滑度值的范围为0～100%。平滑度值越大，路径越平滑，所绘制的曲线与钢笔移动的方向差别越大。

- 【填充新铅笔描边】：选中复选框后，将对绘制的铅笔描边应用填色，但不对现有铅笔描边。所以要在绘制铅笔描边前选择一个填充色。

图3-74

图3-75

- 【保持选定】：选中此复选框时，路径绘制完成后仍处于被选中的状态。
- 【编辑所选路径】：决定是否可使用【铅笔工具】更改现有路径。
- 【范围】：决定鼠标或光笔与现有路径必须达到多近距离，才能使用【铅笔工具】编辑路径。此选项仅在选中了【编辑所选路径】复选框时可用。

提示

【保真度】的范围为0.5～20像素；值越小，所绘制曲线上的锚点越多，值越大，所绘制曲线上的锚点越少，路径越平滑，复杂程度越小。

3.4.2 铅笔工具的使用

选择工具箱中的【铅笔工具】，将鼠标放到路径开始的地方，如图3-76所示，然后拖曳鼠标即可绘制路径，如图3-77所示。

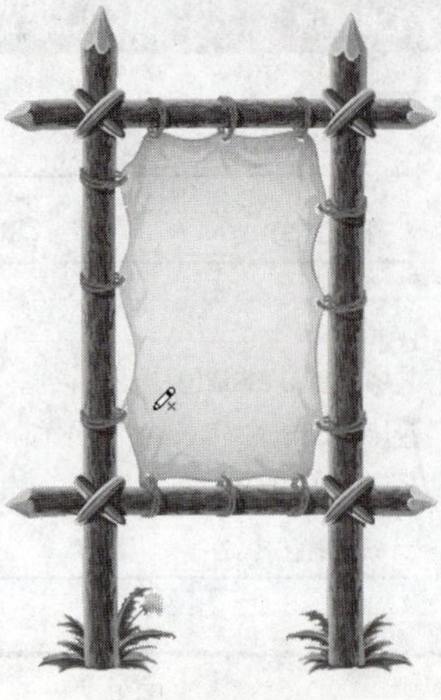
图3-76

图3-77

提 示

绘制路径前，在【铅笔工具选项】对话框内，选中【保持选定】复选框，绘制完成后路径就处于选中状态。

【铅笔工具】还可以改变现有路径的形状。首先用【选择工具】选中要修改的路径，将【铅笔工具】定位在要重新绘制的路径上或附近，当指针从 变为 时即表示与端点足够接近，拖曳鼠标直到路径达到所需形状，如图3-78所示。

图3-78

提 示

（1）铅笔的起点和终点必须在原路径上，如果起点不在原路径上，就会生成一个新的路径，如果终点不在路径上，原路径就会被破坏。

（2）修改路径的形状时，必须在调板中选中【编辑所选路径】复选框，才可以进行修改。

【铅笔工具】也可以绘制闭合路径：单击并拖曳鼠标绘制曲线至末端时，按住键盘上的Alt键，【铅笔工具】的右下角会出现一个小圆环，如图3-79所示，松开鼠标后，路径的起点和终点会自动连接起来成为闭合路径，如图3-80所示。

图3-79

图3-80

使用【铅笔工具】连接两条路径时，用【选择工具】选中两个开放的路径，用【铅笔工具】在一个锚点上单击并拖曳鼠标，然后按住Ctrl键，到另一个曲线的端点上松开鼠标，如图3-81所示，再松开Ctrl键，可以看到两个开放路径连接在一起了，如图3-82所示。

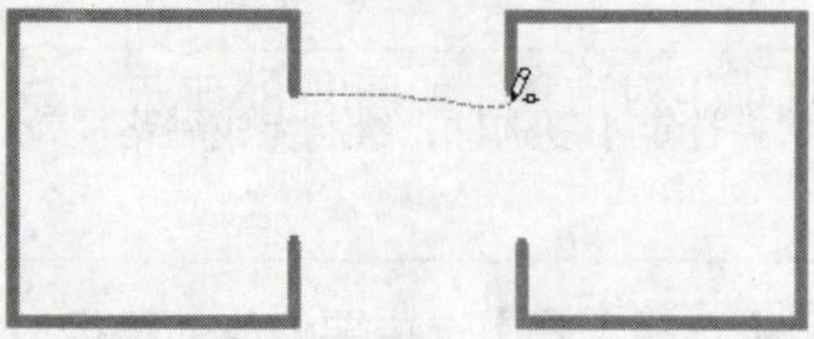
图3-81

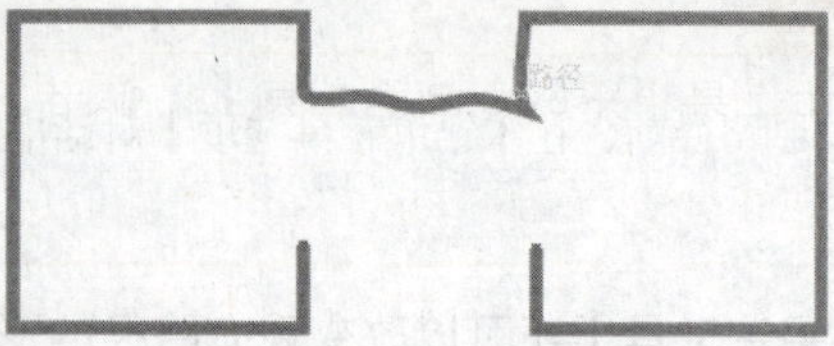
图3-82

3.4.3 平滑工具

【平滑工具】用于平滑贝塞尔路径，可以迅速地平滑一个现有路径，并且尽可能地保持路径原来的形状。

双击【平滑工具】，出现【平滑工具选项】对话框，如图3-83所示，其设置与【铅笔工具】选项类似，此处不再赘述。

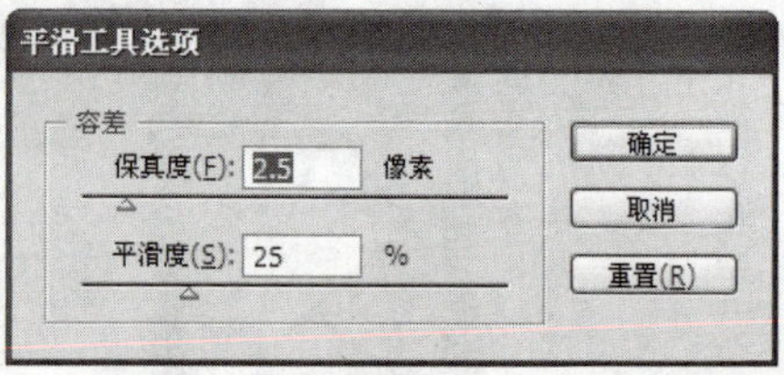

图3-83

对路径进行平滑处理时，首先要选中路径，然后在工具箱中选中【平滑工具】。在需要平滑处理的路径外侧拖曳鼠标，释放鼠标后，路径就变得比原来的路径平滑了，如图3-84所示。

图3-84

3.4.4 橡皮擦工具

【橡皮擦工具】用于从对象中擦除路径和锚点，它可用来删除路径中的任意部分。

选中要修改的对象，在工具箱中选择【橡皮擦工具】，然后沿着要擦除的路径拖曳鼠标，擦除操作停止后，会自动在路径的末端生成一个新的节点，并且路径仍处于被选中的状态。

提 示

橡皮擦工具不能用于文本或者网格中。

3.5 画笔工具

【画笔工具】用于绘制徒手画、书法线条以及路径图稿和路径图案，并且丰富的画笔库和画笔的可编辑性使绘图变得更加简单、更具创意。

3.5.1 画笔工具

单击工具箱中的【画笔工具】，然后在画笔调板中选择一个笔刷，在绘图区域按住鼠标并拖曳，即可以绘制一条路径，如图3-85所示。

双击工具箱中的【画笔工具】，弹出【画笔工具选项】对话框，如图3-86所示，与【铅笔工具首选项】对话框一样，可以设置画笔工具的【保真度】和【平滑度】。

图3-85

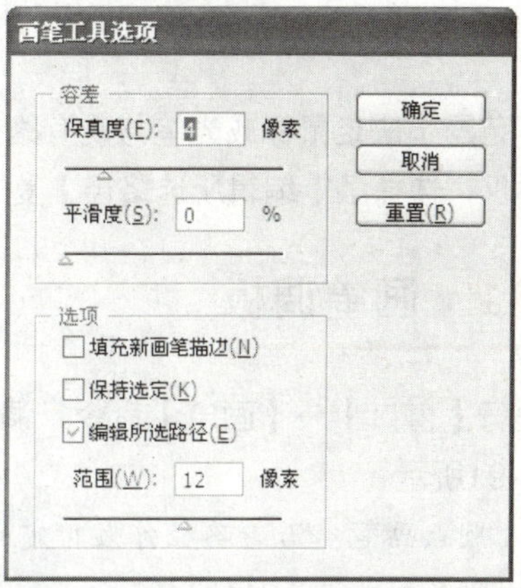

图3-86

选中【填充新画笔描边】复选框后，画笔绘制的路径将被填充颜色，如图3-87所示；未选中此复选框，则路径为无色填充，如图3-88所示。

图3-87

图3-88

选中【保持选定】复选框时，路径绘制完成后仍处于被选中的状态。

选中【编辑所选路径】复选框时，可使用【画笔工具】更改现有路径。【画笔工具】与【铅笔工具】一样，选中此复选框后可以修改现有路径的形状：用【选择工具】选中要修改的路径，再选中工具箱中的【画笔工具】，在选中的路径上单击并拖曳鼠标，如图3-89（a）所示，直到达到所需的形状，可以看到路径的形状发生了更改，如图3-89（b）所示。

（a）　　（b）

图3-89

【画笔工具】也可连接两条路径。方法是选中两个开放的路径，用【画笔工具】在一个锚点上单击并拖曳鼠标，然后按住Ctrl键，到另一个曲线的端点上松开鼠标，如图3-90(a)所示，再松开Ctrl键，可以看到两个开放路径连接在一起了，如图3-90（b）所示。

(a)　　(b)

图3-90

【范围】决定鼠标或光笔与现有路径必须达到多近距离，才能使用【铅笔工具】编辑路径。此选项仅在选择了【编辑所选路径】复选框时可用。

3.5.2 画笔调板

执行【窗口】→【画笔】命令，调出【画笔】调板。【画笔】调板中包含5种类型的画笔，如图3-91所示。

- 散点画笔：沿着路径弥散特定的画笔形状。即将一个对象（如一只瓢虫或一片树叶）的许多副本沿着路径分布。
- 书法画笔：沿着路径中心创建具有书法效果的画笔。所创建的描边，类似用笔尖呈某个角度的书法笔，沿着路径的中心绘制出来。
- 图案画笔：绘制由重复的图案组成的路径。绘制一种图案，该图案由沿路径重复的各个拼贴组成。图案画笔最多可以包括5种拼贴，即图案的边线、内角、外角、起点和终点。
- 艺术画笔：沿路径长度均匀拉伸画笔形状或对象形状。
- 毛刷画笔：使用毛刷创建具有自然画笔外观的画笔描边。

散点画笔　书法画笔　图案画笔　艺术画笔　毛刷画笔

图3-91

问答 3

散点画笔和图案画笔的区别

散点画笔和图案画笔通常可以达到同样的效果。不过，它们之间的一个区别在于，“图案画笔”会完全依循路径，而“散布画笔”则不是如此。

3.5.3 新建笔刷

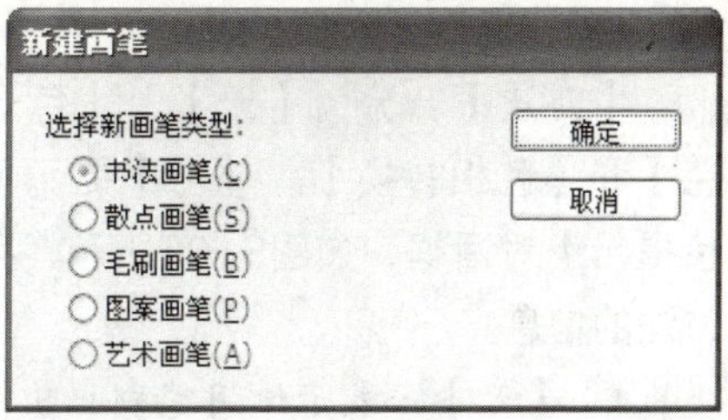

图3-92

单击【画笔】调板下方的【新建画笔】按钮，或者选择右侧下拉菜单中的【新建画笔】命令，弹出【新建画笔】对话框，如图3-92所示，选择新建画笔的类型。

提 示

如果要新建散点画笔和图案画笔，在新建画笔之前必须选中一个图形，如果没有选中的图形，这两个选项不可使用。

新建散点画笔

1 打开光盘目录下的“素材\第3章\散布画笔.ai”文件，如图3-93所示，首先选中“鲜花”图形作为新建的散点画笔笔刷，注意图片不能包含渐变、混合、其他画笔描边、网格对象、位图图像、图表、置入文件等，软件不允许使用此类图形作为散点笔刷的编辑图形。

2 单击【画笔】调板下方的【新建画笔】按钮，也可将所选图形直接拖曳到【画笔】调板中。在弹出的【新建画笔】对话框中选中【散点画笔】复选框，弹出【散点画笔选项】对话框，如图3-94所示。

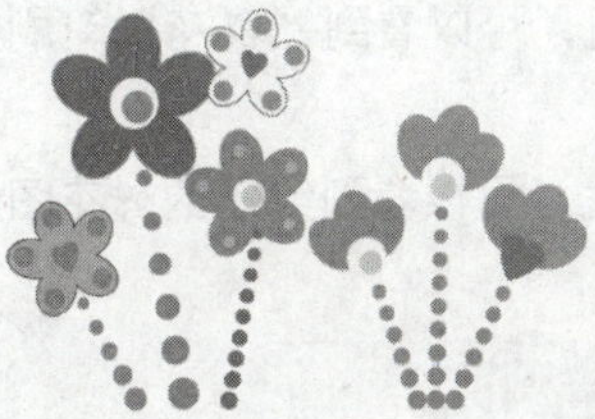

图3-93

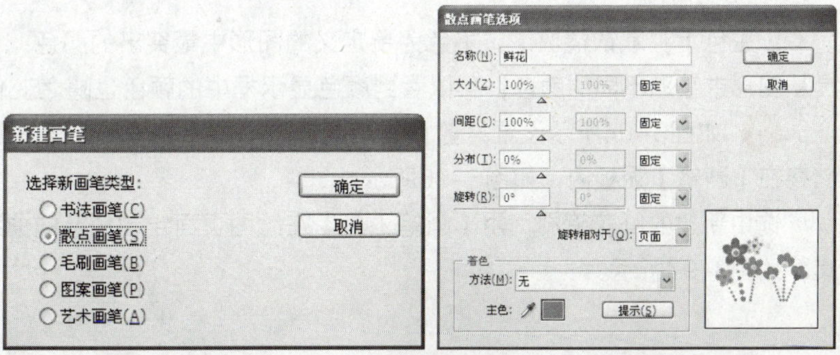

图3-94

- 【大小】：控制对象的大小。
- 【间距】：用来控制对象间的间距。
- 【分布】：用来控制路径两侧对象与路径之间的接近程度。数值越大，对象距路径越远。
- 【旋转】：用来控制对象的旋转角度。
- 【旋转相对于】：设置散点对象相对页面或路径的旋转角度，可以选择相对于页面旋转或相对于路径旋转。相对于页面旋转时，0° 指向页面顶部；相对于路径旋转时，0° 则指向路径的切线方向。

在每个选项右侧的弹出列表中，可以选择“固定”或“随机”选项，用来控制画笔形状的变化：固定表示创建具有固定大小、间距、分布和旋转特征的画笔，随机表示创建具有随机大小、间距、分布和旋转特征的画笔。在“变量”文本框中输入一个值来指定画笔特征可以变化的范围。

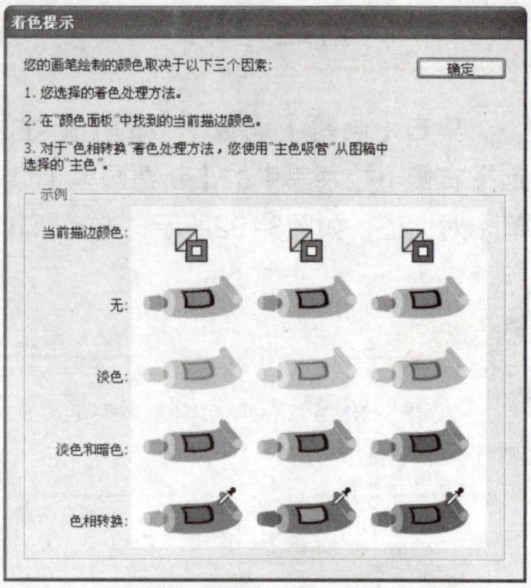

图3-95

着色选项包含【方法】、【主色】和【提示】。

【方法】：分为【无】、【色调】、【淡色和暗色】和【色相转换】。单击【提示】按钮，弹出【着色提示】对话框，如图3-95所示，可以了解有关着色方法的信息。

- 【无】：表示使用笔刷画出的颜色和笔刷本身设定的颜色一致。
- 【淡色】：使用工具箱中显示的边线颜色，并用不同的浓淡度来表示笔刷的颜色，一般对只有黑白色变化的笔刷使用“淡色”选项，原笔刷中的黑色部分变为工具箱中的边线色，灰色部分变为工具箱中的边线色不同程度的淡色，白色部分不变。
- 【淡色和暗色】：表示使用不同浓淡的工具箱中显示的边线色和暗色显示用笔刷画出的路径。选择此选项后，笔刷中的黑色和白色保持不变，其他颜色以浓淡不同的边线色表示。
- 【色相转换】：使用边线色代替笔刷的主色，笔刷中的其他颜色也发生相应的变化，变化后的颜色与边线色的对应关系和变化前的颜色与主色的对应关系一致。黑色、白色和灰色不变。

【主色】：默认情况下，主色为要定义的图形中最突出的颜色，也可以进行改变。用吸管工具从图形中吸取不同的颜色，可以看到颜色显示框中的颜色也随之变化。

3 如图3-94所示设置好散点画笔的选项后，单击【确定】按钮，可以看到“鲜花”笔刷储存在【画笔】调板内，如图3-96所示。

选中新建的鲜花笔刷，用【画笔工具】在绘图页面绘制任意的曲线，可以看到绘制的鲜花图案，如图3-97所示。

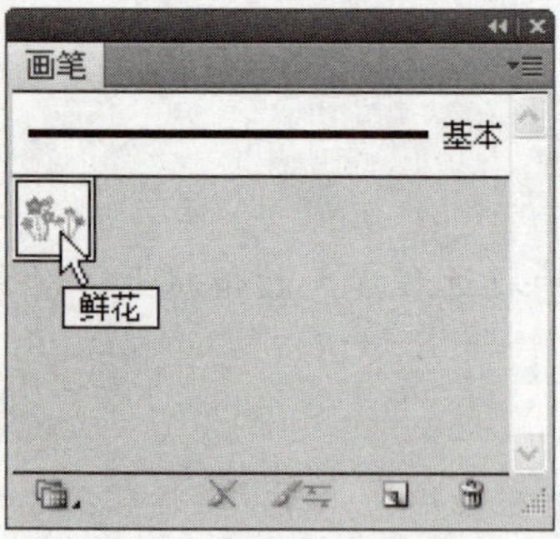

图3-96

图3-97

3.5.4 修改笔刷

用鼠标双击【画笔】调板中要修改的画笔的笔刷，可以弹出相应的画笔选项对话框，与新建画笔时弹出的画笔选项对话框相同，如图3-98所示。可以通过修改对话框内各选项的设置完成对画笔的修改，设置完成后单击【确定】按钮。

如果在页面中有使用此笔刷的路径，会弹出一个提示对话框，如图3-99所示，选择【应用于描边】按钮，可以将修改后的笔刷应用于路径中。

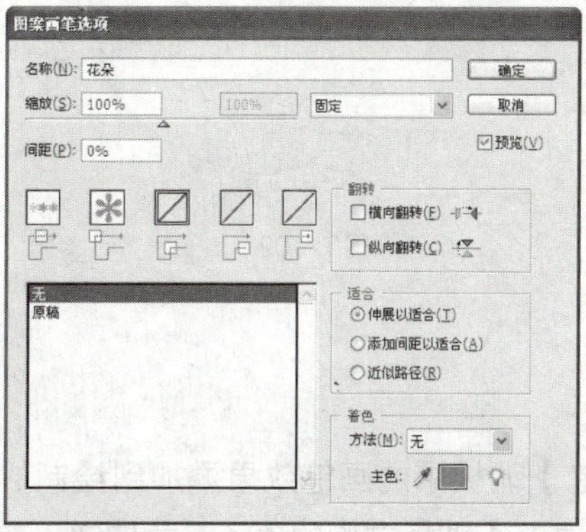

图3-98

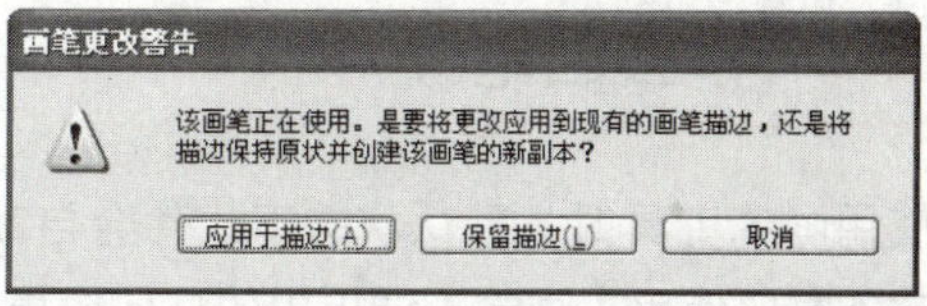

图3-99

选择【保留描边】按钮，页面中使用此笔刷的路径不做改变，以后使用此笔刷绘制的路径将会使用新的笔刷绘制。

选择【取消】按钮，表示取消对笔刷所做的修改。

3.5.5 删除笔刷

对于工作中使用不到的笔刷，可以将其删除。

1 单击【画笔】调板右侧的黑色三角按钮，在弹出的下拉菜单中，选择【选择所有未使用的画笔】命令，单击【画笔】调板右下角的【删除画笔】按钮，在弹出的【Adobe Illustrator】对话框中单击【是】按钮，就可将未使用的画笔删除。

提 示

按住Shift键，可以在【画笔】调板中连续选择几个画笔，或者按住Ctrl键，逐一点选【画笔】调板中的画笔，也可将画笔选中。选中画笔后，单击【画笔】调板右下角的【删除画笔】按钮，可将选中的画笔删除。

2 如果要删除在页面中使用到的笔刷，删除时会弹出【删除画笔警告】对话框，如图3-100所示。

图3-100

单击【扩展描边】按钮，页面中使用到此画笔的路径将转变为画笔的原始图形状态，如图3-101所示；单击【删除描边】按钮，将以边框线的颜色代替路径中此画笔的绘制效果，如图3-102所示；单击【取消】按钮，表示取消删除画笔的操作。

图3-101

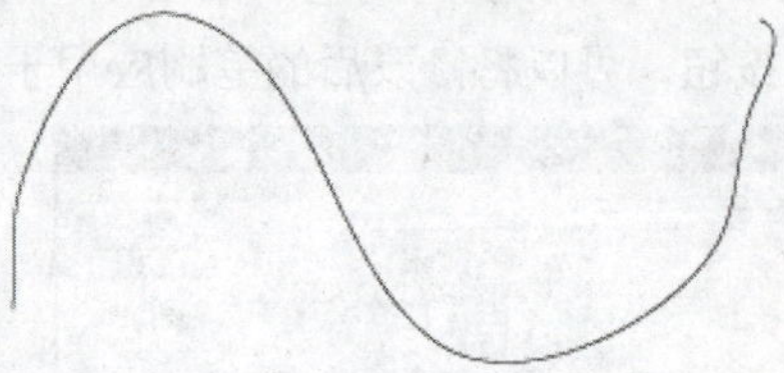

图3-102

3.5.6 移去画笔

使用画笔工具时，默认状态下软件会自动将【画笔】调板中的画笔效果添加到绘制的路径上。若不需要使用【画笔】调板中的任何效果，单击【画笔】调板右侧的黑色三角按钮，在弹出的下拉菜单中选择【移去画笔描边】命令，可移走路径上的画笔效果，如图3-103所示。

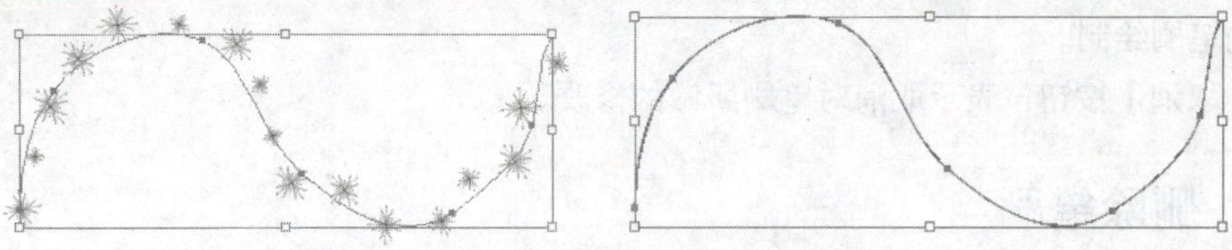

图3-103

3.6 小结

本小节介绍了路径绘制和编辑的方法与技巧，还讲解了有关路径工具的使用方法，为进一步学习Illustrator CS5打下坚实的基础。

3.7 习题

1. 填空题

（1）用来创建或编辑路径的工具包括（ ）、（ ）、（ ）、（ ）、（ ）、（ ）以及（ ）。

（2）【画笔】调板中包含4种类型的画笔，分别是（ ）、（ ）、（ ）和（ ）。

2. 问答题

（1）什么是路径?

（2）选择工具和直接选择工具的区别。

3. 操作题

（1）练习直线、曲线路径的绘制。

（2）练习新建散点画笔、书法画笔、图案画笔和艺术画笔。

4

第4章

基本绘图和变形工具

本章主要介绍基本绘图工具及变形工具的使用方法。设计师可通过基本的绘图工具绘制出基本的图形效果，还可以通过变形工具和即时变形工具来使图形发生变形。

设计要点

- 基本绘图工具的用法
- 变形工具的使用方法
- 即时变形工具的应用
- 形状生成器工具的应用

4.1 基本绘图工具

在Illustrator CS5的工具箱中，提供了3组绘制基本图形的工具，如图4-1所示。第一组包括【直线段工具】、【弧线工具】、【螺旋线工具】、【矩形网格工具】和【极坐标网格工具】；第二组包括【矩形工具】、【圆角矩形工具】、【椭圆工具】、【多边形工具】、【星形工具】和【光晕工具】；第三组包括【透视网格工具】和【透视选区工具】。这些工具用来绘制各种规则图形，所绘制的图形可以通过【变形工具】进行旋转、缩放等变形。

图4-1

4.1.1 绘制直线段

【直线段工具】的使用方法非常简单，可直接绘制各种方向的直线。

单击工具箱中的【直线段工具】，在线段起点处单击并拖曳鼠标，拖曳至适当的长度后松开鼠标，可以看到绘制了一条直线，如图4-2所示。

提 示

拖曳鼠标（未松开）的同时，按住键盘上的空格键，直线可随鼠标的拖曳移动位置。

绘制精确方向和长度的直线

1. 在工具箱中选择【直线段工具】。
2. 在页面空白处单击鼠标，即鼠标的落点是绘制直线的起点，弹出【直线段工具选项】对话框，如图4-3所示。

【长度】选项用于设定直线的长度，【角度】选项用于设定直线和水平轴的夹角。

3. 在【长度】数值框中输入5mm，在【角度】数值框中输入25。
4. 单击【确定】按钮，页面上就出现了如图4-4所示的线段。

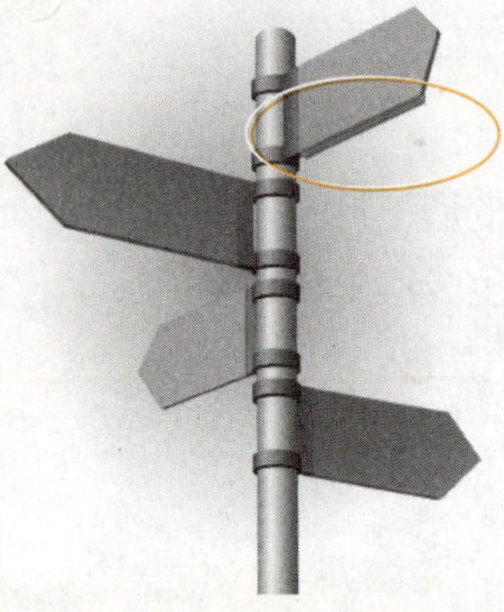

图4-2

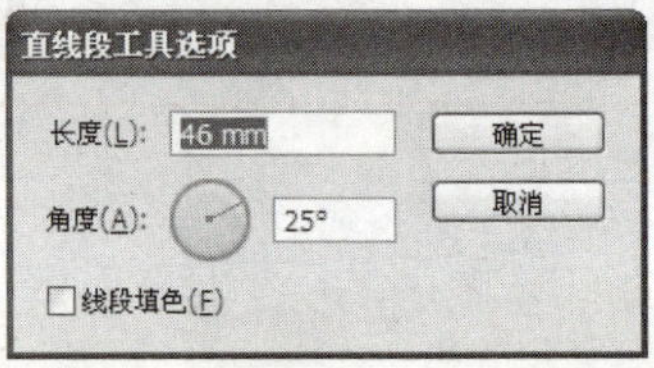

图4-3

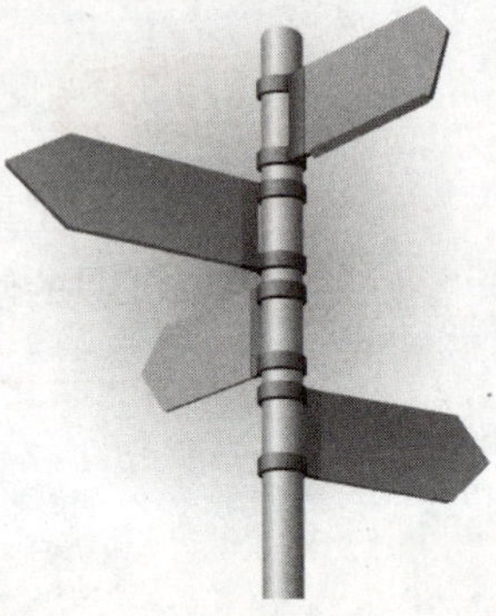

图4-4

提 示

按住Shift键拖曳鼠标，还可以绘制出固定角度的直线，如水平、竖直及45° 的倍数方向的直线，如图4-5所示。

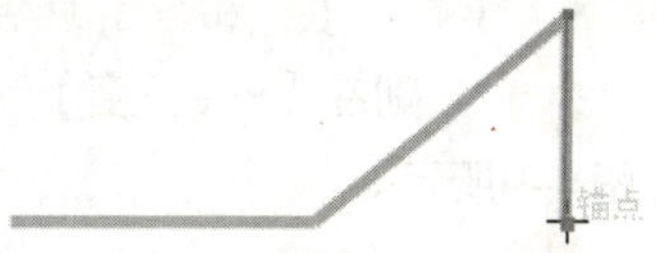

图4-5

4.1.2 绘制弧线

【弧线工具】用来绘制各种曲率和长短的弧线。

在工具箱中选择【弧线工具】，在页面中可以看到指针变为+。在起点处单击并拖曳鼠标，拖曳至适当的长度后松开鼠标，可以看到绘制了一条弧线，如图4-6所示。

图4-6

问 答 1

在绘制过程中如何改变弧线的形状?

拖曳鼠标的同时执行如下操作，可达到不同的效果。

按住Shift键，可得到与X轴、Y轴长度相等的弧线；

按↑、↓箭头键可增加或减少弧线的曲率半径；按C键可改变弧线的类型，即开放路径和闭合路径间的切换；按F键可改变弧线的方向；按X键可令弧线在“凹”和“凸”曲线之间切换；按住Space键，可随鼠标来移动弧线的位置。

绘制精确曲率、长短的弧线

1 在工具箱中选择【弧线工具】。

2 在页面空白处单击鼠标，鼠标的落点是绘制弧线的起点，弹出【弧线段工具选项】对话框，如图4-7所示。

【X轴长度】、【Y轴长度】指形成弧线基于x轴、y轴的长度，可以通过右侧的口选择基准点的位置，如图4-8所示。

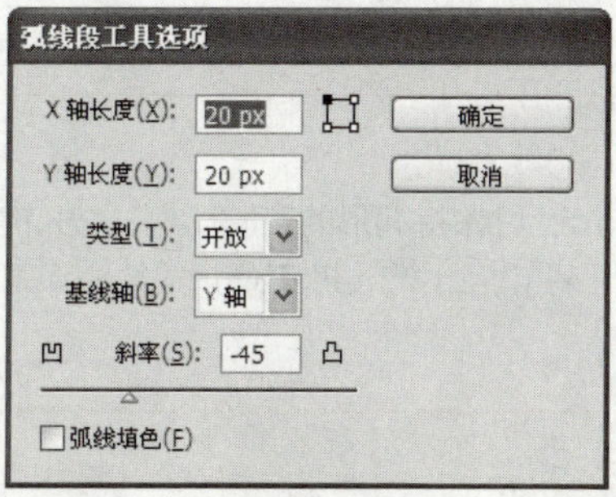

图4-7

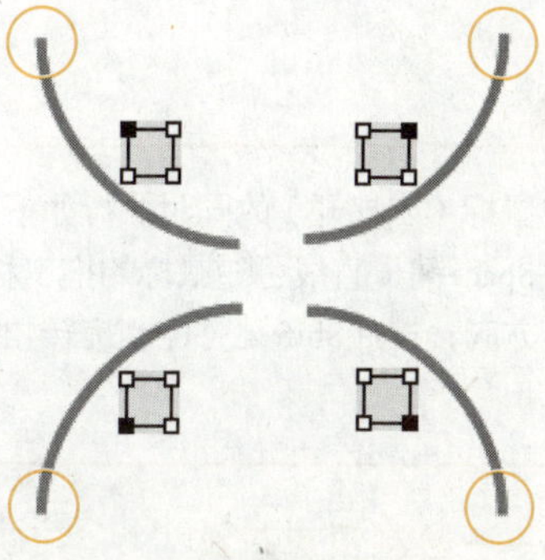
图4-8

- 【类型】：表示弧线的类型，包括“开放”弧线和“闭合”弧线。

- 【基准轴】：用来设定弧线以x轴还是以y轴为中心。
- 【斜率】：相当于曲率的设定，包括“凹”和“凸”两种方式。

3 分别在【x轴长度】和【y轴长度】数值框中输入60mm，在【斜率】数值框中输入45，如图4-9所示。

4 单击【确定】按钮，页面上就出现了一条确定曲率、长短的弧线，如图4-10所示。

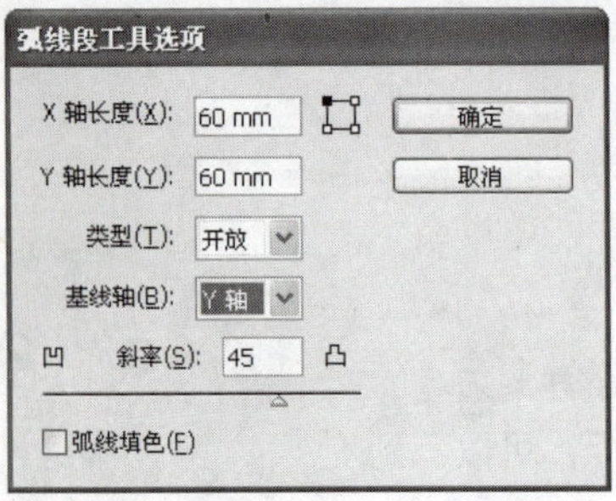

图4-9

图4-10

4.1.3 螺旋线工具

【螺旋线工具】用来绘制各种螺旋线。

1 在工具箱中选择【螺旋线工具】，在页面空白处可以看到指针变为+。在螺旋线起点处单击并拖曳鼠标，如图4-11所示。

2 拖曳出所需的螺旋线后松开鼠标，螺旋线绘制完成，如图4-12所示。

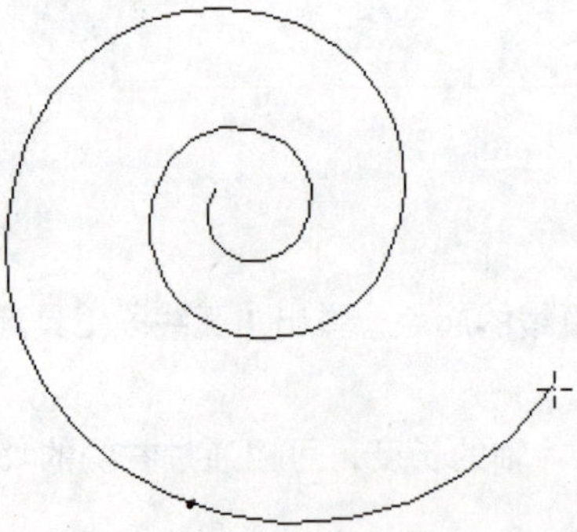

图4-11

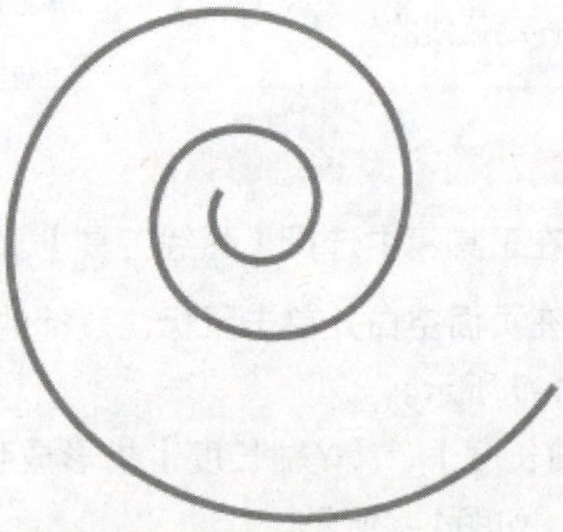

图4-12

提 示

拖曳鼠标（未松开）的同时执行如下操作，可达到不同的效果。

按住Space键，直线可随鼠标的拖曳移动位置；按住Ctrl键可保持涡形的衰减比例；按R键可改变涡形的旋转方向；按住Shift键可控制旋转角度为45°的倍数；按↑、↓箭头键可增加或减少涡形路径片断的数量。

实例——绘制贝壳花纹

1 在工具箱中选择【螺旋线工具】。

2 在页面中单击鼠标，即鼠标的落点是要绘制螺旋线形的中心，弹出【螺旋线】对话框，如图4-13所示。

- 【半径】：表示中心到外侧最后一点的距离。
- 【衰减】：用来控制螺旋线之间相差的比例，百分比越小，螺旋线之间的差距就越小。
- 【段数】：调节螺旋内路径片断的数量。
- 【样式】：可选择顺时针或逆时针螺旋线形。

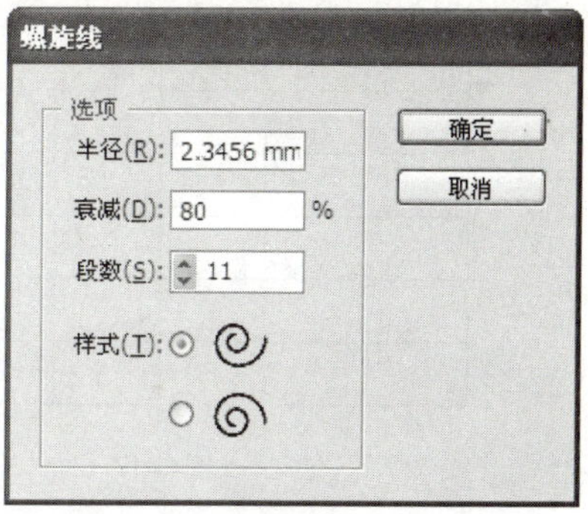

图4-13

3 在【半径】数值框中输入1.8mm，在【段数】数值框中输入11，如图4-14所示。

4 单击【确定】按钮，页面上就出现了确定半径、样式的螺旋线，如图4-15所示。

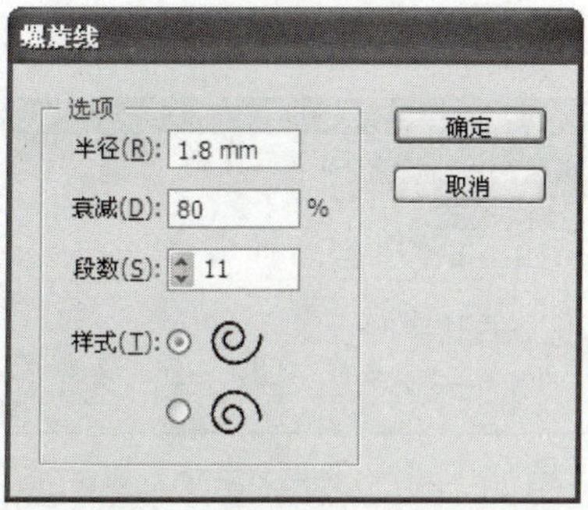

图4-14

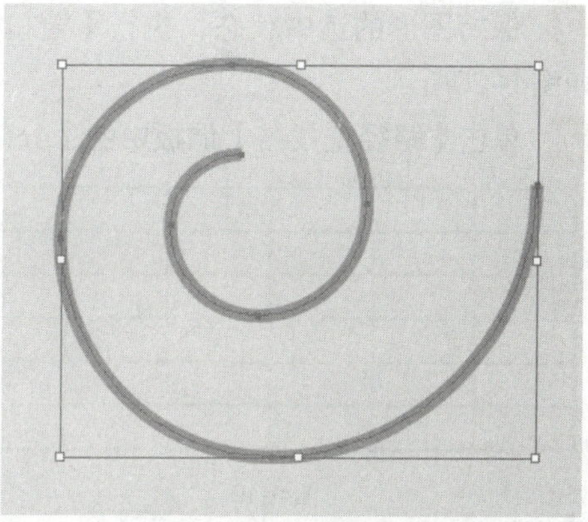
图4-15

5 将绘制好的螺旋线放在贝壳上，完成绘制贝壳花纹的操作，如图4-16所示。

图4-16

4.1.4 矩形网格工具

【矩形网格工具】用于制作矩形内部的网格。

1 在工具箱中选择【矩形网格工具】，在页面上单击并拖曳鼠标，如图4-17所示。

2 松开鼠标后即可看到绘制的矩形网格，如图4-18所示。

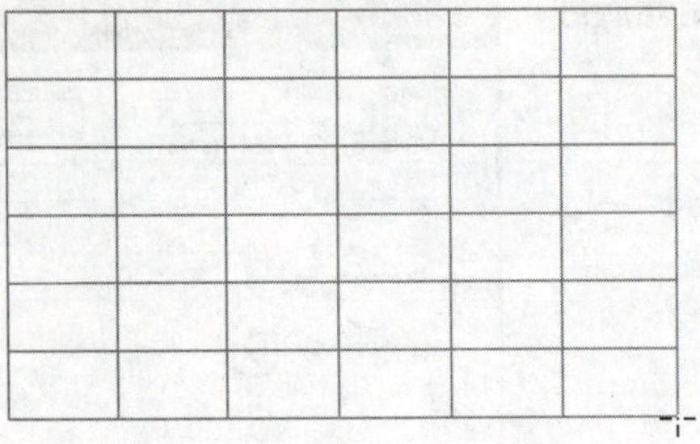

图4-17

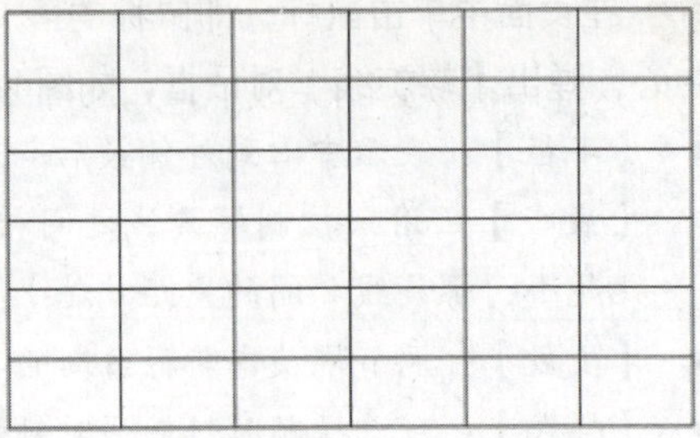

图4-18

1. 实例——绘制砖墙

1 在工具箱中选择【矩形网格工具】，在绘图页面中单击并拖曳鼠标，绘制出一个矩形网格，如图4-19所示。

2 保持图形的选中状态，执行【窗口】→【路径查找器】命令，打开【路径查找器】调板，如图4-20所示。

3 单击【路径查找器】调板中的【分割】按钮。

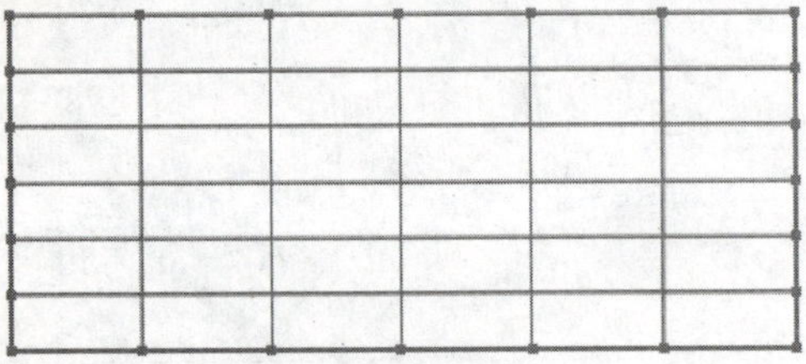

图4-19

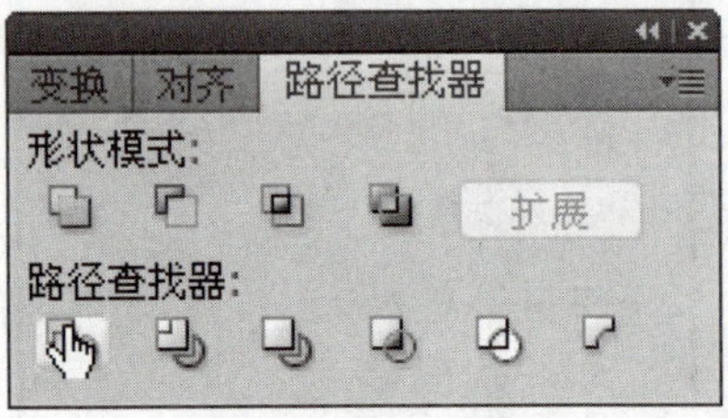

图4-20

4 在图形上单击鼠标右键，在弹出的下拉菜单中选择【取消编组】命令，如图4-21所示。

5 选择【选择工具】，然后在每个小矩形上单击鼠标，可以看到矩形网格中每个小矩形都成为独立的图形，且都可以被【选择工具】选中，如图4-22所示。

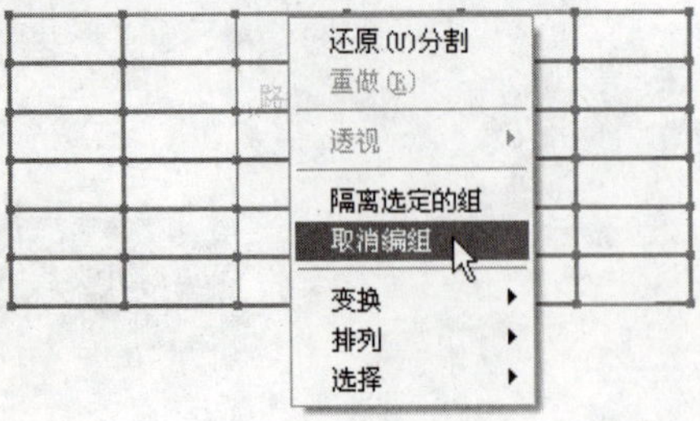

图4-21

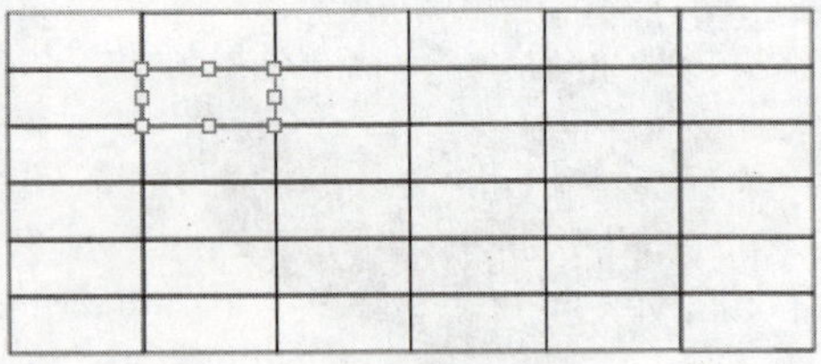

图4-22

6 用【选择工具】选中第2行的小矩形，如图4-23所示。

7 在选中第2行的小矩形后，按住键盘上的→键，向右水平移动小矩形，如图4-24所示。

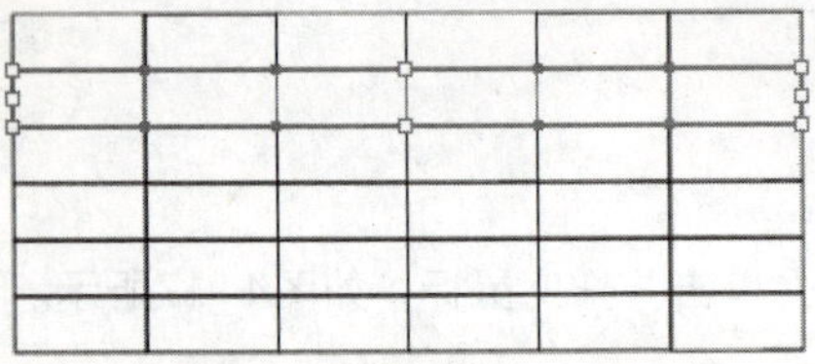

图4-23

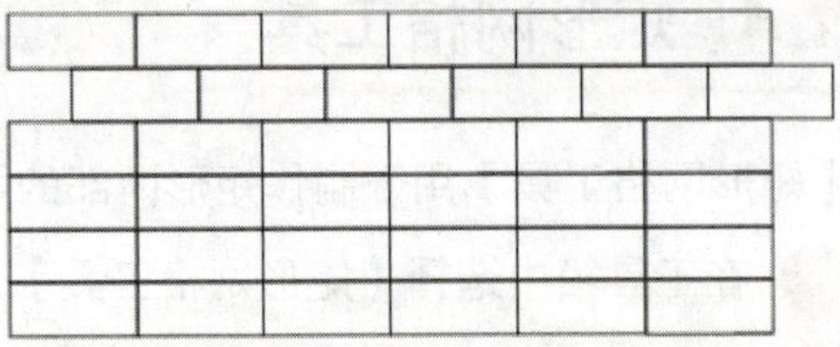

图4-24

8 用相同的方法将双数行的小矩形水平向右移动，如图4-25所示。

9 这样砖墙就绘制完成了，如图4-26所示。

图4-25

图4-26

2. 通过对话框绘制矩形网格

1 在工具箱中选择【矩形网格工具】。

2 在页面空白处单击鼠标，鼠标的落点就是要绘制的矩形网格的基准点，弹出【矩形网格工具选项】对话框，如图4-27所示。

（1）选项区。

【宽度】、【高度】：用于设置矩形网格的宽度和高度，可通过□选择基准点的位置，如图4-28所示。

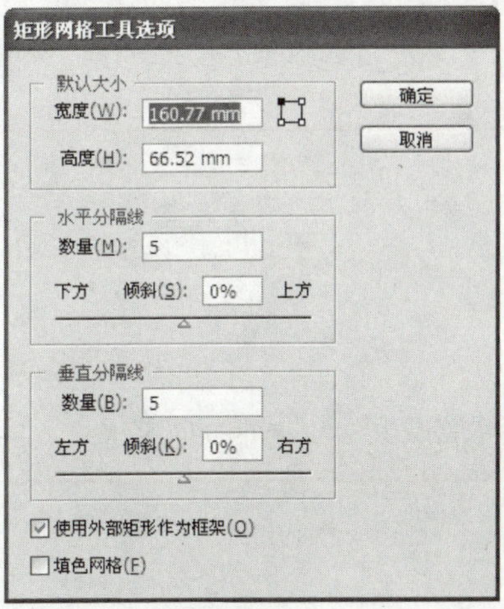

图4-27

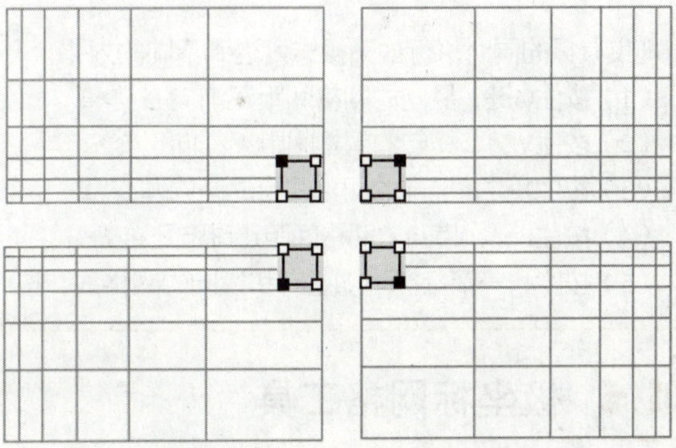

图4-28

（2）水平分隔线。

- 【数量】：表示矩形网格内横线的数量，即行数。
- 【倾斜】：指行的位置，数值为0%时，线与线的距离均等；数值大于0%时，网格向上的行间距逐渐变窄；数值小于0%时，网格向下的行间距逐渐变窄。

（3）垂直分隔线。

- 【数量】：指矩形网格内竖线的数量，即列数。
- 【倾斜】：表示列的位置，数值为0%时，线与线的距离均等；数值大于0%时，网格向右的列间距逐渐变窄；数值小于0%时，网格向左的列间距逐渐变窄。

选中【使用外部矩形作为框架】复选框，颜色模式中的填色和描边会被应用到矩形和线的位置上，并被用作其他物件的外轮廓线。

选中【填色网格】复选框，填色描边只应用到网格部分，即颜色只应用到线上。

3 在【宽度】数值框中输入80mm，在【高度】数值框中输入150mm，在【水平分隔线】的【数量】数值框中输入5，设置【倾斜】为50%，在【垂直分隔线】的【数量】数值框中输入5，设置【倾斜】为-50%，如图4-29所示。

4 单击【确定】按钮，可以看到页面上出现了设置好的矩形网格，如图4-30所示。

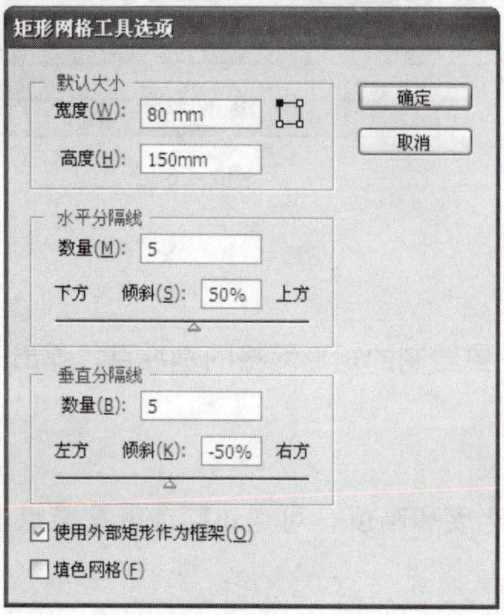

图4-29

图4-30

提 示

拖曳鼠标的同时执行如下操作可达到不同的效果。

（1）按住C键，竖向的网格间距逐渐向右变窄。

（2）按住V键，横向的网格间距逐渐向上变窄。

（3）按住X键，竖向的网格间距逐渐向左变窄。

（4）按住F键，横向的网格间距逐渐向下变窄。

（5）按↑、→箭头键增加竖向和横向的网格线，按←、↓箭头键减少竖向和横向的网格线。

4.1.5 极坐标网格工具

【极坐标网格工具】可以用来绘制同心圆和确定参数的放射线段。

1 在工具箱中选择【极坐标网格工具】，在页面空白处单击并拖曳鼠标，如图4-31所示。

2 松开鼠标后就可以看到绘制的极坐标网格，如图4-32所示。

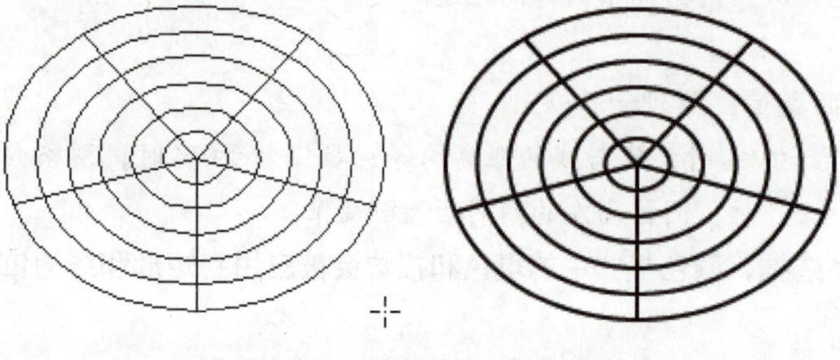

图4-31

图4-32

通过对话框绘制极坐标

1 在工具箱中选择【极坐标网格工具】。

2 在页面空白处单击鼠标，弹出【极坐标网格工具选项】对话框，如图4-33所示。

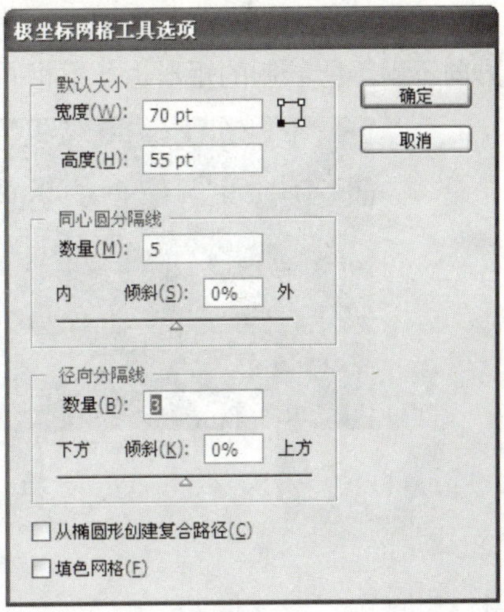

图4-33

（1）【默认大小】选项区。

【宽度】、【高度】：指极坐标网格的水平直径和垂直直径，可通过口选择基准点的位置。

（2）【同心圆分隔线】选项区。

- 【数量】：表示极坐标网格内圆的数量。
- 【倾斜】：指圆形之间的位置径向距离，数值为0%时，线与线的距离均等；数值大于0%时，网格向外的间距逐渐变窄；数值小于0%时，网格向内的间距逐渐变窄。

（3）【径向分隔线】选项区。

- 【数量】：指极坐标网格内放射线的数量。
- 【倾斜】：表示放射线的分布，数值为0%时，线与线的距离均等；数值大于0%时，网格顺时针方向逐渐变窄；数值小于0%时，网格逆时针方向逐渐变窄。

选中【从椭圆中创建复合路径】复选框，颜色模式中的填色和描边会应用到圆形和放射线的位置上，如同执行复合命令，圆和圆重叠的部分会被挖空，多个同心圆环构成一个极坐标网络。

选中【填色网格】复选框，填色和描边只应用到网格部分，即颜色只应用到线上。

3 在【宽度】数值框中输入70，在【高度】数值框中输入55，在【径向分隔线】数值框中输入3。

4 单击【确定】按钮，页面上就出现了如图4-34所示的极坐标。

图4-34

4.1.6 矩形工具

【矩形工具】的作用是绘制矩形或正方形。

1 在工具箱中选择【矩形工具】，在页面内按住鼠标左键以对角线的方式向外拖曳，如图4-35所示。

2 直至理想的大小后松开鼠标，如图4-36所示，矩形就绘制完成了。拖曳鼠标的距离、方向不同，所绘制的矩形也各不相同。

图4-35

图4-36

提 示

按住Shift键拖曳鼠标，可以绘制正方形；按住Alt键拖曳鼠标可以绘制由鼠标落点为中心点向四周延伸的矩形；同时按住Shift键和Alt键拖曳鼠标，可以绘制由鼠标落点为中心点向四周延伸的正方形。

绘制精确尺寸的矩形

1 在工具箱中选择【矩形工具】。

2 在页面中单击鼠标左键，鼠标的落点是要绘制矩形的左上角端点，弹出【矩形】对话框，如图4-37所示。

3 在【宽度】数值框中输入210mm，在【高度】数值框中输入145mm。

4 单击【确定】按钮后，可以看到页面中出现了设置好尺寸的矩形，如图4-38所示。

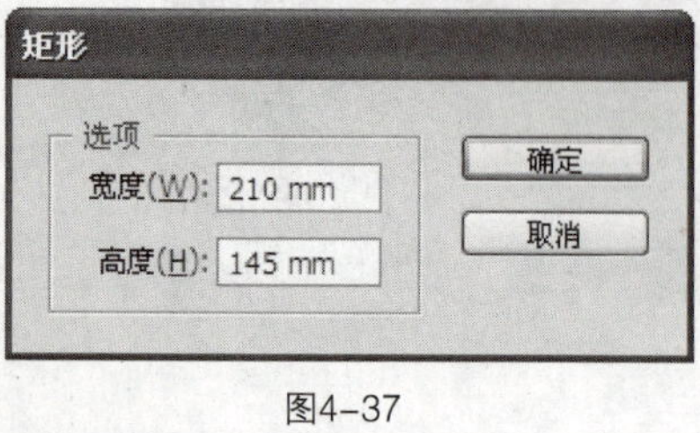

图4-37

图4-38

4.1.7 圆角矩形工具

【圆角矩形工具】用来绘制圆角的矩形，与绘制矩形的方法基本相同。

1 在工具箱中选择【圆角矩形工具】，在页面内按住鼠标左键以对角线的方向向外拖曳，如图4-39所示。

2 直至理想的大小后松开鼠标，圆角矩形就绘制完成了，如图4-40所示。依据拖曳鼠标的距离、方向的不同，所绘制的圆角矩形也就各不相同。

图4-39

图4-40

提 示

拖曳鼠标的同时按←、→箭头键，可以设置是否绘制圆角矩形；按住Shift键拖曳鼠标，可以绘制圆角正方形；按住Alt键拖曳鼠标可以绘制以鼠标落点为中心点向四周延伸的圆角矩形；同时按住Shift键和Alt键拖曳鼠标，可以绘制以鼠标落点为中心点向四周延伸的圆角正方形；同理，按住Alt键单击鼠标，以对话框方式绘制的圆角矩形，鼠标的落点即为所绘制圆角矩形的中心点。

绘制精确尺寸的圆角矩形

1 在工具箱中选择【圆角矩形工具】。

2 在页面中单击鼠标，鼠标的落点就是要绘制圆角矩形的左上角端点，弹出【圆角矩形】对话框，如图4-41所示。

在【宽度】和【高度】数值框中输入所需的数值，即可按照所需的大小进行绘制。【圆角半径】数值框输入的半径数值越大，得到的圆角矩形弧度越大；反之输入的半径数值越小，得到的圆角矩形弧度越小；输入的数值为零时，得到的是矩形。

3 在【宽度】数值框中输入152mm，在【高度】数值框中输入76mm，在【圆角半径】数值框中输入15mm。

4 单击【确定】按钮，可以看到页面中出现了设置好尺寸的圆角矩形，如图4-42所示。

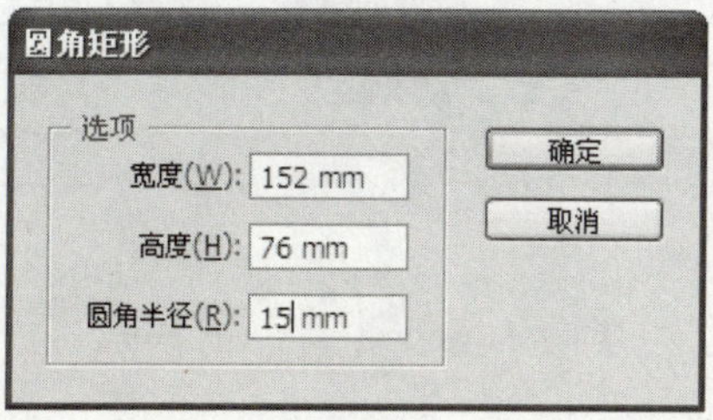

图4-41

图4-42

4.1.8 椭圆工具

【椭圆工具】用来绘制椭圆形和圆形，其方法与绘制矩形与圆角矩形的方法是相同的。

在工具箱中选择【椭圆工具】，在页面内按住鼠标左键以对角线的方向向外拖曳，如图4-43所示。

直至适当的大小后松开鼠标，椭圆就绘制完成了，如图4-44所示。根据拖曳鼠标距离、方向的不同，所绘制的椭圆也各不相同。

图4-43

图4-44

提 示

按住Shift键拖曳鼠标，可以绘制圆形；按住Alt键拖曳鼠标，可以绘制由鼠标落点为中心点向四周延伸的椭圆；同时按住Shift键和Alt键拖曳鼠标，可以绘制以鼠标落点为中心点向四周延伸的椭圆；同理，按住Alt键单击鼠标，以对话框方式绘制的椭圆，鼠标的落点即为所绘制椭圆的中心点。

1. 绘制精确尺寸的椭圆

1. 在工具箱中选择【椭圆工具】。
2. 在页面中单击鼠标，鼠标的落点就是要绘制椭圆的左上角端点，弹出【椭圆】对话框，如图4-45所示。
3. 在【宽度】数值框中输入72mm，在【高度】数值框中输入91mm。
4. 单击【确定】按钮，可以看到页面中出现了设置好尺寸的椭圆形，如图4-46所示。

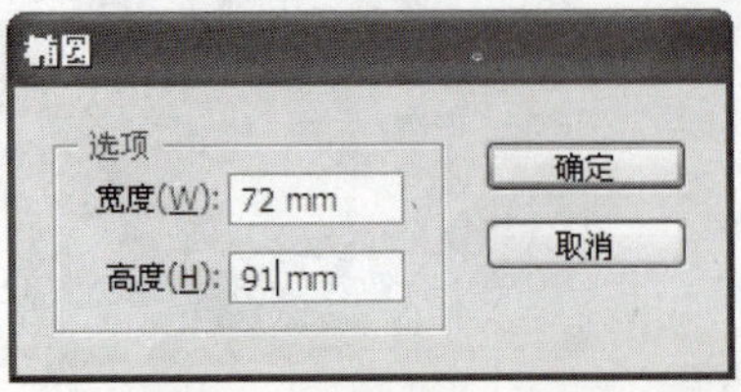

图4-45

图4-46

2. 实例——绘制心形

1 在工具箱中选择【矩形工具】，在页面中单击鼠标左键，鼠标的落点就是要绘制矩形的左上角端点，弹出【矩形】对话框。分别在【宽度】和【高度】数值框中输入30mm，如图4-47所示。

2 单击【确定】按钮后，设置好尺寸的矩形绘制完成，如图4-48所示。

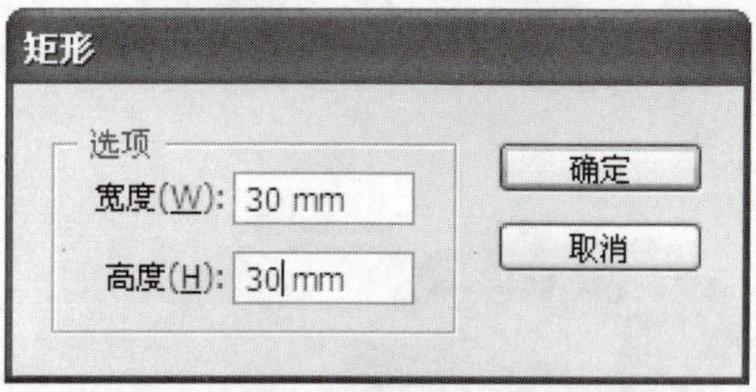

图4-47

图4-48

3 在工具箱中选择【椭圆工具】，在页面中单击鼠标左键，鼠标的落点就是要绘制椭圆的左上角端点，弹出【椭圆】对话框。分别在【宽度】和【高度】数值框中输入30mm，如图4-49所示。

4 将圆形放在正方形的上面，圆心与正方形一边的中点重合，如图4-50所示。

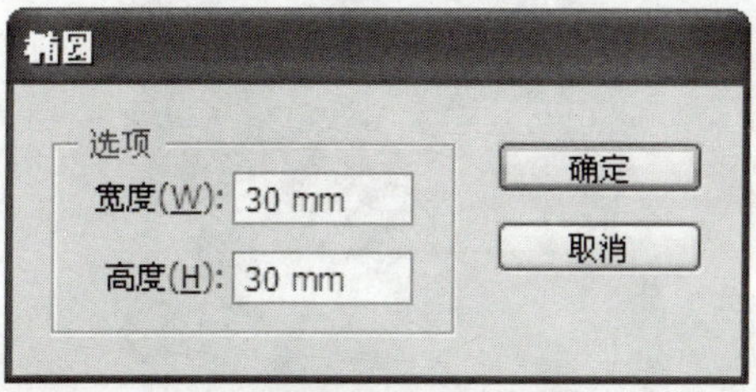

图4-49

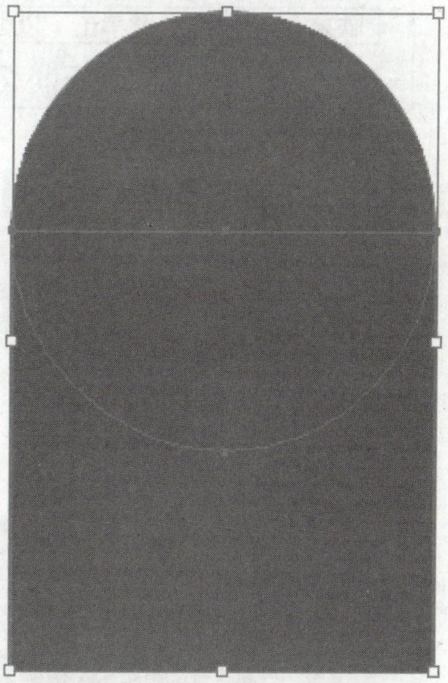

图4-50

5 在工具箱中选择【选择工具】，按住Alt键，将圆形拖曳至正方形的右边，然后松开鼠标，即完成圆形的复制操作，如图4-51所示。

6 执行【窗口】→【路径查找器】命令，打开【路径查找器】调板，单击【与形状区域相加】按钮，再单击【扩展】按钮，将圆形与正方形相加，如图4-52所示。

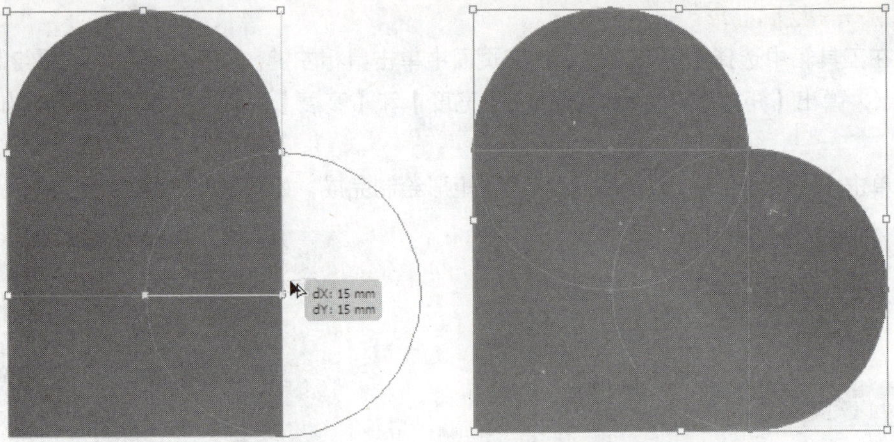

图4-51

图4-52

7 “心形”就绘制完成了，如图4-53所示。

图4-53

4.1.9 多边形工具

【多边形工具】用来绘制任意边数的多边形。

1 在工具箱中选择【多边形工具】，在页面内单击并按住鼠标左键向外拖曳，如图4-54所示。

2 直至理想的大小后松开鼠标，多边形绘制完成，如图4-55所示。

图4-54

图4-55

提 示

拖曳鼠标的同时执行如下操作。可达到不同的效果。
按住空格键，即可随鼠标移动直线的位置。
按Shift键可控制旋转角度为45°的倍数。
按↑、↓箭头键可增加或减少多边形的边数。

绘制确定尺寸和边数的多边形

1 在工具箱中选择【多边形工具】。

2 在页面中单击鼠标左键，鼠标的落点就是要绘制多边形的中心点，弹出【多边形】对话框，如图4-56所示。

- 【半径】：可以设置绘制多边形的半径。
- 【边数】：可以设置绘制多边形的边数。边数越多，生成的多边形越接近于圆形。

3 在【半径】数值框中输入60mm，在【边数】数值框中输入8。

4 单击【确定】按钮，页面上就出现了如图4-57所示的八边形。

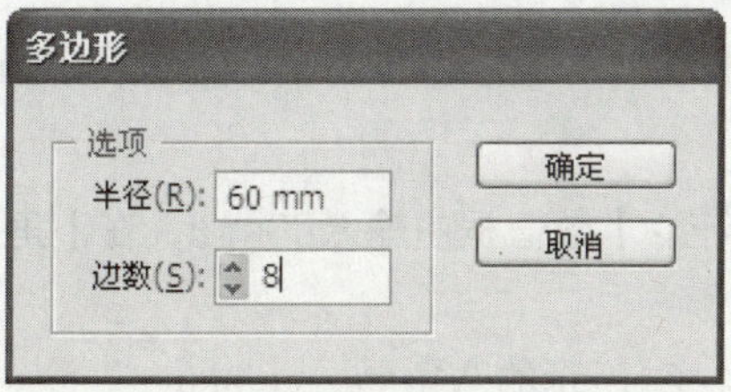

图4-56

图4-57

4.1.10 星形工具

【星形工具】用来绘制各种星形，与【多边形工具】的使用方法相同。

1 在工具箱中选择【星形工具】，在页面中单击并按住鼠标左键向外拖曳，如图4-58所示。

2 直至适当大小后松开鼠标，星形就绘制完成了，如图4-59所示。

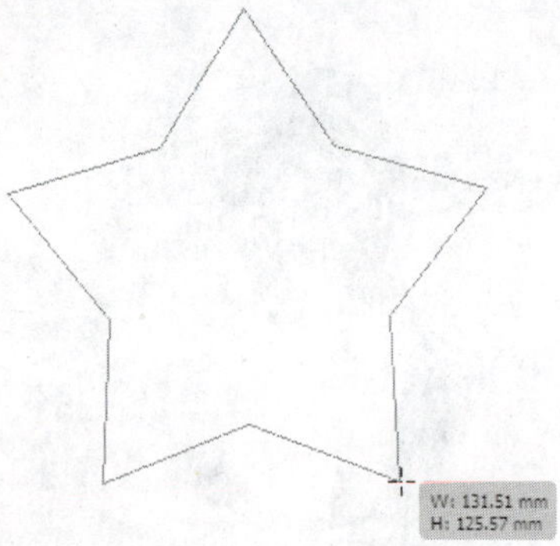

图4-58

图4-59

提 示

拖曳鼠标的同时执行如下操作，可达到不同的效果。

按住Space键，可随鼠标移动直线的位置。

按住Ctrl键，可保持星形的内部半径。

按住Shift键可控制旋转角度为45° 的倍数。

按↑、↓箭头键可增加或减少多边形的边数。

1. 绘制精确尺寸的星形

1 在工具箱中选择【星形工具】。

2 在页面中单击鼠标左键，鼠标的落点就是要绘制星形的中心点，弹出【星形】对话框，如图4-60所示。

- 【半径1】：可以定义绘制的星形内侧点（凹处）到星形中心的距离。
- 【半径2】：可以定义绘制的星形外侧点（顶端）到星形中心的距离。
- 【角点数】：可以定义所绘制星形图形的角数。

提 示

【半径1】与【半径2】的数值相等时，所绘制的图形为多边形，且边数为【角点数】的两倍。

3 在【半径1】数值框中输入40mm，在【半径2】数值框中输入80mm，在【角点数】数值框中输入8。

4 单击【确定】按钮，页面上就出现了如图4-61所示的八角星。

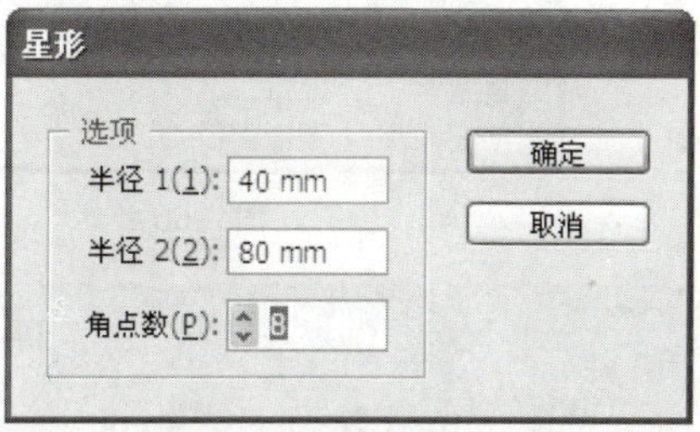

图4-60

图4-61

2. 实例——绘制蒲公英

1 首先绘制出蒲公英的种子。在工具箱中选择【钢笔工具】，在页面中绘制如图4-62所示的种子形状。

2 在工具箱中选择【椭圆工具】，在绘图页面中按住Shift键，单击并拖曳鼠标，绘制一个正圆，如图4-63所示。

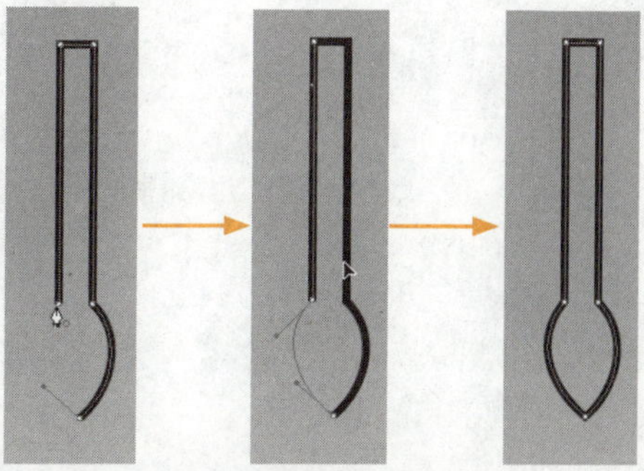

图4-62

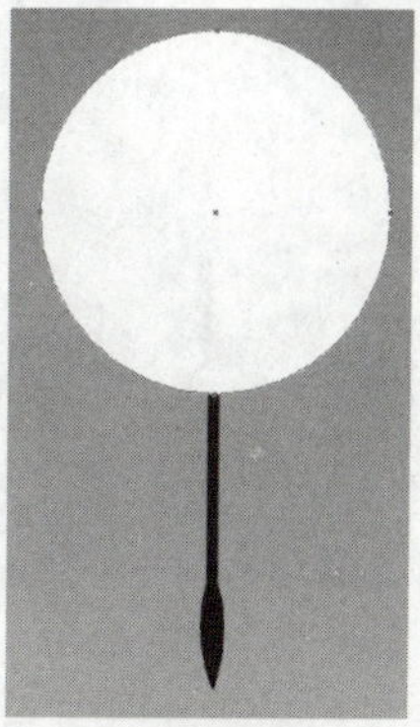

图4-63

3 执行【窗口】→【透明度】命令，打开【透明度】调板，在【不透明度】数值框中输入50，将绘制正圆的透明度设置为50%，如图4-64所示。

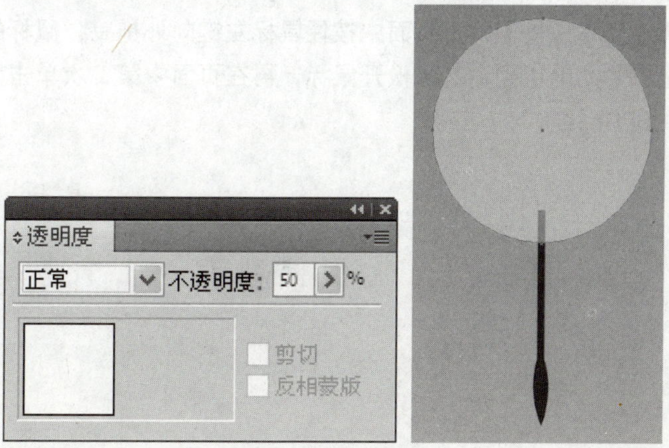

图4-64

4 在工具箱中选择【星形工具】，在页面中单击鼠标左键，弹出【星形】对话框。在【半径1】数值框中输入2mm，在【半径2】数值框中输入7mm，在【角点数】数值框中输入25，如图4-65所示。

5 设置完毕后，单击【确定】按钮，页面上出现如图4-66所示的多边形。

6 蒲公英就绘制完成了，如图4-67所示。

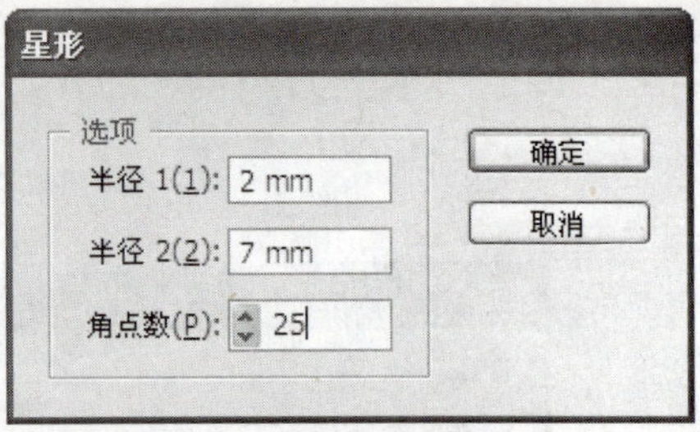

图4-65

图4-66

图4-67

4.1.11 光晕工具

【光晕工具】是用来制作逼真的镜片闪光效果的。

在工具箱中选择【光晕工具】，在页面中按住鼠标左键向外拖曳，鼠标的落点为闪光的中心点，拖曳的长度就是放射光的半径，然后松开鼠标，再在页面中第二次单击鼠标，以确定闪光的长度和方向，如图4-68所示。

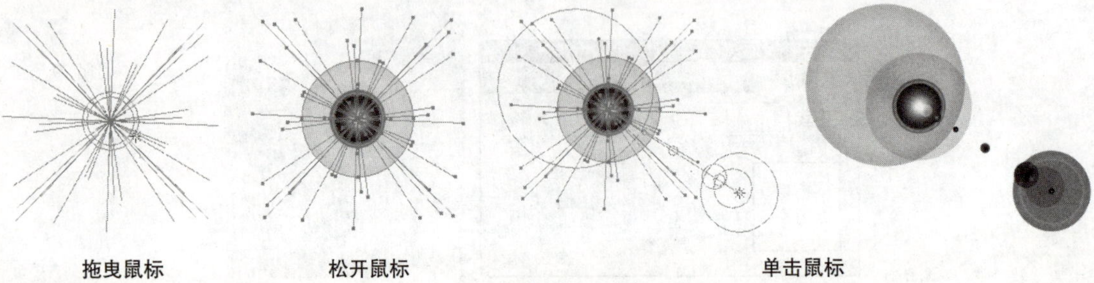

拖曳鼠标　松开鼠标　单击鼠标

图4-68

绘制精确的光晕效果

1 首先在工具箱中选择【光晕工具】。

2 在页面中单击鼠标左键，鼠标的落点是绘制光晕的中心点，弹出【光晕工具选项】对话框，如图4-69所示。

提 示

选择【光晕工具】，在页面中单击鼠标时，若不想弹出【光晕工具选项】对话框，可以按住Alt键在页面上单击。按下鼠标放置光晕的中心手柄，然后拖动设置中心的大小、光晕的大小，并旋转射线角度。松开鼠标，按Shift键将射线限制在设置的角度内。按↑、↓箭头键添加或减去射线。按住Ctrl键可以保持光晕的中心位置不变。

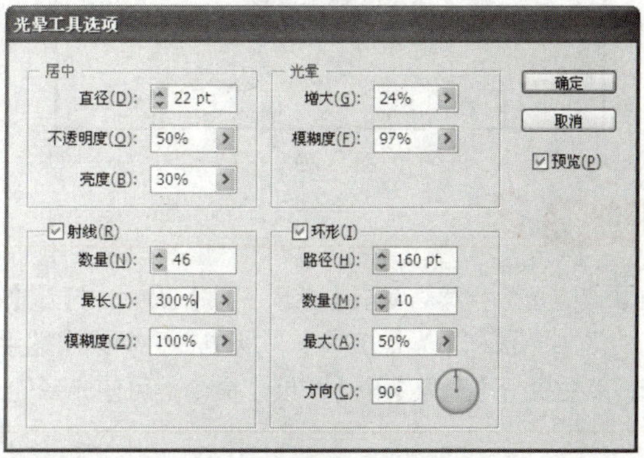

图4-69

（1）【居中】选项区。

- 【直径】：指发光中心圆的半径。
- 【不透明度】：设置中心圆的不透明程度。
- 【亮度】：设置中心圆的亮度。

（2）【光晕】选项区。

- 【增大】：表示光晕散发的程度。
- 【模糊度】：指余光的模糊程度，0为锐利，100为模糊。

（3）【射线】选项区。

- 【数量】与【最长】：设置多个光环中最大的光环的大小。
- 【模糊度】：设置光线的模糊程度，0为锐利，100为模糊。

（4）【环形】选项区。

- 【路径】：设置光环的轨迹长度。
- 【数量】：设置第二次单击时产生的光环。
- 【最大】：设置多个光环中最大的光环的大小。
- 【方向】：用来设定光环的方向。

提 示

第二次按下并拖动为光晕添加光环时，并放置末端手柄。松开鼠标前，按↑、↓箭头键添加或减去光环。按~键可以随机放置光环。

3 在【光晕工具选项】对话框中，按如图4-70所示进行设置。

4 单击【确定】按钮，页面上就出现了设置好的发光效果（因背景颜色等的差异会略有不同），如图4-71所示。

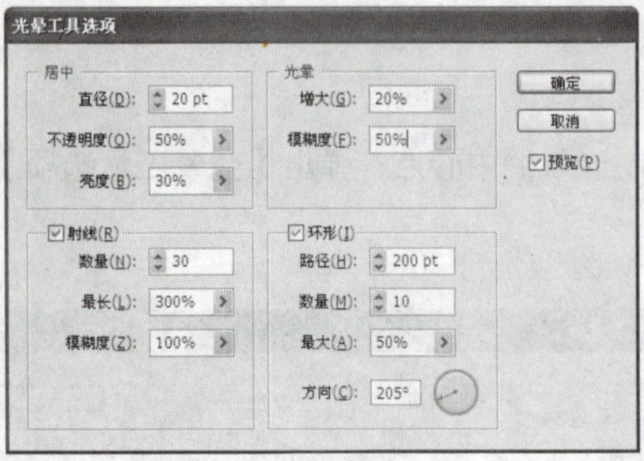

图4-70

图4-71

问 答 2

选中光晕，然后双击【光晕工具】图标，打开【光晕工具选项】对话框，在对话框中更改设置。

选中光晕和【光晕工具】，从中心手柄或末端手柄拖动一个端点，更改光晕的长度或方向，选择光晕，然后执行【对象】→【扩展】命令，可使光晕的元素如同混合的元素一样进行编辑。

4.1.12 透视网格工具

在Illustrator CS5中，可以使用依照既有透视绘图规则运作的一套功能，在透视模式中轻松地绘制或呈现图稿。

透视网格可以在平面上呈现场景，就像肉眼所见的那样自然。例如，道路或铁轨会在远方相交最后消失，如图4-72所示为两点透视网格。

要在文档中查看默认的两点透视网格，有三种方法：执行【视图】→【透视网格】→【显示网格】命令；按Ctrl+Shift+I键显示透视网格，按相同的快捷键来隐藏可见的网格；单击工具箱中的【透视网格工具】。

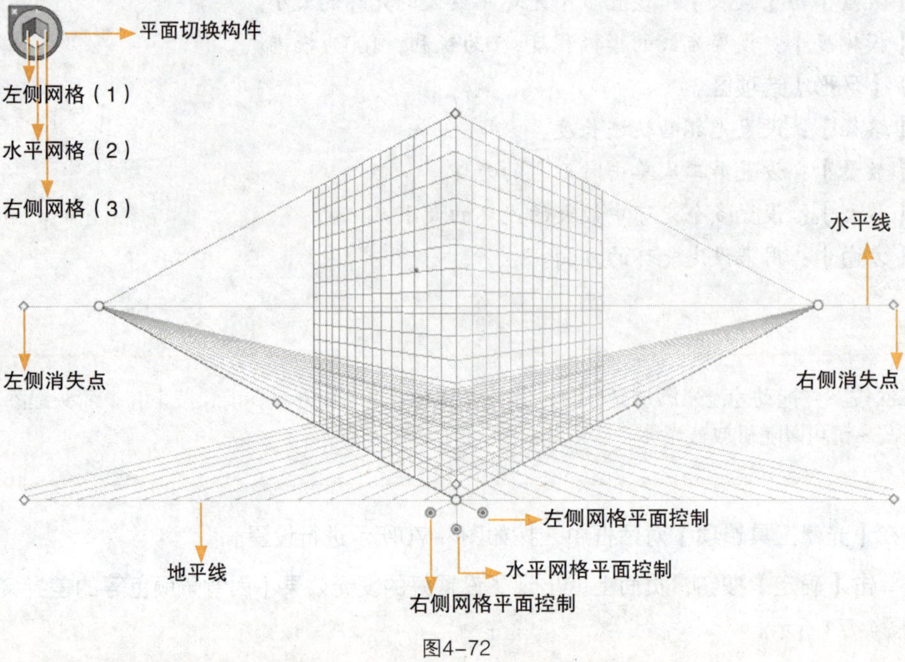

图4-72

在透视网格中绘制对象

1 单击工具箱中的【透视网格工具】，显示透视网格，如图4-73所示。

2 在平面切换构件上单击【右侧网格（3）】按钮，切换到右侧活动平面，如图4-74所示。

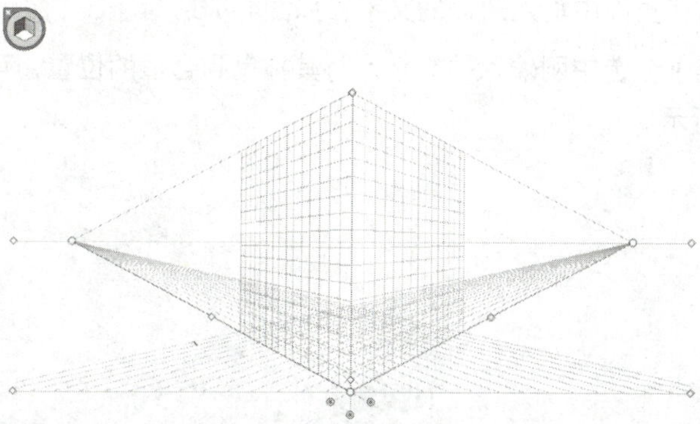

图4-73

图4-74

3 选择工具箱中的【矩形工具】，在右侧网格上单击鼠标左键并拖曳，到合适位置后松开鼠标，如图4-75所示。

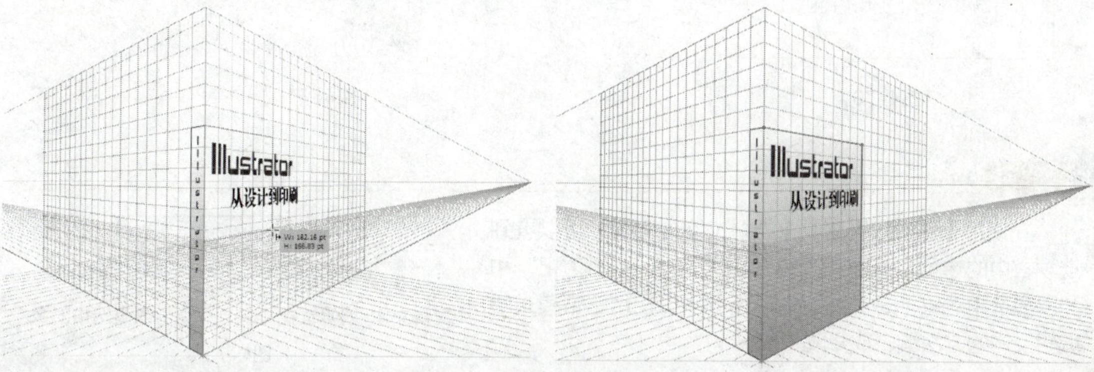

图4-75

提 示

在应用透视网格的过程中，可以通过矩形工具组或线段工具组绘制各种形状或线段，【光晕工具】除外，可以像在常规模式中绘制对象一样为对象指定高度值和宽度值，只不过此时绘制的对象是在透视模式中，而且这些值表示对象在真实世界中的大小。

问 答 3

绘制好透视图后，如何变成正常图稿？

如果要把透视视图的对象变为正常图，可以执行【对象】→【透视】→【通过透视释放】命令，将所选对象从相关的透视平面中释放出来，并可作为正常图稿使用，并且使用【通过透视释放】命令不会影响对象的外观。

4.1.13 透视选区工具

可以通过【透视选区工具】在透视中加入对象、文本和符号，在透视空间中移动、缩放和复制对象，在透视平面中沿着对象的当前位置垂直移动和复制对象。

1 选择工具箱中的【文字工具】，在页面中输入所需的文字，如图4-76所示。

2 选择工具箱中的【透视选区工具】，选中刚输入的文字，将其拖曳到合适的位置，可以看到文字自动变成透视形状，如图4-77所示。

图4-76

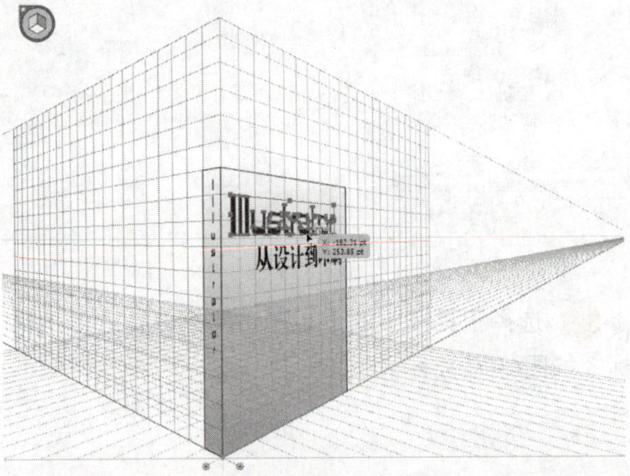

图4-77

提 示

在使用【透视选区工具】选择文字的时候，可以看到选项栏中的选项，分别为“编辑文本”、“编辑透视”和“隔离选中对象”，如图4-78所示，可以使用正常模式中编辑文本的方法编辑或修改文本。

图4-78

4.2 变形工具

变换工具包括旋转工具、镜像工具、比例缩放工具、倾斜工具、整形工具和自由变换工具，这些工具在图形软件中的使用率非常高。

4.2.1 旋转工具

【旋转工具】可以使图形绕固定点旋转。

1 首先用【选择工具】选中图形，在工具箱中单击【旋转工具】，可看到图形的中心位置出现旋转的基准点，如图4-79所示。

2 在图形上拖曳鼠标，如图4-80所示，即沿基准点旋转图形，如图4-81所示。

图4-79

图4-80

图4-81

提示

拖曳鼠标的同时，按住Alt键，可在保留原图形的同时，旋转复制一个新的图形。

1.改变旋转基准点的位置

① 首先用【选择工具】选中图形，在工具箱中单击【旋转工具】，在页面中单击鼠标，鼠标落点即为新的基准点，如图4-82所示。

② 在图形上单击并拖曳鼠标，如图4-83所示，图形可沿新的基准点旋转，如图4-84所示。

图4-82

图4-83

图4-84

2. 精确控制旋转的角度

① 首先用【选择工具】选中图形，如图4-85所示，双击工具箱中的【旋转工具】，弹出【旋转】对话框，如图4-86所示。

也可以按住Alt键，在页面中单击鼠标左键，即鼠标的落点是图形旋转的新基准点，同样可以弹出对话框。

② 在【角度】数值框中输入-20。选中【预览】复选框可以预览旋转后的图形。

③ 单击【确定】按钮，图形就可以按照设置的数值进行旋转；单击【复制】按钮，保留原来的图形并按

图4-85

照设定的角度旋转复制一个，如图4-87所示。

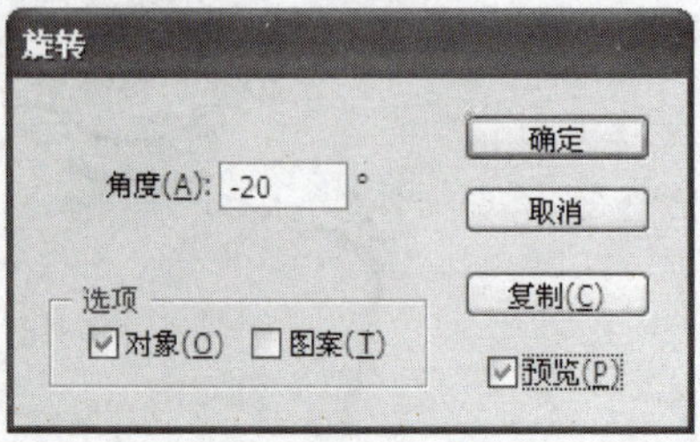

图4-86

图4-87

3. 实例——绘制旋转图形

1 在工具箱中选择【矩形工具】，在空白页面处绘制一个矩形，然后打开【色板】调板，设置填充颜色为“C0、M95、Y20、K0”，如图4-88所示。

图4-88

2 单击【选择工具】，按住Alt键，在按下鼠标左键向下拖曳的时候再按住Shift键，完成向下垂直复制图形的操作，如图4-89所示。

3 用【选择工具】选择两个矩形，在两个矩形的范围内单击鼠标右键，在弹出的下拉菜单中选择【编组】命令，如图4-90所示。

图4-89

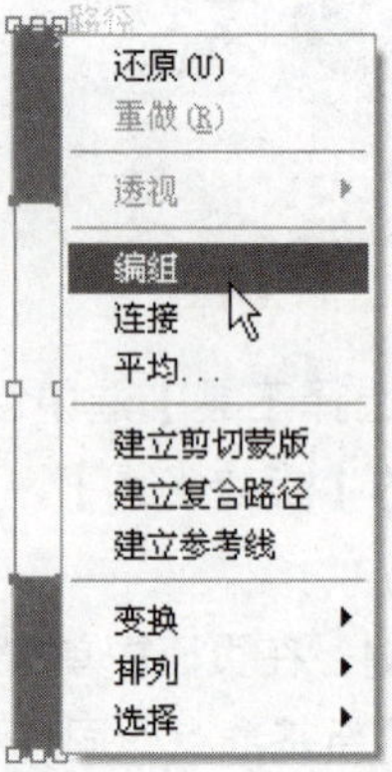

图4-90

4 双击【旋转工具】，弹出【旋转】对话框，设置【角度】为30，然后单击【复制】按钮，则在旋转30° 时复制一个图形，如图4-91所示。

5 按快捷键Ctrl+D进行多次复制，复制4次时恰好构成一个圆形，如图4-92所示。

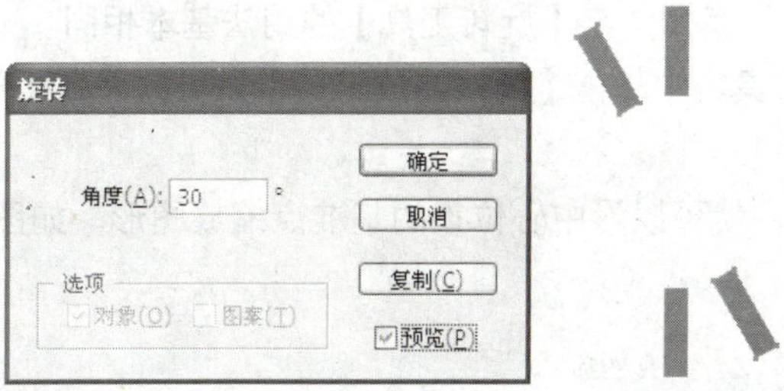

图4-91

图4-92

6 单击【选择工具】，选择全部图形，如图4-93所示，然后单击鼠标右键，在弹出的下拉菜单中选择【编组】命令，如图4-94所示。

图4-93

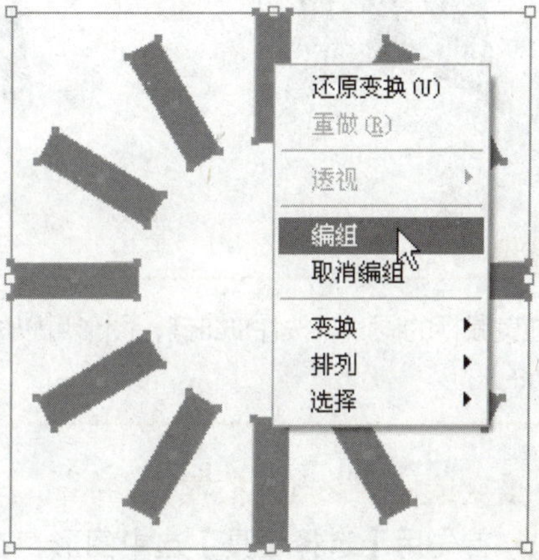

图4-94

7 图形就绘制完成了，如图4-95所示。

图4-95

4.2.2 比例缩放工具

比例缩放工具可以对图形进行任意的缩放，其用法与【旋转工具】的用法基本相同。

❶ 首先用【选择工具】选中图形，在工具箱中单击【比例缩放工具】，可以看到图形的中心位置出现缩放的基准点，如图4-96所示。

❷ 在图形上拖曳鼠标，如图4-97所示，就可以沿中心位置的基准点缩放图形，如图4-98所示。

图4-96

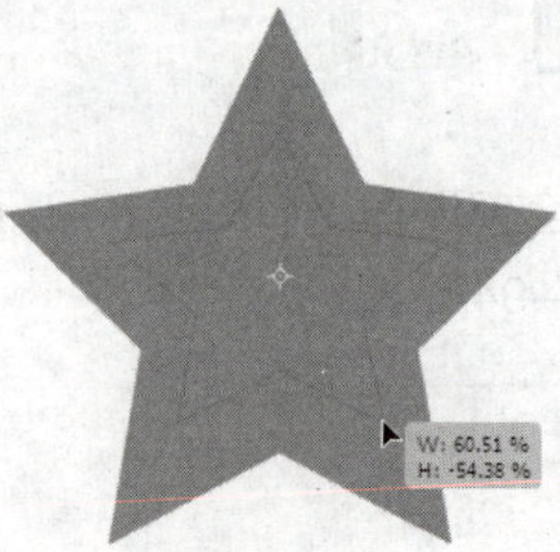

图4-97

图4-98

提 示

拖曳鼠标的同时，按住Shift键，图形可以成比例缩放；按住Alt键,可在保留原图形的同时，缩放复制一个新的图形。

1. 改变缩放基准点的位置

❶ 首先用【选择工具】选中图形，在工具箱中单击【比例缩放工具】，在页面中单击鼠标，鼠标落点即为新的基准点，如图4-99所示。

❷ 再在图形上单击并拖曳鼠标，图形就可以根据新的基准点缩放图形，如图4-100所示。

图4-99

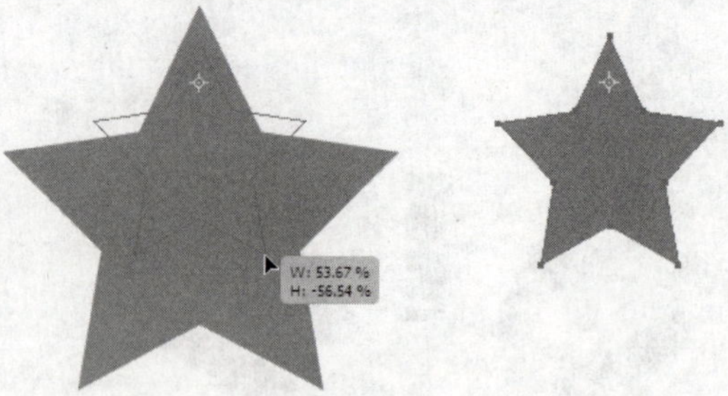

图4-100

2. 精确控制缩放的程度

❶ 首先用【选择工具】选中星形，如图4-101所示。

❷ 双击工具箱中的【比例缩放工具】，弹出【比例缩放】对话框，在【比例缩放】数值框中输入90，图形会成比例缩放，如图4-102所示。

选中【比例缩放描边和效果】复选框，边线也同时缩放。

选中【不等比】单选钮时，在【水平】和【垂直】数值框中分别输入适当的缩放比例。

图4-101

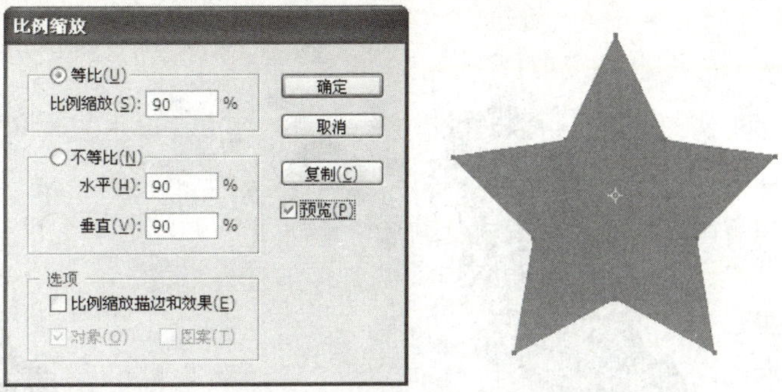

图4-102

③ 单击【确定】按钮，图形可按照输入的数值缩放，单击【复制】按钮，保留原来的图形并按照设定的比例缩放复制，如图4-103所示。

④ 完成上一步操作后，按快捷键Ctrl+D，重复执行上一步的缩放复制动作，缩放复制出多个星形，如图4-104所示。

图4-103

图4-104

4.2.3 镜像工具

镜像工具可以按照镜向轴旋转物体，首先用【选择工具】选中图形，在工具箱中选择【镜像工具】，可看到图形的中心位置出现旋转的基准点，再在图形上拖曳鼠标，就可以沿镜向轴旋转图形。

提 示

拖曳鼠标的同时，按住Alt键,可在保留原图形的同时，镜像复制一个新的图形。

1. 改变镜像基准点的位置

① 用【选择工具】选中图形，在工具箱中选择【镜像工具】，此时基准点位于图形的中心，如图4-105所示。

② 在页面中单击鼠标，鼠标落点即为新的基准点，如图4-106所示。

图4-105

图4-106

3 再在图形上单击并拖曳鼠标，图形就可以根据新的镜向轴旋转物体了，如图4-107所示。

图4-107

2. 精确控制镜像的角度

1 用【选择工具】选中图形，然后选择【镜像工具】，按住Alt键的同时在图形的右侧单击鼠标左键，即鼠标的落点是镜像旋转对称轴的轴心，弹出【镜像】对话框，如图4-108所示。

双击工具箱中的【镜像工具】，也可以弹出【镜像】对话框。

2 在【镜像】对话框内选择镜像轴。【轴】选项区内包括【水平】、【垂直】和【角度】三个选项。

3 单击【确定】按钮，图形按照确定好的轴心垂直镜像旋转；单击【复制】按钮，图形按照确定好的轴心进行镜像复制，如图4-109所示。

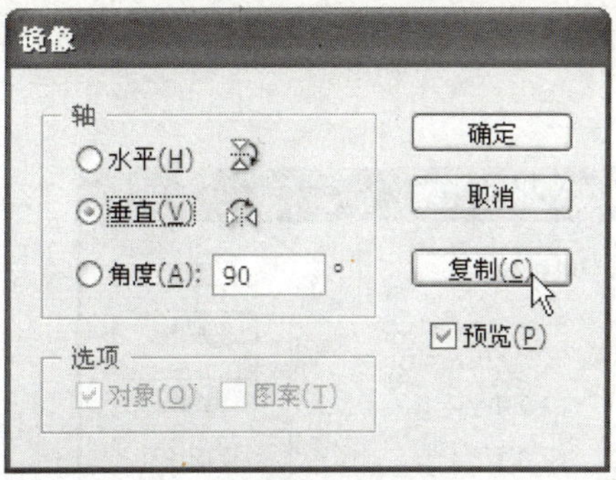

图4-108

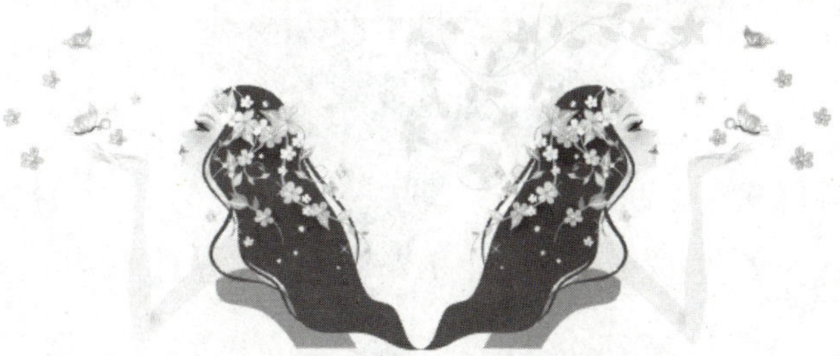

图4-109

4.2.4 倾斜工具

【倾斜工具】可以使图形倾斜。

1 用【选择工具】选中图形，在工具箱中选择【倾斜工具】，可看到图形的中心位置出现倾斜的基准点，如图4-110所示。

2 在图形上拖曳鼠标，就可以根据基准点倾斜图形了，如图4-111所示。

图4-110

图4-111

改变图形倾斜基准点的方法与使用【旋转工具】和【镜像工具】相同，图形在选中的状态下选择【倾斜工具】，在页面中单击鼠标，落点即为新的基准点。

提 示

①拖曳鼠标的同时，按住Alt键,可在保留原图形的同时，复制出新的倾斜图形。②基准点不同，倾斜的效果也不同。

精确地定义倾斜的角度

1 用【选择工具】选中图形，如图4-112所示。

2 双击工具箱中的【倾斜工具】，弹出【倾斜】对话框，如图4-113所示。也可以按住Alt键，在页面中单击鼠标左键，即鼠标的落点是倾斜的基准点，同样可以弹出【倾斜】对话框。

图4-112

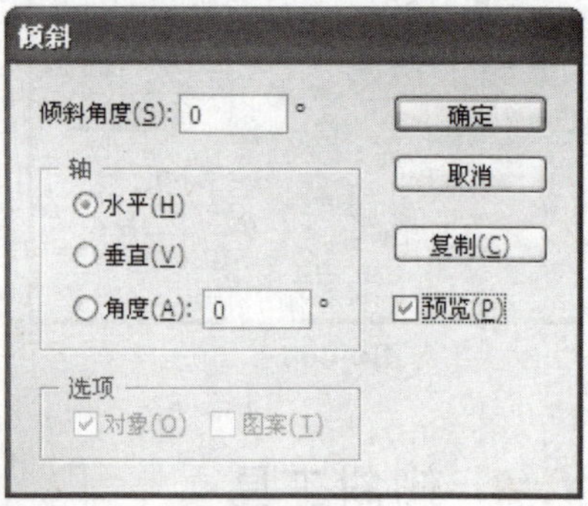

图4-113

3 选择倾斜轴（【轴】选项区包括【水平】轴、【垂直】轴和【角度】轴）。在【倾斜】对话框中，设置【倾斜角度】为-20、选中【水平】单选钮，如图4-114所示。

4 单击【确定】按钮，可以看到图形沿水平倾斜轴倾斜-20°，如图4-115所示。

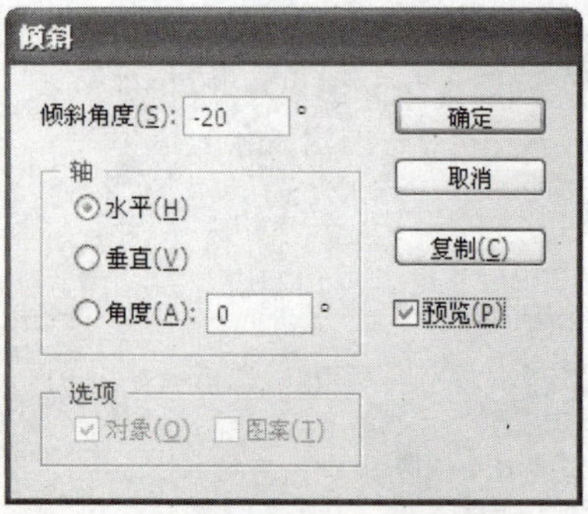

图4-114

图4-115

5 在【倾斜】对话框中，设置【倾斜角度】为-20、选中【垂直】单选钮，如图4-116所示，单击【确定】按钮，可以看到图形沿垂直倾斜轴倾斜-20°，如图4-117所示。

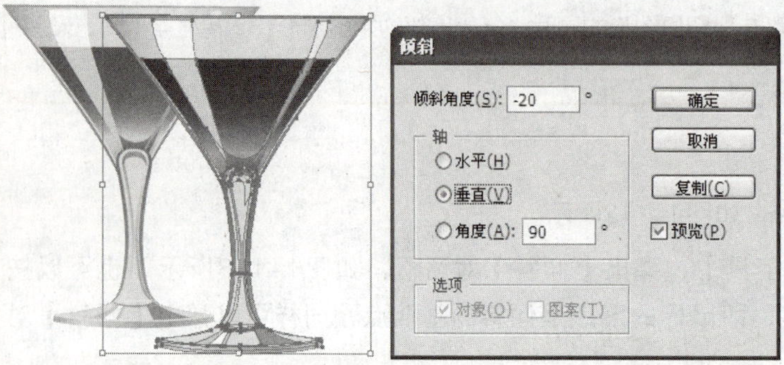

图4-116

图4-117

6 在【倾斜】对话框中，设置【倾斜角度】为-20、【角度】为-20，如图4-118所示，单击【确定】按钮，可以看到图形沿倾斜轴倾斜-20°　，如图4-119所示。

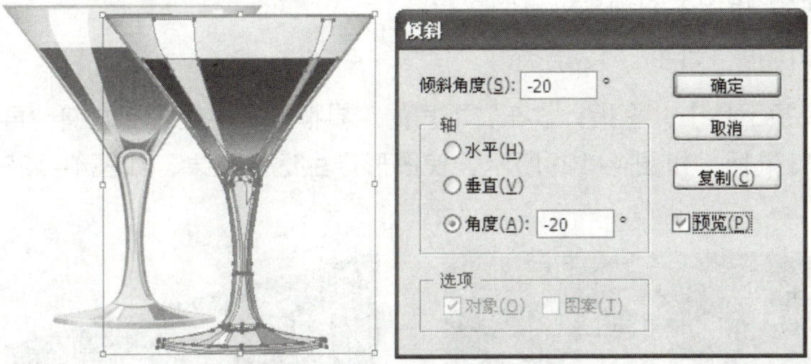

图4-118

图4-119

4.2.5 整形工具和自由变换工具

（1）整形工具可以改变路径上的锚点的位置，但不影响整个路径的形状。

1 首先用【选择工具】选中图形，如图4-120所示。

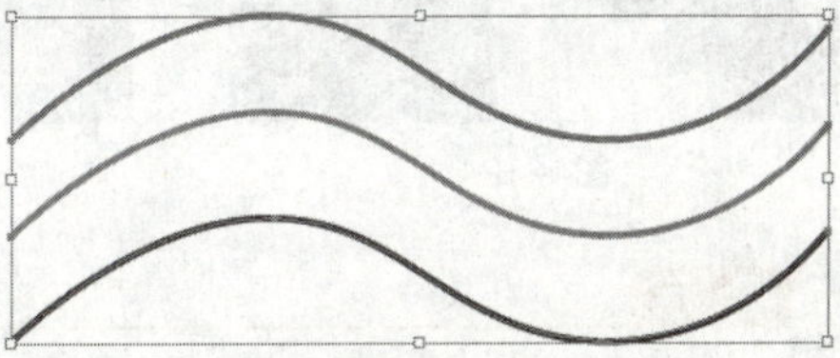

图4-120

2 单击工具箱中的【改变形状工具】，用【改变形状工具】在要改变位置的锚点上拖曳鼠标，选中锚点，如图4-121所示。

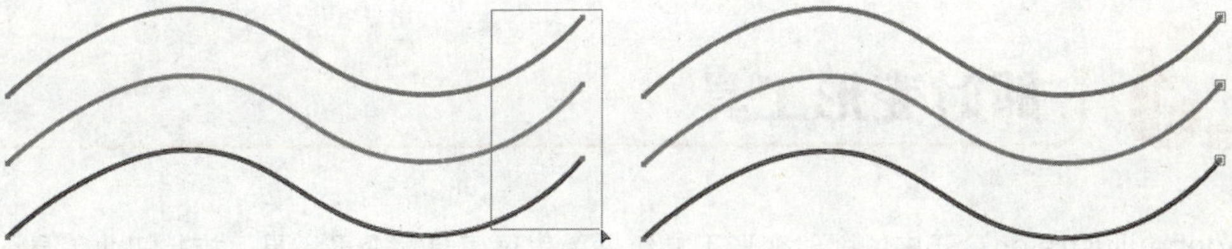

图4-121

3 拖曳选中的锚点至适当的位置，如图4-122所示，可以看到图形的形状发生了变化，如图4-123所示。

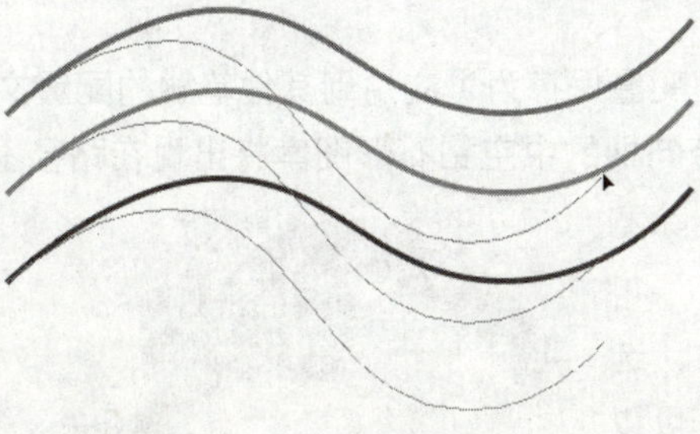

图4-122

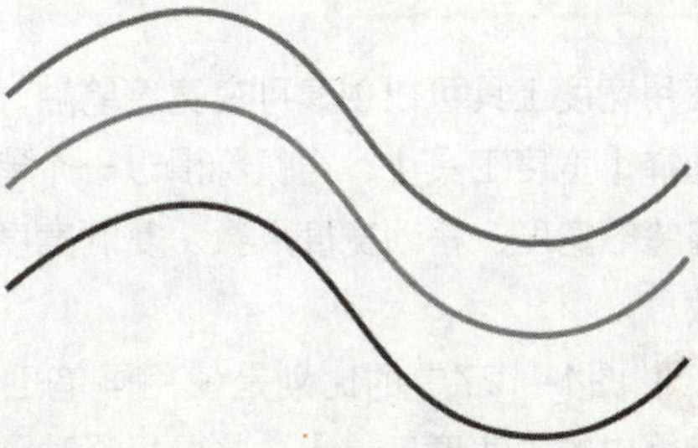

图4-123

提 示

用【整形工具】在路径上单击，会出现新的曲线锚点，此时可以做进一步的调节。

（2）自由变换工具也有类似改变路径上的锚点位置的作用。

1 首先用【选择工具】选中图形，如图4-124所示。

2 在工具箱中选择【自由变换工具】，将指针放在右下角的定界框上，按住鼠标左键，再按住Shift+Alt+Ctrl键，向内侧拖曳鼠标，如图4-125所示，使图形产生透视效果，如图4-126所示。

图4-124

图4-125

图4-126

提 示

拖曳鼠标的同时，按住Alt+Ctrl键可以倾斜图形；按Shift+Alt+Ctrl键可以使图形产生透视效果；按住Ctrl键，只对图形的一个角进行变形。【自由变换工具】也可以移动、缩放和旋转图形。

4.3 即时变形工具

Adobe Illustrator CS5中的即时变形工具包括为宽度工具、变形工具、旋转扭曲工具、收拢工具、膨胀工具、扇贝工具、晶格化工具和褶皱工具。

4.3.1 宽度工具

使用宽度工具可以创建可变宽度笔触，并将宽度变量保存为可应用到其他笔触的配置文件。

选择【宽度工具】，当鼠标滑过一个笔触时，带句柄的中空钻石形图案将出现在路径上，可以调整笔触宽度、移动宽度点数、复制宽度点数和删除宽度点数。

1 图4-127中的比划是使用画笔工具绘制的，选择工具箱中的【宽度工具】，将鼠标移动到笔触上，可以看到宽度点，如图4-127所示。

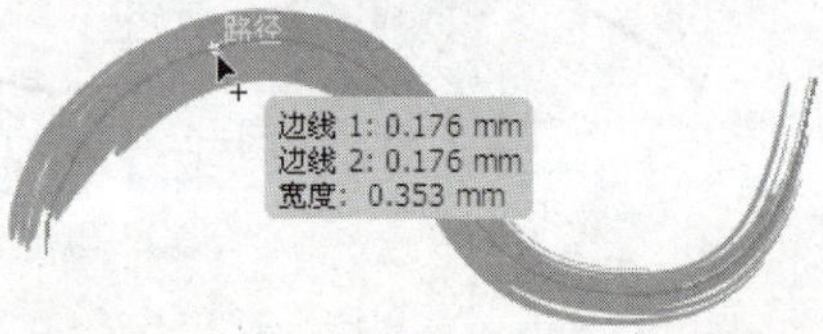

图4-127

2 在路径上需要调整的地方按住鼠标左键向上拖曳，如图4-128所示；可以看到路径的宽度发生了变化，如图4-129所示。

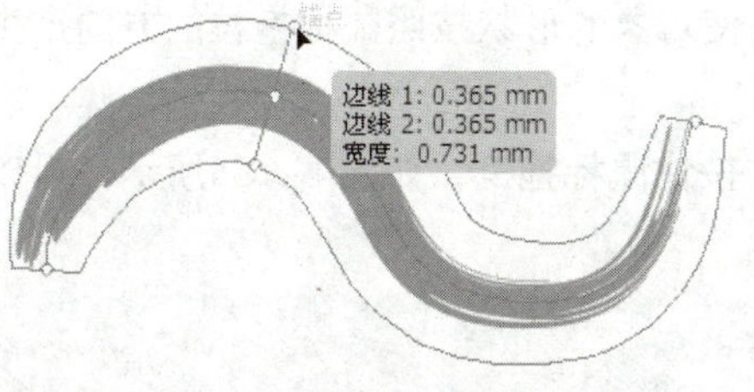

图4-128

图4-129

3 将鼠标移动到其他需要变化的地方，双击鼠标左键，弹出【宽度点数编辑】对话框，在其中可以编辑宽度点数的值，如图4-130所示。

选中【调整临近宽度点数】复选框，则对已选宽度点数的更改将同样影响临近的宽度点数。

4 按照图4-130所示更改之后如图4-131所示。

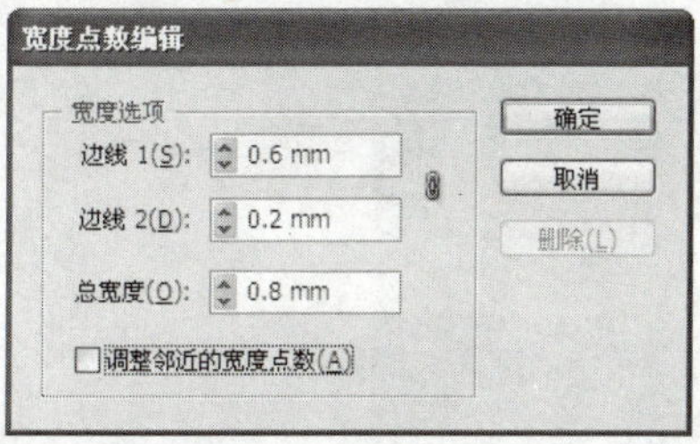

图4-130

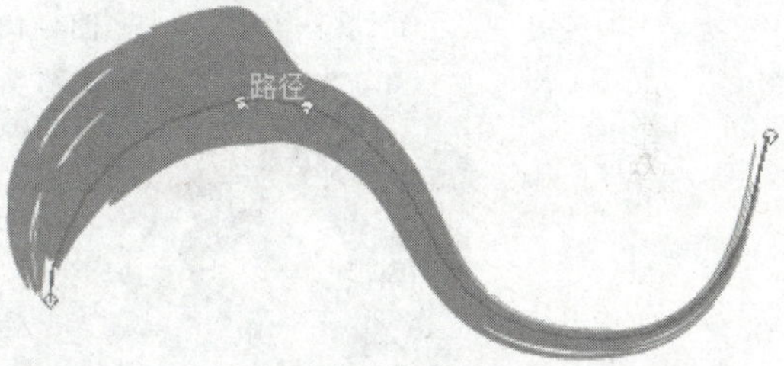

图4-131

提 示

按住Alt键单击鼠标左键并拖曳，可以调节路径一边的宽度，如图4-132所示；按住Alt键在路径上拖曳鼠标可以复制该宽度点数，如图4-133所示；按Delete键可删除所选宽度点数；按Esc键取消选择宽度点数。

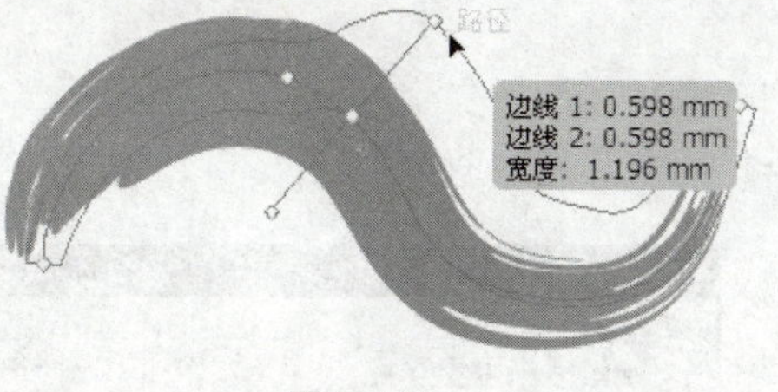

图4-132

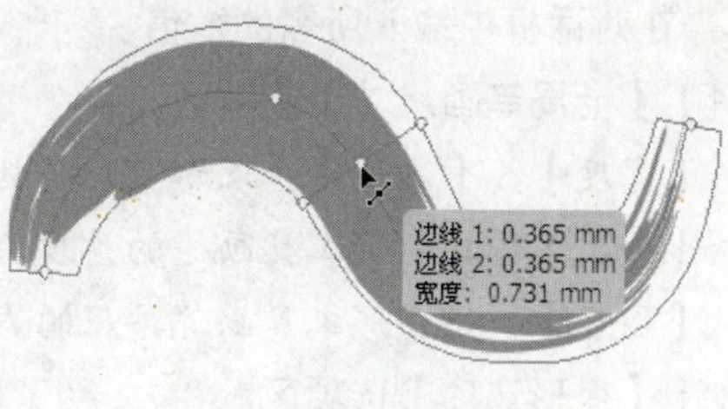

图4-133

问 答 4

使用【宽度工具】更改完笔触后，如何保存宽度配置文件?

通过从选项栏或【描边】调板中的【配置文件】下拉菜单中单击【添加到配置文件】按钮，即可保存。还可以将宽度配置应用到所选路径上。当选中不具有变量宽度的笔触时，该下拉菜单将显示“统一”选项。还可以选择“统一”选项从对象中删除变量的宽度配置。

若要还原默认宽度配置集，则在【配置文件】下拉列表的底部单击【重新配置文件】按钮。

4.3.2 变形工具

变形工具可以随光标的移动塑造对象形状，能够使对象的形状按照鼠标拖拉的方向产生自然的变形。

在工具箱中选择【变形工具】，在图形上单击并按住鼠标拖曳，如图4-134所示，可以看到图形沿鼠标拖曳的方向发生变形，如图4-135所示。

图4-134

图4-135

变形工具属性的设置

1. 双击工具箱中的【变形工具】，弹出【变形工具选项】对话框，如图4-136所示。
2. 在对话框中输入所需的数值。

（1）【全局笔画尺寸】选项区。

- 【宽度】、【高度】：表示变形工具画笔水平、垂直方向的直径。
- 【角度】：指变形工具画笔的角度。
- 【强度】：指变形工具画笔按压的力度。

（2）【变形选项】选项区。

- 【细节】：表示即时变形工具应用的精确程度，数值越高则表现得越细致。
- 【简化】：设置即时变形工具应用的简单程度，设置范围为0.2～100。
- 【显示画笔大小】：显示变形工具画笔的尺寸。

3. 单击【确定】按钮，变形工具属性设置完毕；单击【取消】按钮，取消设置；单击【重置】

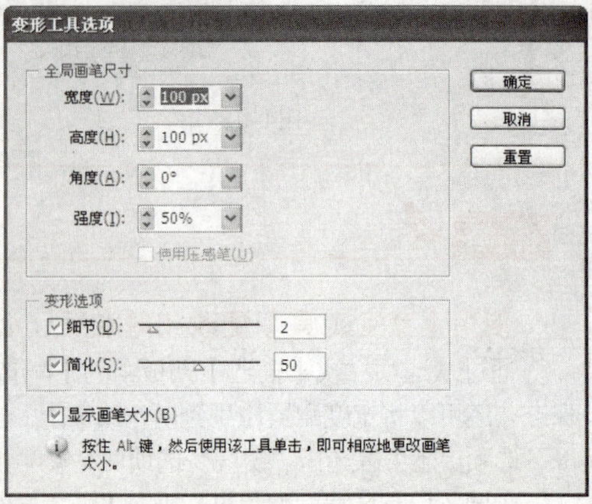

图4-136

按钮，属性设置恢复为默认状态。

【变形工具】的选项设置完成后，就可以按照设置的属性使图形变形。

提 示

各变形工具属性设置不同，选择点不同，按下鼠标时间长短不同等都可以使图形发生不同的变化，可以按照需要对图形进行改变。

4.3.3 旋转扭曲工具

旋转扭曲工具可以在对象中创建旋转扭曲，使对象的形状卷曲形成漩涡状。

在工具箱中选择【旋转扭曲工具】，在图形需要变形的部分单击并按住鼠标左键，在单击的画笔范围内就会产生漩涡，如图4-137所示，按住鼠标的时间越长，卷曲程度就越大。

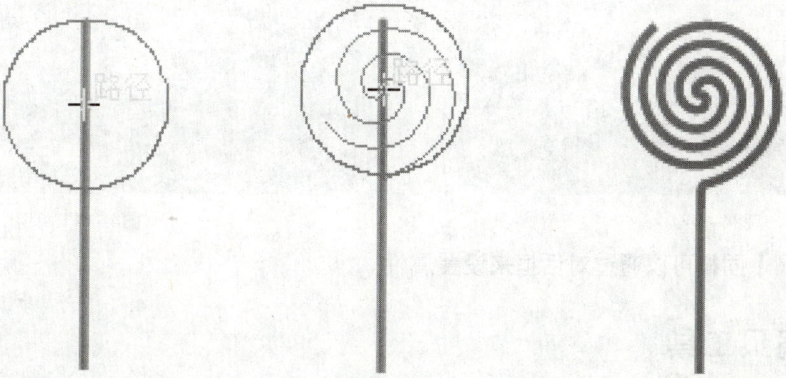

图4-137

【旋转扭曲工具】属性的设置方法与变形工具相同。

4.3.4 收拢工具

收拢工具通过向十字线方向移动控制点的方式收拢对象，使对象的形状产生收拢的效果。

在工具箱中选择【收拢工具】，在需要收拢变形的部分单击并按住鼠标，如图4-138所示，在单击的画笔范围内图形就会收拢变形，如图4-139所示。

按住鼠标的时间越长，收拢程度就越大。

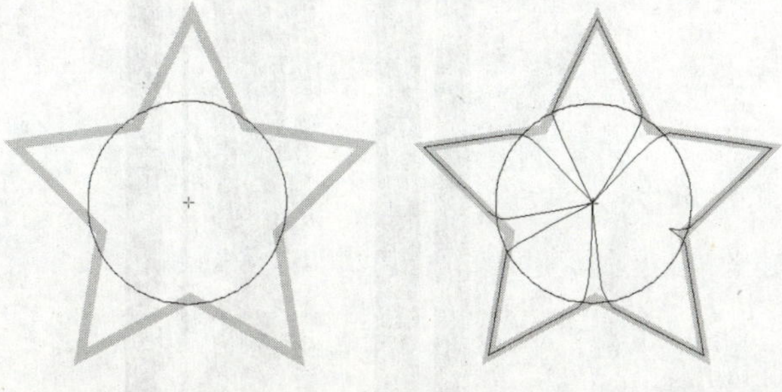

图4-138

图4-139

收缩工具也可以通过对话框来设置属性。

4.3.5 膨胀工具

膨胀工具通过向远离十字线方向移动控制点的方式扩展对象，使对象的形状产生膨胀的效果，与收缩工具相反。

在工具箱中选择【膨胀工具】，在需要变形的部分单击鼠标左键并向外拖曳，在单击的画笔范围内图形就会膨胀变形，如图4-140所示，使用同样的方法，在图形的其他方向单击并按住鼠标拖曳，如图4-141所示。

如果持续地按住鼠标，时间越长，膨胀的程度就越大。

图4-140

图4-141

【膨胀工具】同样可以通过对话框来设置属性。

4.3.6 扇贝工具

扇贝工具可以向对象的轮廓添加随机弯曲的细节，使对象的形状产生类似贝壳般起伏的效果。

选择工具箱中的【扇贝工具】，在需要变形的部分单击并拖曳鼠标，如图4-142所示，在单击的范围内图形就会产生起伏的波纹效果，如图4-143所示。按住鼠标的时间越长，起伏的效果越明显。

图4-142

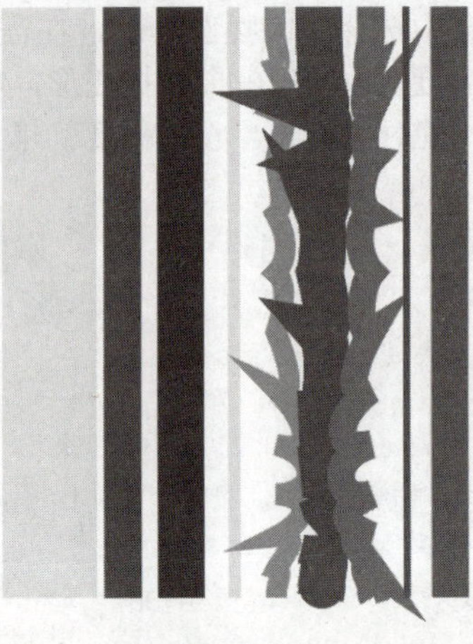

图4-143

扇贝工具属性的设置

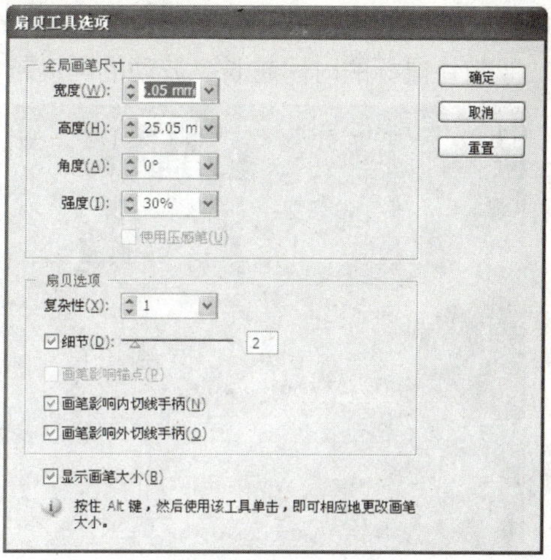

图4-144

1 双击工具箱中的【扇贝工具】，弹出【扇贝工具选项】对话框，如图4-144所示。

2 在对话框中输入所需的数值，【宽度】、【高度】、【角度】和【强度】选项的设置参见【变形工具】的设置。

扇贝选项内如下。

- 【复杂性】：表示扇贝工具应用于对象的复杂程度。
- 【细节】：表示扇贝工具应用于对象的精确程度。
- 【画笔锚点】：在锚点上施加笔刷效果。
- 【画笔影响内切线手柄】：在锚点方向手柄的内侧施加笔刷效果。
- 【画笔影响外切线手柄】：在锚点方向手柄的外侧施加笔刷效果。

3 单击【确定】按钮，设置完成。

【扇贝工具】选项设置完成后，就可以按照设置的属性使图形变形了。

4.3.7 晶格化工具

晶格化工具可以向对象的轮廓添加随机锥化的细节，使对象表面产生尖锐凸起的效果。

在工具箱中选择【晶格化工具】，在需要变形的部分单击并拖曳鼠标，如图4-145所示，单击的画笔范围内图形就会产生向外尖锐凸起的效果，如图4-146所示。按住鼠标的时间越长，凸起的程度越明显。

图4-145

图4-146

【晶格化工具】属性的设置方法与【扇贝工具】的设置方法相同。

4.3.8 褶皱工具

皱褶工具可以向对象的轮廓添加类似于皱褶的细节，使对象表面产生皱褶效果。

在工具箱中选择【褶皱工具】，在需要变形的部分单击鼠标，如图4-147所示。鼠标单击的画笔范围内的图形会产生皱褶变形，如图4-148所示。

按住鼠标的时间越长，波动的程度越明显。

图4-147

图4-148

【褶皱工具】属性的设置方法与【扇贝工具】的设置方法相同。

4.4 形状生成器工具

形状生成器工具是一个用于通过合并或擦除简单形状创建复杂形状的交互式工具。它直观地高亮显示所选对象中可合并为新形状的边缘和选区，“边缘”是指一个路径中的一部分，该部分与所选对象的其他任何路径都没有交集。“选区”是一个边缘闭合的有界区域。默认情况下，该工具处于合并模式，允许合并路径或选区，也可以按住 Alt 键切换至抹除模式，以删除不想要的边缘或选区。

1. 使用【选择工具】选中需要合并创建形状的路径，如图4-149所示。

2. 选择工具箱中的【形状生成器工具】，在需要合并路径的地方拖动光标，可以看到合并的选区出现网格，如图4-150所示，释放鼠标，两个选区合并为一个新形状，如图4-151所示。

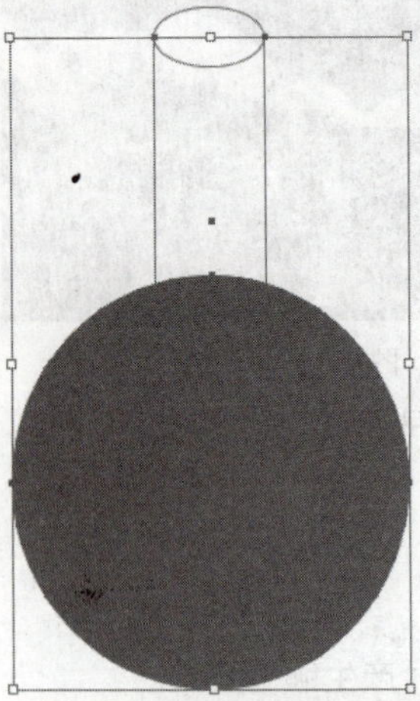

图4-149

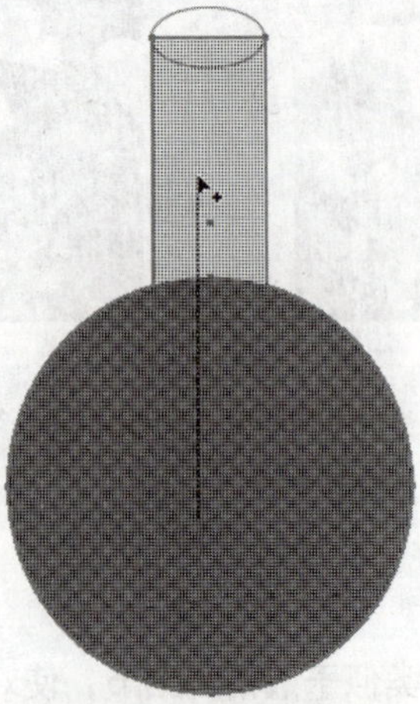

图4-150

图4-151

提 示

新形状的样式取决于下列情况。

将开始拖动时光标起始位置所在对象的样式应用到合并的形状上。

如果在按下鼠标时没有可用的样式，则会对合并形状应用释放鼠标时可用的样式。

如果按下和释放鼠标时都没有可用的样式，则应用【图层】调板中最上层所选对象的样式。

若要自己上色，可以从【形状生成器工具选项】对话框中的【拾色来源】下拉列表中选择“颜色色板”，这样可不遵从以上情况进行设置。

问 答 5

如何使用形状生成器工具的抹除模式？

按住Alt键并单击想要删除的闭合选区即可变成抹除模式。在抹除模式下，可以在所选形状中删除选区。如果要删除的某个选区由多个对象组成，则分离形状的方式是将选框所选中的那些选区从各形状中删除，也可以在抹除模式中删除边缘。

形状生成器工具属性的设置

1 双击工具箱中的【形状生成器工具】，弹出【形状生成器工具选项】对话框，如图1-152所示。

2 在对话框中输入需要的数值。

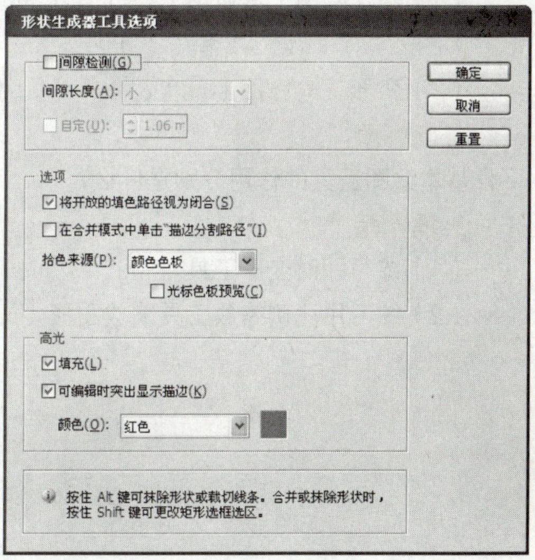

图4-152

- 【间隙检测】：使用【间隙长度】下拉列表设置间隙长度，可用值为小（3点）、中（6点）和大（12点）。如果想要提供精确的间隙长度，则应选中【自定】复选框。选择间隙长度后，Illustrator将查找接近指定间隙长度值的间隙。
- 【将开放的填色路径视为闭合】：如果选择此复选框，则会为开放路径创建一段不可见的边缘以生成一个选区，单击选区内部时，会创建一个形状。
- 【在合并模式中单击“描边分割路径”】：选择此复选框后，在合并模式中单击描边即可分割路径，此选项允许您将父路径拆分为两个路径。第一个路径将从单击的边缘创建，第二个路径是父路径中除第一个路径外剩余的部分。
- 【拾色来源】：可以从【颜色】调板或【色板】中选择颜色，或从现有图稿所用的颜色中进行选择，并以此来给对象上色。在【拾色来源】下拉列表中可以选择“颜色色板”或“图稿”选项。如果选择“颜色色板”选项，则可勾选“光标色板预览”复选框来预览和选择颜色。
- 【填充】：此复选框默认为选中。如果选择此复选框，当光标滑过所选路径时，可以合并的路径或选区将以灰色突出显示；如果没有选择此复选框，所选选区或路径的外观将是正常状态。

- 【可编辑时突出显示描边】：如果选择此复选框，Illustrator将突出显示可编辑的笔触，可编辑的笔触将以【颜色】下拉列表中选择的颜色显示。

4.5 小结

本章通过结合各知识点的小例子，介绍了基本绘图工具的使用方法及图形绘制技巧的应用。

4.6 习题

1. 填空题

（1）基本绘图工具包括（　）、（　）、（　）、（　）、（　）、（　）、（　）、（　）、（　）、（　）和（　）。

（2）变形工具包括（　）、（　）、（　）、（　）、（　）和（　）。

2. 问答题

基本绘图工具的作用分别是什么?

3. 操作题

（1）练习即时变形工具。

（2）练习用比例缩放工具缩放图形。

第5章

颜色填充

本章主要学习图形的颜色填充，包括填色和描边、色板、渐变、网格和实时上色等。了解和掌握它们的使用方法及技巧将能绘制出更加完美逼真的矢量图。

设计要点

- 填充、描边色的设置
- 颜色填充面板的应用
- 图形填充工具
- 单色、渐变和图案的填充
- 有关描边调板
- 实时上色的应用
- 实时描摹

5.1 色彩模式

Illustrator CS5提供了多种色彩模式，常用的色彩模式有RGB模式、CMYK模式、HSB模式、Lab模式和灰度模式。

1. RGB模式

RGB模式是基于自然界中3种基色光的混合原理，将红（R）、绿（G）和蓝（B）3种基色按照从0（黑）到255（白色）的亮度值在每个色阶中分配，从而指定其色彩。当不同亮度的基色混合后，便会产生出256×256×256=16.7×10^{6}种颜色。例如，一种明亮的红色的R值为246，G值为20，B值为50。当3种基色的亮度值相等时，产生灰色；当3种亮度值都是255时，产生纯白色；而当所有亮度值都是0时，产生纯黑色。由RGB模式产生颜色的方法又被称为色光加色法。

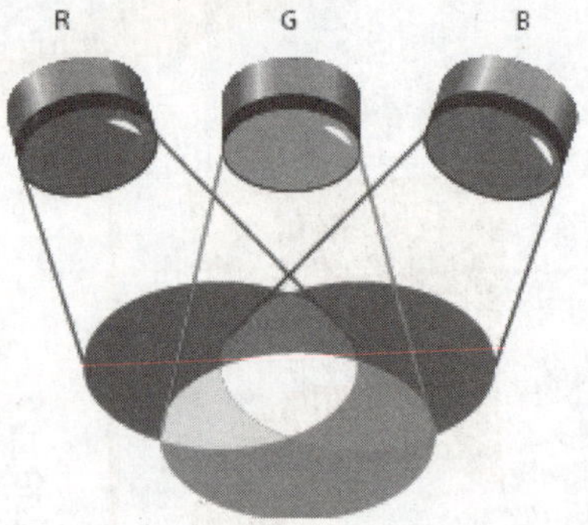

图5-1

如图5-1所示为显示器通过红色、绿色和蓝色荧光粉发射光线产生颜色。

Illustrator 还可以使用称为 Web 安全 RGB 的修改 RGB 颜色模式，这种模式仅包含适合在 Web 上使用的 RGB 颜色。

2. CMYK模式

CMYK颜色模式是一种印刷模式。其中，4个字母C、M、Y、K分别表示青（Cyan）、洋红（Magenta）、黄（Yellow）和黑（Black）。在印刷中代表4种颜色的油墨。CMYK模式在本质上与RGB模式没有什么区别，只是产生色彩的原理不同，在RGB模式中，由光源发出的色光混合生成颜色，而在CMYK模式中，由光线照到有不同比例C、M、Y、K油墨的纸上，部分光谱被吸收后，反射到人眼的光产生颜色，如图5-2所示。由于C、M、Y、K在混合成色时，随着C、M、Y、K 4种成分的增多，反射到人眼中的光会越来越少，光线的亮度会越来越低，所有CMYK模式产生颜色的方法又被称为色光减色法。

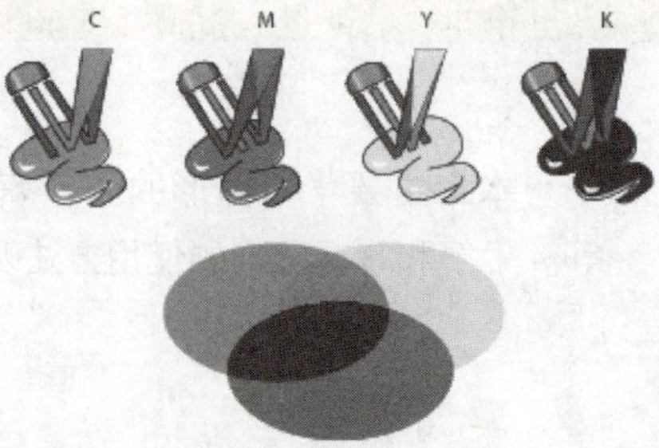

图5-2

在CMYK模式下，每种CMYK油墨可使用从0～100%的值。为最亮颜色指定的印刷色油墨颜色百分比较低，而为较暗颜色指定的油墨颜色百分比较高。例如，亮红色可能包含2%青色、93%洋红、90%黄色和0%黑色。在CMYK模式中，低油墨百分比更接近于白色，高油墨百分比更接近于黑色。

3. HSB模式

HSB模式是基于人眼对色彩的观察来定义的，在此模式中，所有的颜色都用色相或色调、饱和度、亮度3个特性来描述。

（1）色相（H）

色相是与颜色主波长有关的物理和心理特性，不同波长的可见光具有不同的颜色。不同波长的光以不同比例混合，可以形成各种各样的颜色，但只要波长组成相同，那么颜色就确定了。非彩色（黑、百、灰色）不存在色相属性；所有色彩（红、橙、黄、绿、青、蓝、紫等）都是表示颜色外貌的属性。它们就是所有的色相，有时色相也称为色调。

（2）饱和度（S）

饱和度指颜色的强度或纯度，表示色相中灰色成分所占的比例，用0～100%（纯色）来表示。

（3）亮度（B）

亮度是颜色的相对明暗程度，通常用0（黑）～100%（白）来表示。如图5-3所示为HSB 颜色模型。

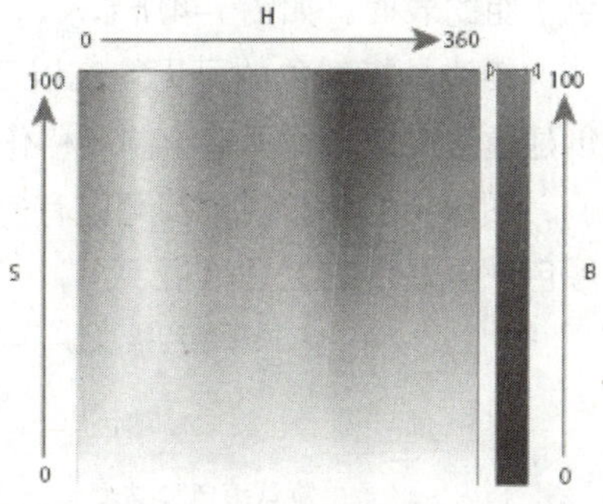

图5-3

4. Lab模式

CIE L*a*b* 颜色模型(Lab)基于人对颜色的感觉。它是由专门制定各方面光线标准的组织Commission Internationale d'Eclairage (CIE)创建的数种颜色模型之一。Lab中的数值描述正常视力的人能够看到的所有颜色。因为Lab描述的是颜色的显示方式，而不是设备（如显示器、桌面打印机或数码相机）生成颜色所需的特定色料的数量，所以Lab不依赖于设备。

Lab颜色是以一个亮度分量L及两个颜色分量a和b来表示颜色的。其中，L的取值范围是0～100，a分量代表由绿色到红色的光谱变化，而b分量代表由蓝色到黄色的光谱变化，a和b的取值范围均为-120～120。

在Illustrator中，可以使用Lab模型创建、显示和输出专色色板。但是，不能以Lab模式创建文档。

5. 灰度模式

灰度模式可以使用多达256级灰度来表现图像，使图像的过渡更加平滑细腻。灰度图像的每个像素有一个0（黑色）到255（白色）之间的亮度值。灰度值也可以用黑色油墨覆盖的百分比来表示（0等于白色，100%等于黑色）。使用黑白或灰度扫描仪生成的图像通常以灰度显示。

使用灰度还可将彩色图稿转换为高质量黑白图稿。在转换时，Adobe Illustrator 放弃原始图稿中的所有颜色信息；转换为以对象的灰色级别（阴影）表示原始对象的亮度。

将灰度对象转换为RGB对象时，每个对象的颜色值代表对象之前的灰度值。也可以将灰度对象转换为CMYK对象。

5.2 基本的颜色填充工具与颜色填充调板

【颜色填充工具】包括【渐变工具】、【网格工具】、【吸管工具】和【实时上色工具】，【颜色填充】调板包括【颜色】调板、【渐变】调板和【色板】，填充工具与调板配合使用，可以绘制出丰富多彩的颜色效果，使图案栩栩如生。其中，利用实时上色工具来实现的实时上色功能是Illustrator CS5新增加的功能之一，本节将进行详细介绍。

5.2.1 填色和描边

填色是指对象中的颜色、图案或渐变。填色可以应用于开放和封闭的对象，以及【实时上色】组的表面，如图5-4所示。

描边是指对象的可见轮廓以及【实时上色】组的边。可以控制描边的宽度和颜色。 还可以创建虚线描边、用画笔绘制风格化描边，如图5-4所示。

图稿中的每个对象都可以有一个或多个填色和描边，也可以一个都没有。当前的填色和描边颜色都会显示在工具箱中。

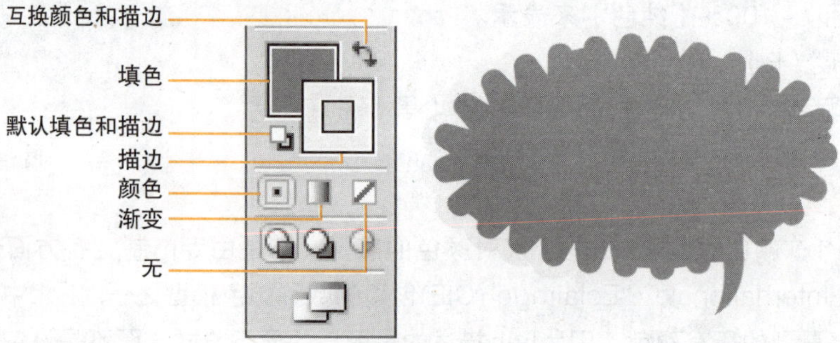

图5-4

双击【填色】按钮或【描边】按钮，使用【拾色器】选择颜色。

单击【互换填色和描边】按钮，可以在填色和描边之间切换颜色。

单击【默认填色和描边】按钮，可以返回默认的颜色设置（白色填色和黑色描边）。

单击【颜色】按钮，将上次选定的纯色应用于具有渐变填色或者没有描边或填色的对象。

单击【渐变】按钮，将当前选定的填色改为上次选定的渐变。

单击【无】按钮，删除对象的填色或描边。

5.2.2 颜色调板

执行【窗口】→【颜色】命令，弹出【颜色】调板，如图5-5所示。单击【颜色】调板右侧的黑色三角按钮，弹出下拉菜单，可以通过下拉菜单来选择不同的颜色模式。

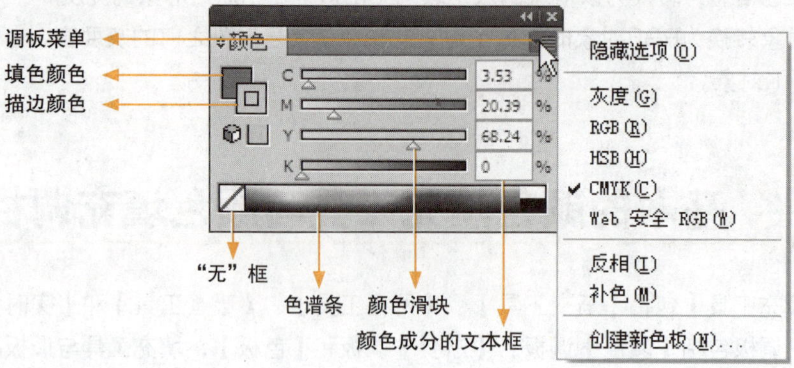

图5-5

使用【颜色】调板将颜色应用于对象的填色和描边，还可以编辑和混合颜色。按住鼠标左键分别拖曳各单色条下的小滑块，或者直接在右侧窗口中输入适当的数值就可以调出所需的颜色。

也可以将鼠标移到调板下面的颜色条上，当光标变为时✐，单击所需的颜色即可。当光标变为✐时，按住鼠标在颜色条上滑过，可以看到颜色发生了变化，选好需要的颜色后松开鼠标：若不想选择任何颜色，可选中颜色条左侧的【无】框；要选择白色，单击颜色条右上角的白色色板；要选择黑色，单击颜色条右下角的黑色色板。

提 示

从调板菜单中选择的颜色模式，只影响【颜色】调板的显示，不会更改文档的颜色模式。执行【文件】→【文档颜色模式】→【CMYK颜色】或【RGB颜色】命令，可以更改文档的颜色模式。

【反相】及【补色】命令

反相的操作步骤如下。

选择要更改颜色的图形，单击【颜色】调板右侧的黑色三角按钮，在弹出的下拉菜单中选择【反相】命令，表示将颜色的每种成分更改为颜色标度上的相反值。如RGB颜色的R值为255，如图5-6所示，反相命令将把R更改为0 (255-255 = 0)，如图5-7所示。

图5-6

图5-7

补色的操作步骤如下。

选择要更改颜色的图形，单击【颜色】调板右侧的黑色三角按钮，在弹出的下拉菜单中选择【补色】命令，表示将颜色的每种成分更改为基于所选颜色的最高和最低RGB值总和的新值。

Illustrator添加当前颜色的最低RGB值和最高RGB值，然后从该值中减去每个成分的值，产生新RGB值。如RGB值为红色120、绿色150和蓝色200，如图5-8所示，Illustrator 将添加高值 (200) 和低值 (120)，产生新值 (320)。从该新值中减去现有颜色的RGB值，产生新RGB补值：320-120（当前红色值）= 200 为新的红色值，320-150（当前绿色值）=170 为新的绿色值，320-200（当前蓝色值）=120为新的蓝色值，如图5-9所示。

图5-8

图5-9

提 示

当选择RGB或HSB模式调制颜色时，会出现⚠标志，表示当前这个颜色不能用于CMYK打印，可以单击旁边出现的与之相近的颜色来替代。

在用鼠标拖动颜色滑块修改颜色时，按住Shift键拖动颜色滑块，移动与之关联的其他滑块（HSB 滑块除外）。这样可以保留类似颜色，但色调或强度不同。

5.2.3 色板

【色板】调板是命名颜色、色调、渐变和图案储存的调板。执行【窗口】→【色板】命令，可以弹出【色板】调板。要显示特定类型的色板并隐藏所有其他色板，可以单击调板下侧的【显示颜色色板】、【显示渐变色板】、【显示图案色板】按钮，如图5-10所示。

单击【色板】调板右侧的黑色三角按钮，可以通过弹出的下拉菜单来打开【色板库】，如图5-11所示。

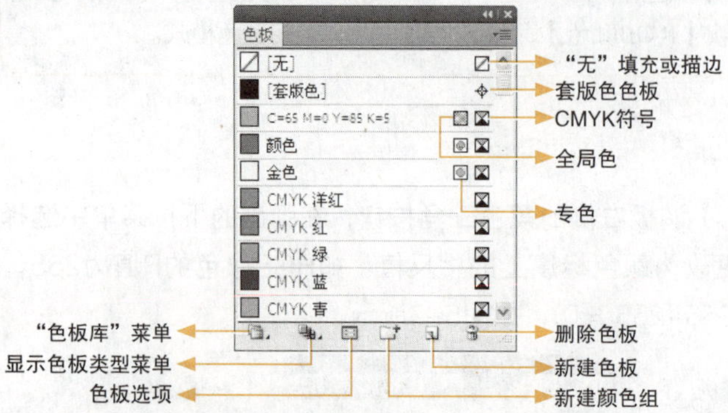

图5-10

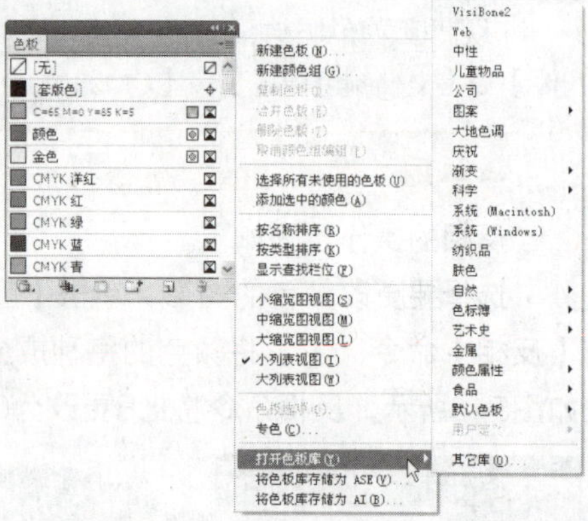

图5-11

单击【色板】调板右侧的黑色三角按钮，在弹出的下拉菜单中选择一个视图选项：小缩览图视图、中缩览图视图、大缩览图视图、小列表视图或大列表视图，可以更改色板的显示，如图5-12所示；从【色板】调板下拉菜单中选择一个排序选项：按名称排序或按类型排序，可以更改色板顺序，如图5-13所示。

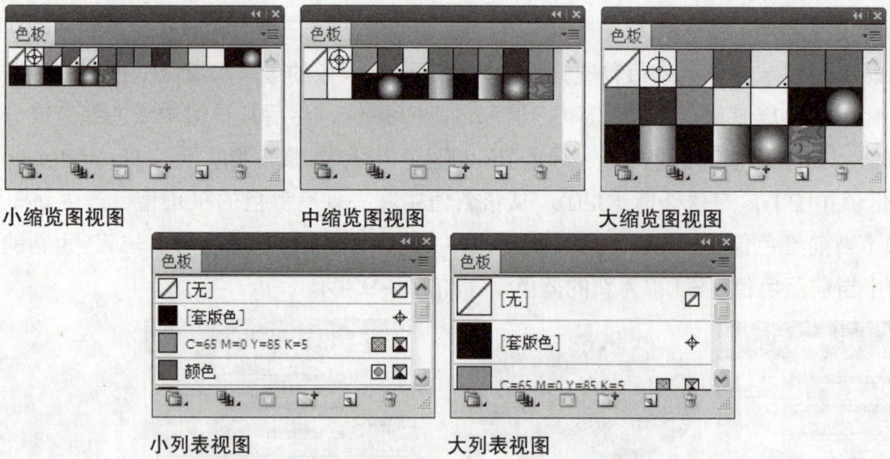

图5-12

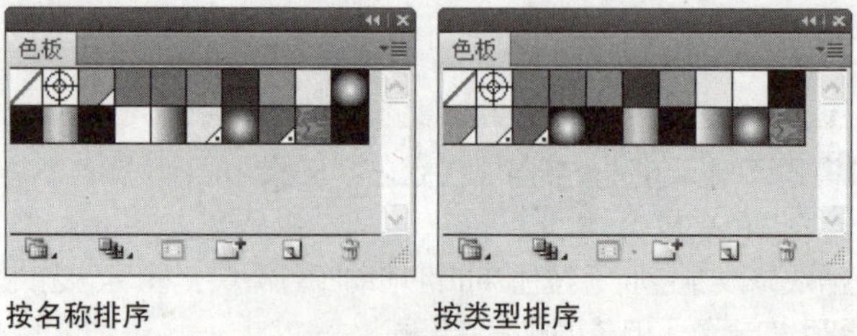

图5-13

还可以将自定义的颜色、图案在色板内存储、复制或删除。

在【颜色】调板中设置好颜色后，用鼠标单击拖曳【颜色】调板左上角的预览框，拖曳到【色板】调板里面再松开鼠标，如图5-14所示，定义的颜色就储存到【色板】调板中的颜色色板里了，如图5-15所示。

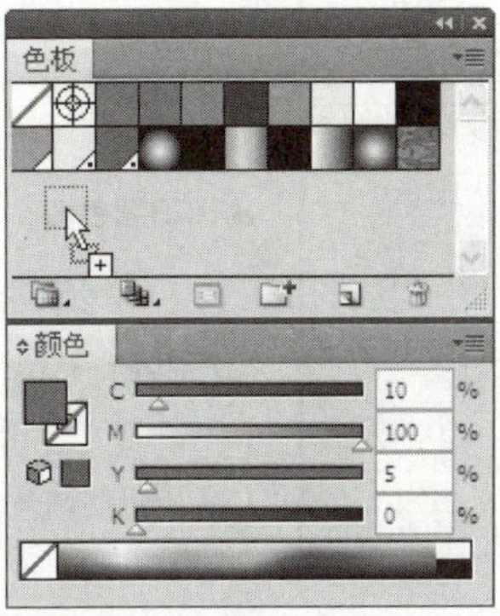

图5-14

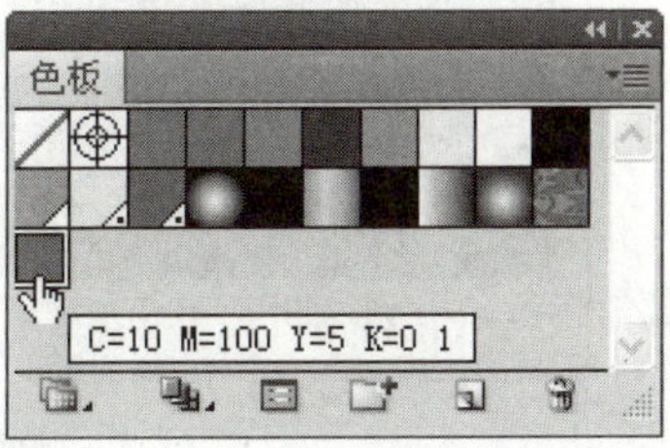

图5-15

单击并拖曳新的色样到【新建色板】按钮上再松开鼠标，如图5-16（a）所示，或者选中色样以后单击【新建色板】按钮，可以复制色样，如图5-16（b）所示。

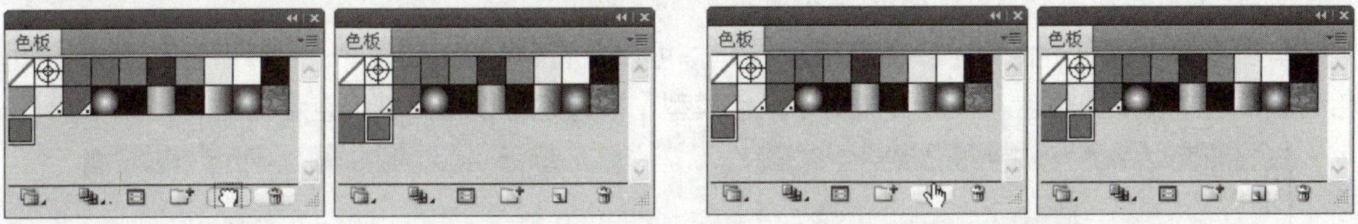

（a）　　（b）

图5-16

同理，单击并拖曳新的色样到【删除色板】按钮上再松开鼠标，如图5-17（a）所示，或者选中色样后单击【删除色板】按钮，可以删除该色样，如图5-17（b）所示。

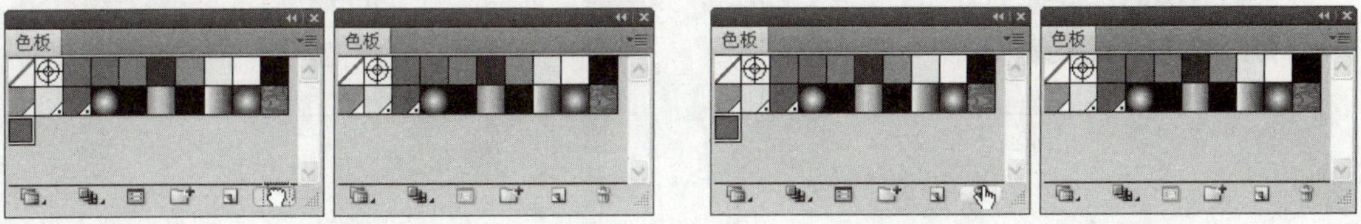

（a）　　（b）

图5-17

5.2.4 拾色器

双击工具箱的【填色】按钮，或者在【颜色】调板中双击【填色】按钮，打开【拾色器】调板，如图5-18所示。

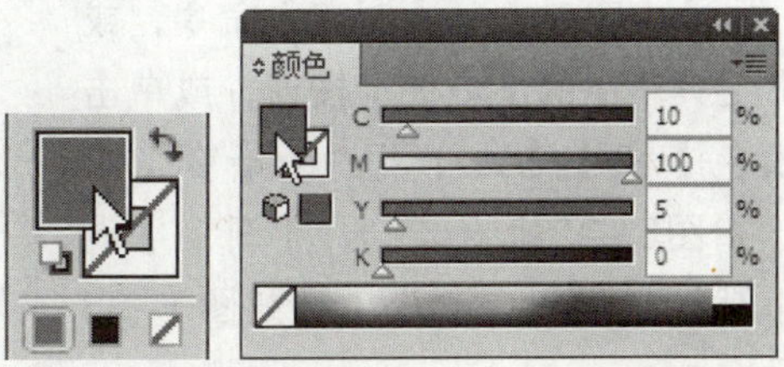

图5-18

【拾色器】可以通过选择色谱、定义颜色值或单击【色板】等方式，选择对象的填色或描边颜色，如图5-19所示。

使用【拾色器】选择颜色有3种方法：在色谱中单击或拖动圆形标记，指示色谱中颜色的位置；沿颜色滑块拖动三角形或在颜色滑块中单击颜色；在HSB、RGB、CMYK或十六进制颜色值数值框中输入数值。

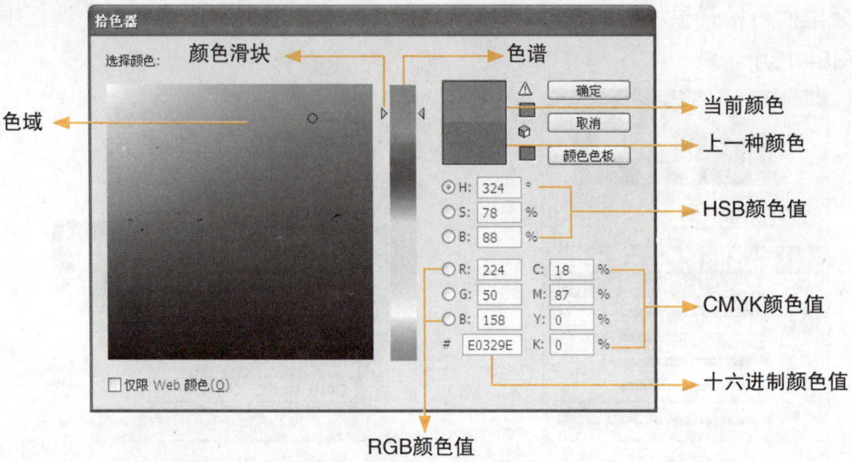

图5-19

选中【拾色器】下方的【仅限Web颜色】复选框，则仅显示Web安全颜色，即与平台无关的所有 Web 浏览器使用的颜色，如图5-20所示。

单击【拾色器】右侧的【颜色色板】按钮，可以查看颜色色板，如图5-21所示，可以在颜色色板中选择合适的颜色。单击右侧的【颜色模型】按钮还可以返回继续查看色谱。

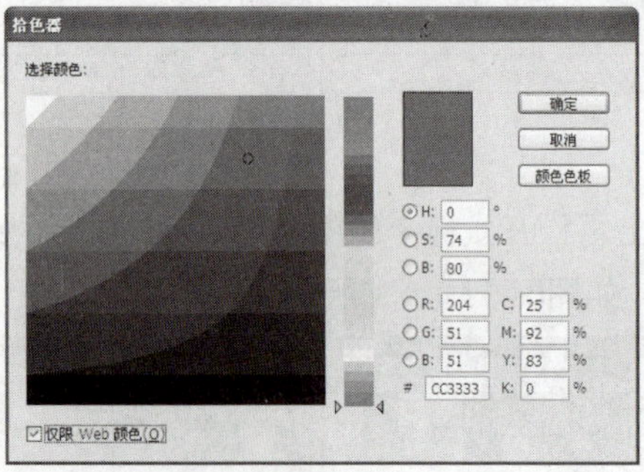

图5-20

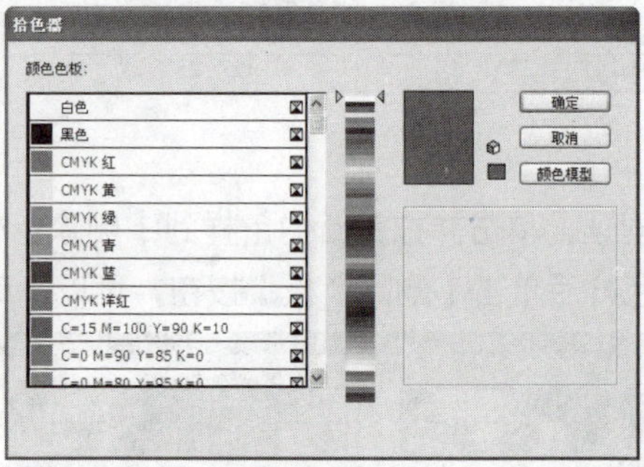

图5-21

5.2.5 渐变调板

渐变填色可以在一个或多个对象间创建颜色平滑的过渡，还可以将渐变存储为色板，以便于将渐变应用于多个对象。

执行【窗口】→【渐变】命令，或双击工具箱中的【渐变】按钮，或单击【填色】和【描边】下的【渐变】按钮，如图5-22所示，打开【渐变】调板，默认的是黑白渐变色，如图5-23所示。

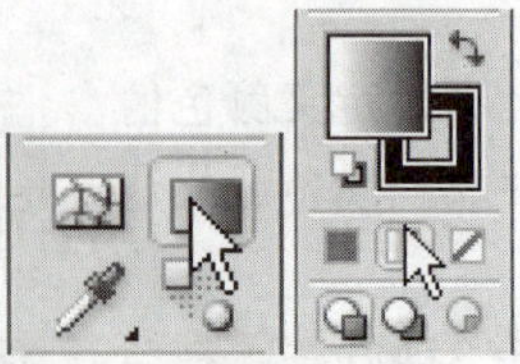

图5-22

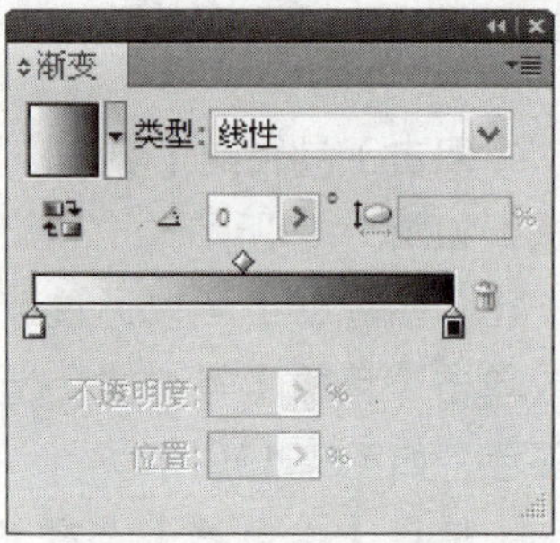

图5-23

- 【类型】：包括线性渐变（如图5-24（a）所示）和径向渐变（如图5-24（b）所示）两种类型。

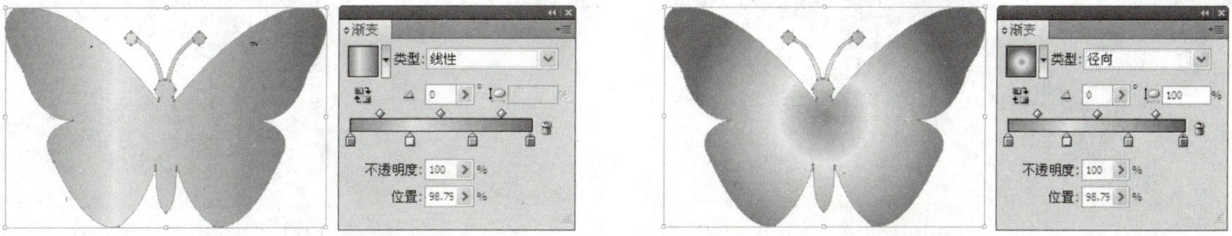

（a）　（b）

图5-24

- 【角度】：指线性渐变的渐变方向，图5-25（a）所示的渐变角度为45度，即渐变方向为45度的渐变色，图5-25（b）所示的渐变角度为90度。

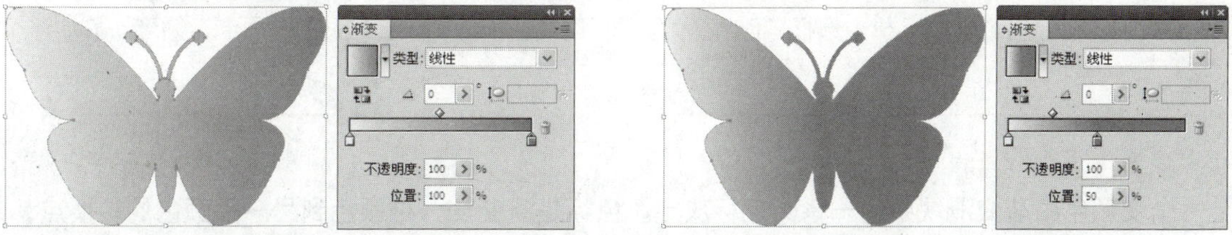

（a）　（b）

图5-25

- 【位置】：渐变滑块的位置参数，图5-26（a）和图5-26（b）所示的位置参数值分别为100%和50%。

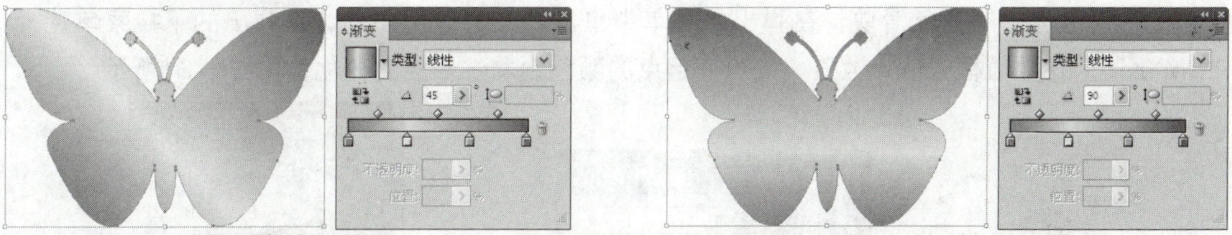

（a）　（b）

图5-26

- 【反向渐变】：指渐变滑块的位置反向变化，如图5-27所示。

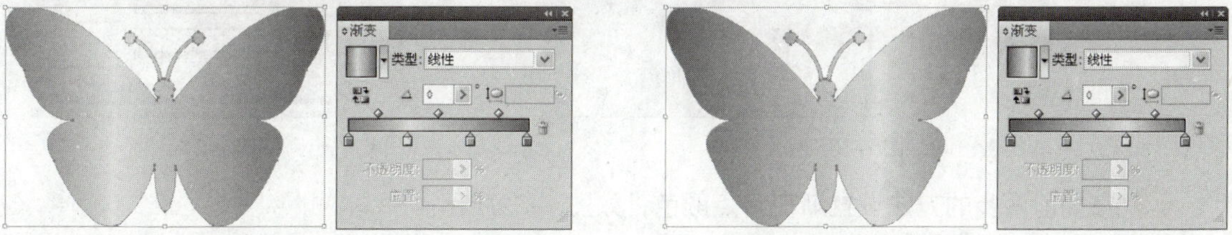

（a）　（b）

图5-27

- 【长宽比】：指渐变颜色的比例，图5-28（a）所示的长宽比为100%，图5-28（b）所示的长宽比为50%。

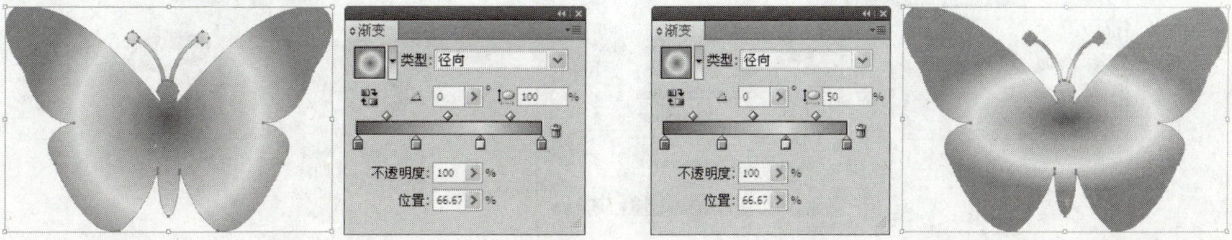

（a）　（b）

图5-28

- 【不透明度】：指渐变滑块的不透明度变化，如图5-29所示。

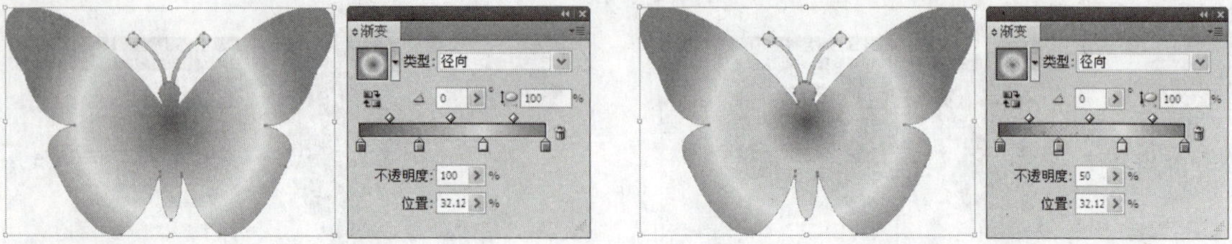

（a）　　　　（b）

图5-29

提 示

默认情况下，【渐变】调板中显示所有的选项。要隐藏某个选项，单击【渐变】调板右侧的黑色三角按钮，在弹出的下拉菜单中选择“隐藏选项”即可。还可以单击【调板】选项卡，循环切换显示方式。

1. 渐变色的设置

渐变颜色由渐变滑块中的一系列色标决定。色标是渐变从一种颜色到另一种颜色的转换点，由渐变滑块下的方块所标示。

1 打开【渐变】调板，单击【渐变】调板左边的滑块（起点颜色），单击后滑块图标上部分的三角是黑色的，表示选中状态；下半部分的方形表示渐变颜色，如图5-30所示。

2 双击选中的颜色滑块，在弹出的菜单中单击右侧的黑色三角，在弹出的下拉菜单选择“CMYK”，在数值框中输入数值，则渐变起点的颜色会发生相应的变化，如图5-31所示。

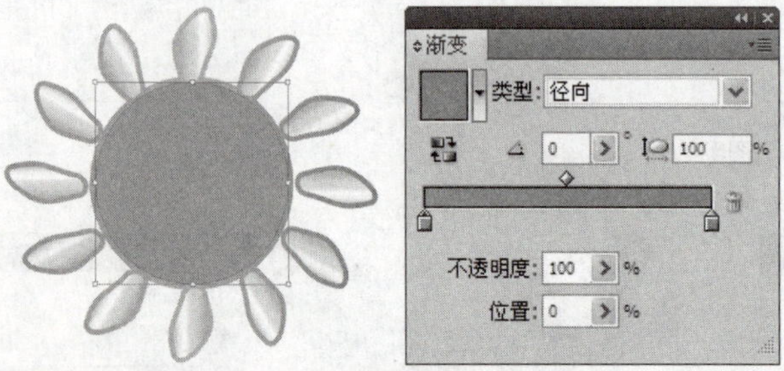

图5-30

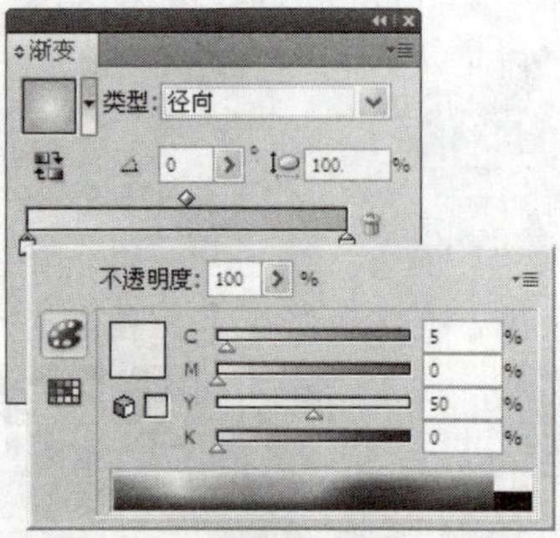

图5-31

3 按照前两步的方法设置渐变终点颜色，如图5-32所示。

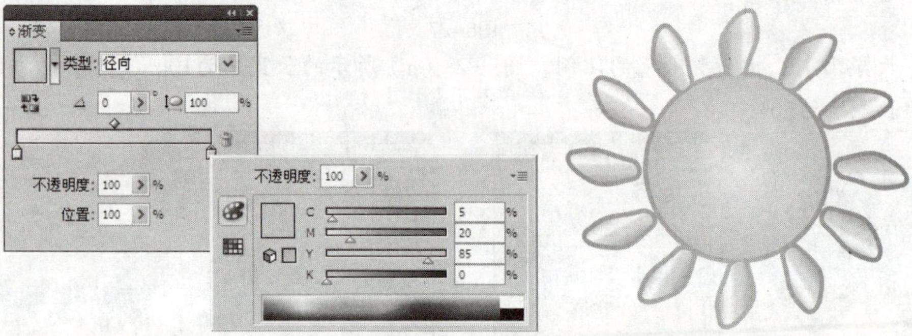

图5-32

还可以通过【色板】调板来定义渐变色。单击【渐变】调板中的渐变色标后，按住 Alt 键，在【色板】调板中单击所需的颜色色板，如图5-33所示。或者在【色板】调板中单击所需的颜色并拖曳到渐变色标上，如图5-34所示。

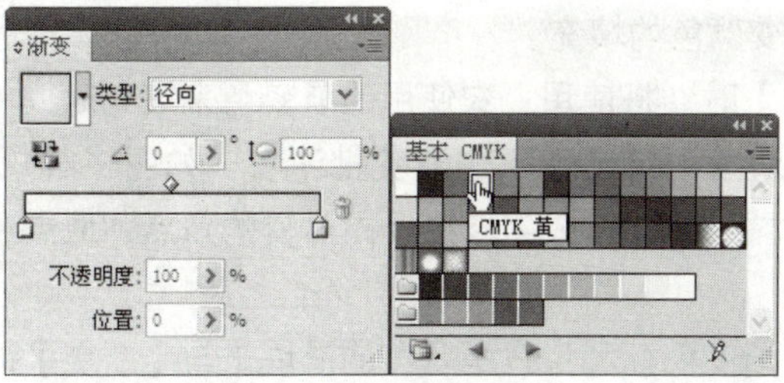

图5-33

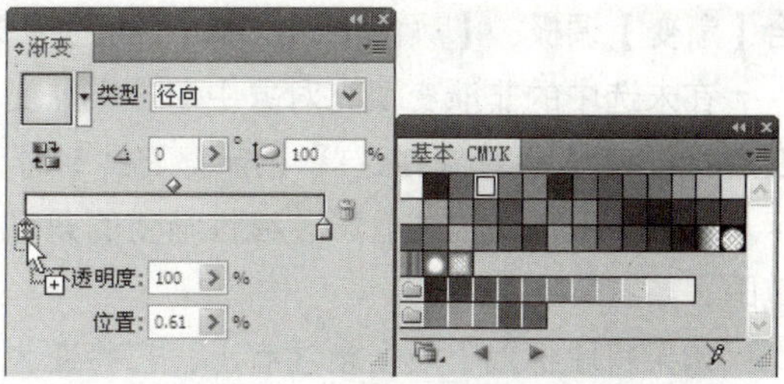

图5-34

径向渐变左边的渐变滑块定义中心点的填色，即从这个中心点向外过渡到右边的渐变滑块，如图5-35所示。

拖曳渐变滑块的位置还可以调整渐变色的位置。

渐变条上的菱形滑块代表两种颜色混合50%的位置，默认的滑块位置在两种颜色的中间，可以拖曳菱形滑块的位置来调节渐变色，如图5-36所示。

图5-35

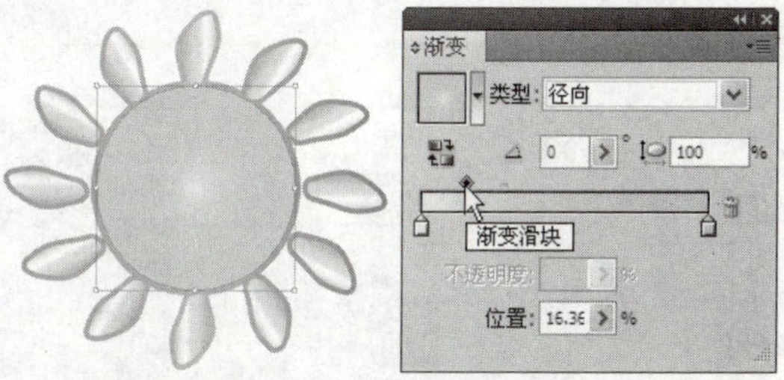

图5-36

2. 多种颜色渐变的设置

1 在渐变条下面要增加颜色的位置单击鼠标，就可以看到增加了一个渐变滑块，同时上面也自动增加了一个菱形滑块。单击新添加的渐变滑块，同样可以通过【颜色】调板选择颜色，如图5-37所示。

2 要删除渐变条中的一种颜色，用鼠标单击需要删除的滑块，向下拖曳至【渐变】调板外，此颜色就被删除了，如图5-38所示。

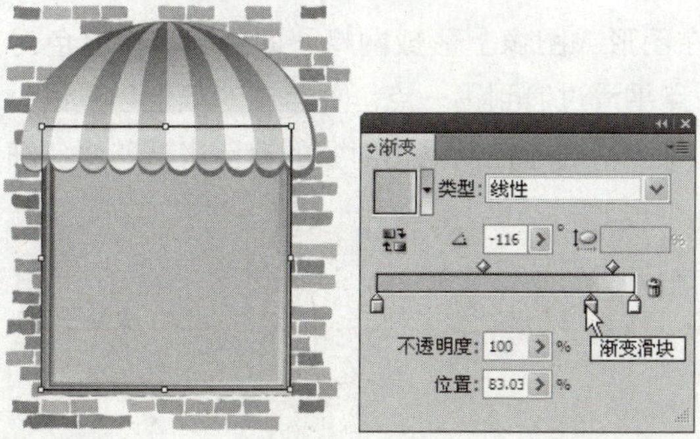

图5-37

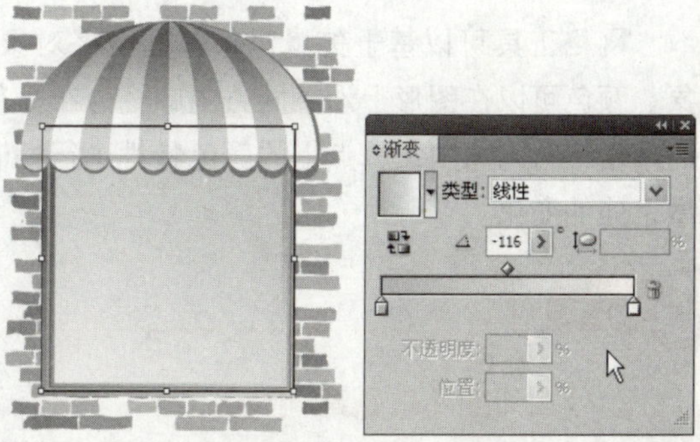

图5-38

第1章 第2章 第3章 第4章 第5章

5.2.6 渐变工具

渐变工具可以在一个或者多个图形内填充单一渐变方向的渐变色，可以使用渐变工具同时配合【渐变】调板、【颜色】调板和【色板】实现渐变颜色的填充。

在未选中的非渐变填充对象中单击【渐变工具】时，将使用上次使用的渐变色来填充对象。在选择渐变填充对象并选择【渐变工具】时，该对象中将出现一个渐变批注者，如图5-39所示。可以使用渐变批注者修改线性渐变的角度、位置和范围，或者修改径向渐变的焦点、原点和范围，如图5-40所示。

如果将鼠标置于渐变批注者上，它将变为具有渐变色标和位置指示器的滑块（与【渐变】调板中的渐变滑块相同），如图5-41所示。可以单击渐变批注者以添加新渐变色标，双击各个渐变色标可指定新的颜色和不透明度设置，或将渐变色标拖动到新位置。

双击对象中渐变批注者上的渐变色标，可打开渐变的颜色选项对话框。

提示

若要隐藏或显示渐变批注者，执行【视图】→【隐藏渐变批注者】命令或【视图】→【显示渐变批注者】命令。

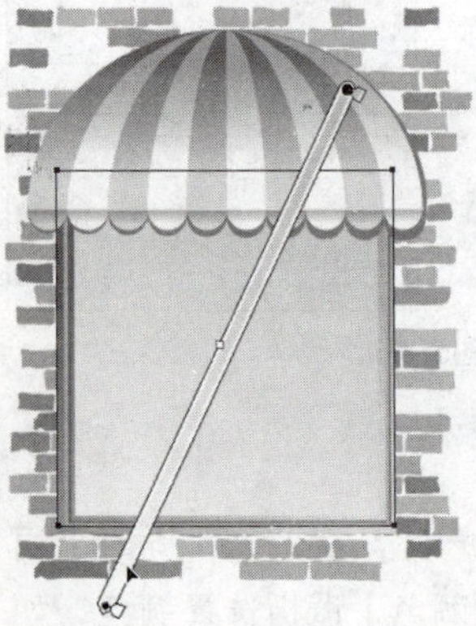
图5-39

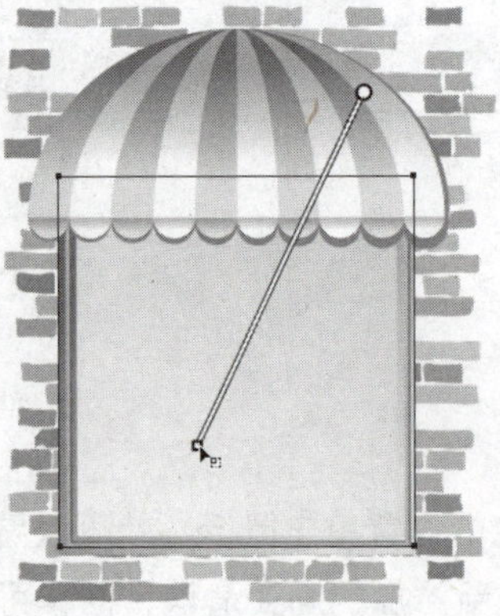
图5-40

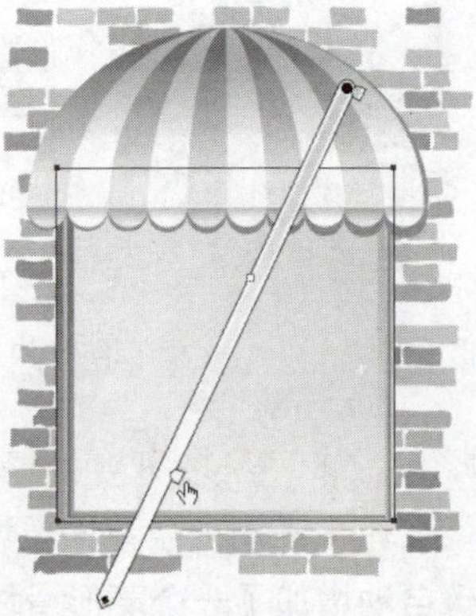
图5-41

5.2.7 网格工具

网格工具可以基于矢量对象创建网格对象，在图形或图像上形成网格，即创建单个多色对象。颜色可以在图形上沿不同方向顺畅分布，从一点平滑过渡到另一点。并且在对象上创建细小的网格，对网格中每一点上的颜色特性进行控制，可以精确地控制网格对象的着色来调整颜色细微之处的变化。

问答 1

什么对象不能创建网格？

复合路径和文本对象及导入的图像无法创建网格对象。

提 示

若要提高性能、加快重新绘制的速度，应将网格对象保持最小的大小。复杂的网格对象会使系统性能大大降低。因此，最好创建若干小而简单的网格对象，而不要创建单个复杂的网格对象。如果要创建复杂对象，可以通过执行【创建渐变网格】命令达到效果。

1. 使用规则的网格点图案来创建网格对象

通过【对象】→【创建渐变网格】命令创建渐变网格具有规则的网格点。

1 用【选择工具】选中图形，执行【对象】→【创建渐变网格】命令，弹出【创建渐变网格】对话框，在【行数】数值框中输入4，在【列数】数值框中输入3，在【外观】下拉文本框中选择“至边缘”，在【高光】数值框中输入70，如图5-42所示。

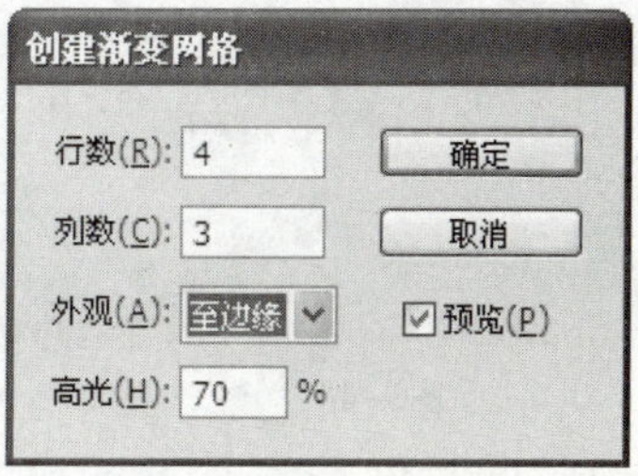

图5-42

- 【行数】：在图形上创建渐变网格线的行数。
- 【列数】：创建渐变网格线的列数。
- 【外观】：表示创建渐变网格后的图形高光的表现方式，包括平淡色、至中心和至边缘选项。
- 【平淡色】：指图形表面的颜色均匀分布(只创建了网格，颜色未发生变化)。将对象的原色均匀地覆盖在对象表面，不产生高光。
- 【至中心】：在对象的中心创建高光。
- 【至边缘】：图形的高光效果在边缘处。“至边缘”会在对象的边缘处创建高光。
- 【高光】：指白色高光处的强度。100%代表将最大的白色高光值应用于对象；0则代表不将任何白色高光应用于对象。

2 单击【确定】按钮，可以看到图形转换为以渐变形式出现的网格对象，如图5-43所示。

图5-43

提 示

将网格对象转换为路径对象。

选中网格对象，执行【对象】→【路径】→【偏移路径】命令，输入“0”作为偏移值。

2. 使用不规则的网格点图案来创建网格对象

1 选择工具箱中的【网格工具】，在工具箱中设置填充色，在对象中需要添加网格的地方单击鼠标，如图5-44所示。

2 继续为对象添加网格，按住Shift键单击鼠标，可以增加网格点而不改变当前颜色，如图5-45所示。

图5-44

图5-45

3. 编辑网格的形状

可以通过添加、删除和移动“网格”点和“网格面片”来修改网格对象。

1 选择【网格工具】，按住Alt键并单击图形中的网格点，即可删除网格点，如图5-46所示。

图5-46

2 在工具箱中选择【网格工具】或【直接选择工具】，在网格点上单击并拖曳鼠标，可以移动网格点，如图5-47所示。

3 选择【网格工具】，同时按住Shift键，在网格点上单击并拖曳鼠标，可使该网格点保持在网格线上移动，即点限制在网格线上移动，如图5-48所示。

提 示

使用【网格工具】或【直接选择工具】选择网格点时，会显示出方向线。可以像编辑其他锚点一样，通过拖移方向线来编辑网格点。按住Shift键，用【网格工具】拖曳方向点，可移动网格点所有的方向线。

图5-47

图5-48

4. 填充网格的颜色

方法一：用【网格工具】选中网格点，打开【色板】调板，单击所需的颜色，即可在网格点上填充颜色，如图5-49所示。

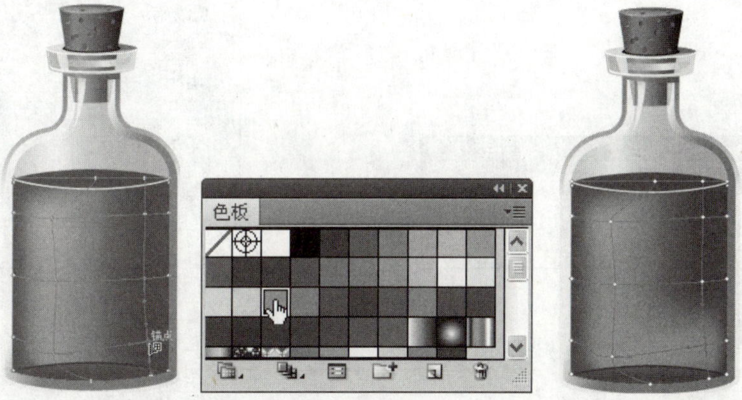

图5-49

方法二：

1. 在不选中图形的情况下，设置要填充的颜色，如图5-50所示。
2. 用【选择工具】选中网格点，如图5-51所示。
3. 在工具箱中选择【吸管工具】，按住Alt键单击网格点，可以看到填充颜色应用于网格点上，如图5-52所示。

图5-50

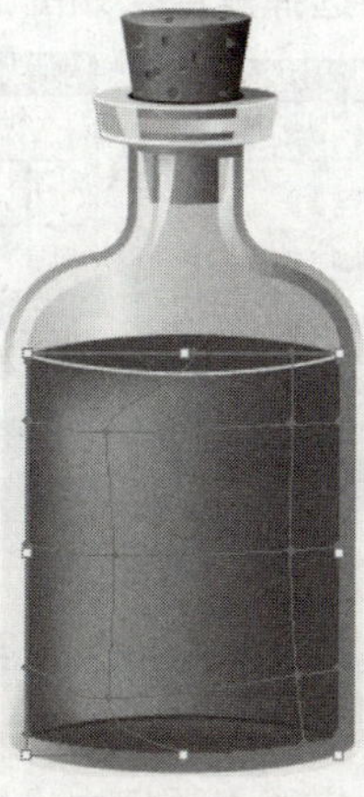
图5-51

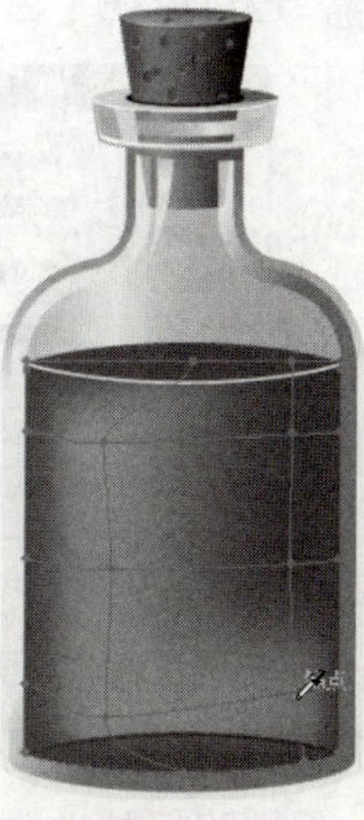
图5-52

5.2.8 描边调板

执行【窗口】→【描边】命令，打开【描边】调板，如图5-53所示。

默认情况下，【描边】调板中只显示【粗细】选项。要显示所有选项，可单击调板右侧的黑色三角按钮，在弹出的下拉菜单中选择“显示选项”，如图5-54所示；也可单击调板选项卡，循环切换显示的形式。

图5-53

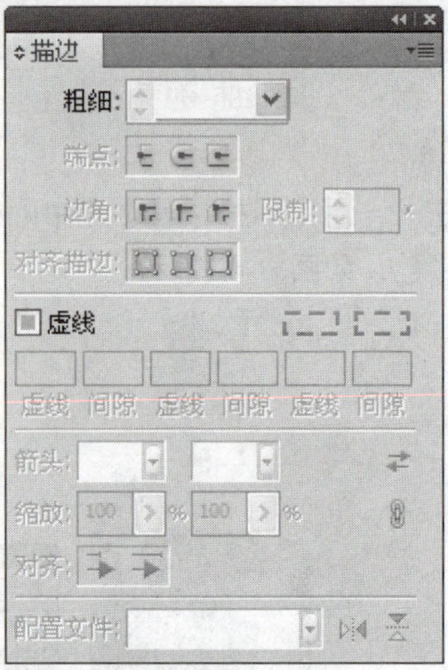

图5-54

提 示

使用【描边】调板可以控制描边的粗细，线段为实线还是虚线，虚线时的虚线次序、斜接限制以及线段连接和线段端点的样式。

实例——绘制铁路图标

若要为图形描边，单击【颜色】调板的【描边】按钮，或是单击选项栏上的【描边】按钮。

1 设置描边的颜色为黑色。在【颜色】调板中输入颜色值“C=0，M=0，Y=0，M=100”，也可以在【色板】调板中选择黑色，如图5-55所示。

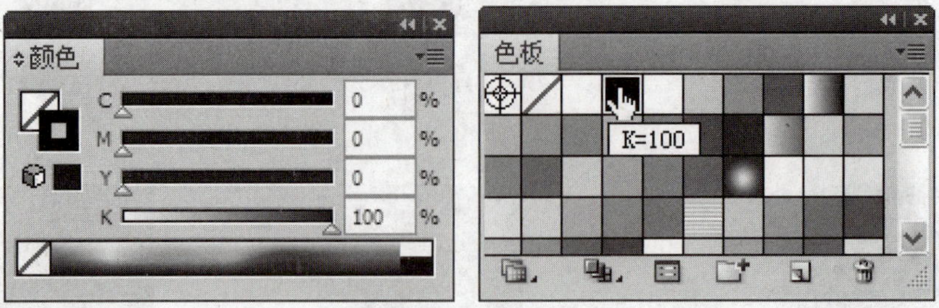

图5-55

2 在工具箱中选择【铅笔工具】，将指针放到路径开始的地方，然后拖曳鼠标绘制如图5-56所示的路径。

3 保持路径的选中状态，在【描边】调板中设置【粗细】为3pt，如图5-57所示。

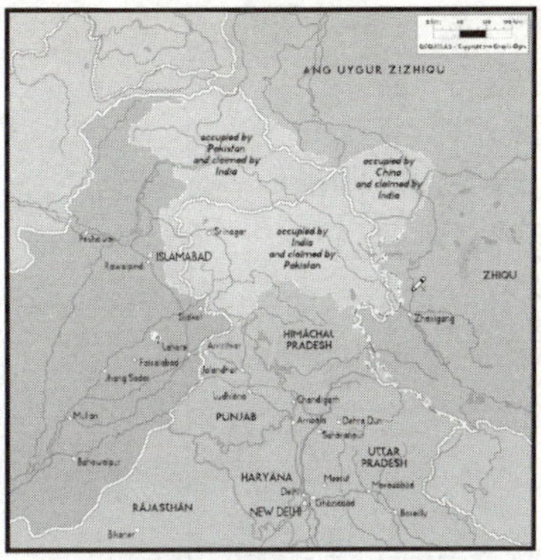

图5-56

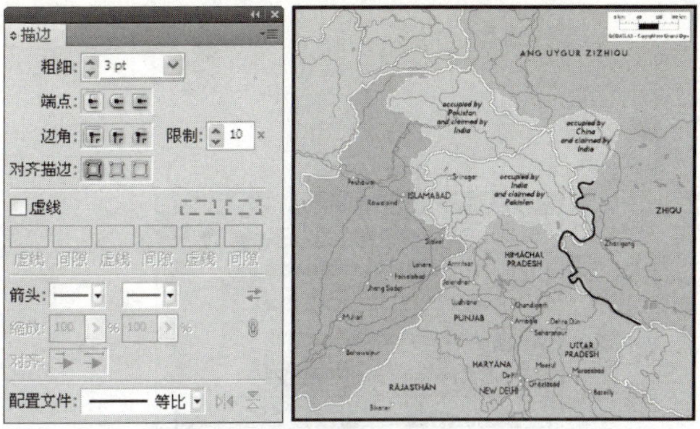

图5-57

4 下面设置红色虚线。

保持路径的选中状态，执行【窗口】→【外观】命令，打开【外观】调板，如图5-58所示。

5 选中【外观】调板中的“描边：3pt”选项，再单击【外观】调板右侧的黑色三角按钮，在弹出的下拉菜单中选择【添加新描边】命令，如图5-59所示。

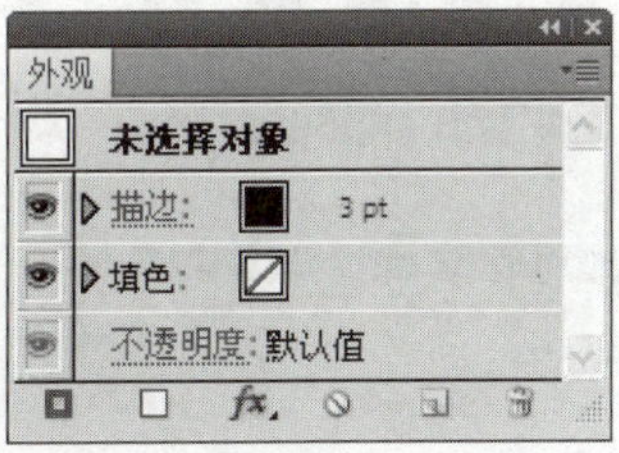

图5-58

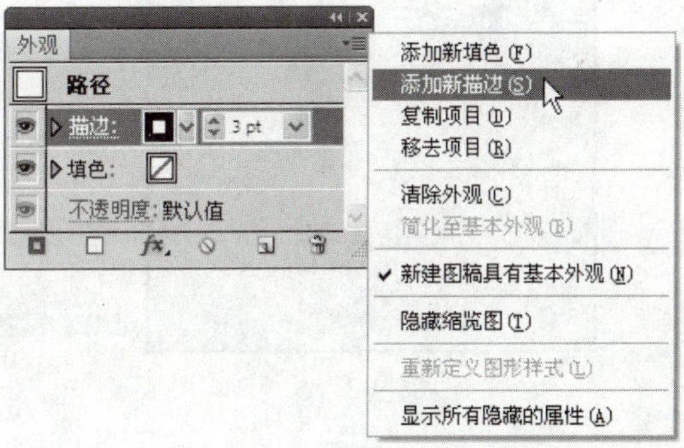

图5-59

提 示

【外观】调板可以查看和调整对象、组或图层的外观属性。【外观】调板的填色和描边按堆栈顺序排列，即调板中从上到下的顺序，对应着图稿中从前到后的顺序。各种效果按其在图稿中的应用顺序从上到下排列。在图5-58所示的【外观】调板中可以看到，所选路径的描边粗细为3pt，无填充色。

6 设置新描边的颜色。打开【颜色】调板，在调板中输入颜色值“C=0，M=100，Y=100，K=0”，即将新描边设置为红色，如图5-60所示。

7 在【描边】调板中设置【粗细】为1.5pt，选中【虚线】复选框。分别在【虚线】和【间隙】数值框中输入4pt，如图5-61所示。

在【粗细】选项的右侧单击【平头端点】按钮，即选择端点选项可更改虚线的端点，如图5-62所示。

提 示

在【描边】调板中可以选择3种端点样式，【平头端点】按钮可创建方形端点的虚线；【圆头端点】按钮可创建圆形端点的虚线或点线；【方头端点】按钮可延长短划线的端点，如图5-64所示。

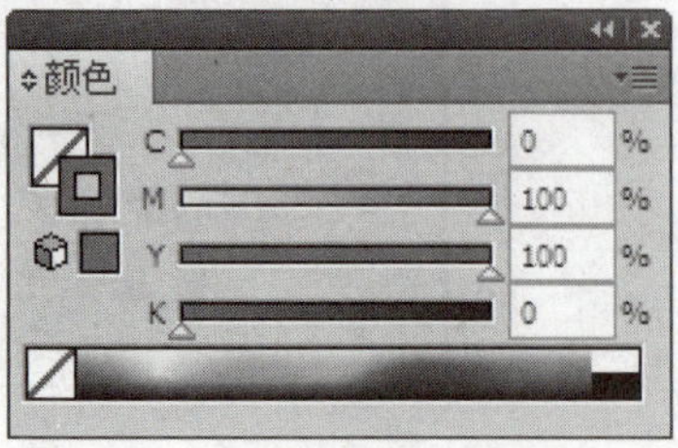

图5-60

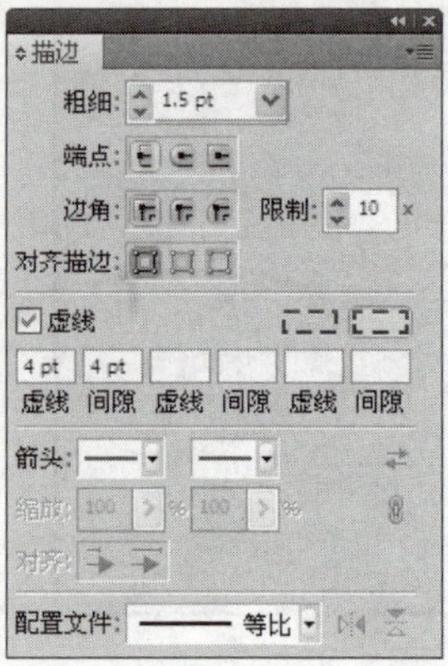

图5-61

8 绘制铁路图标的操作就完成了,如图5-63所示。

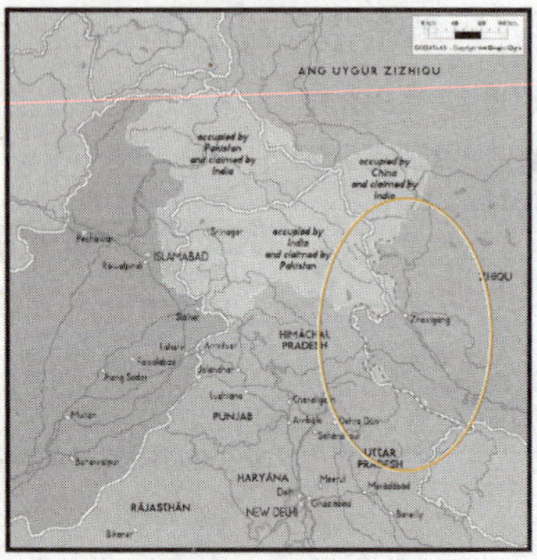

图5-62

图5-63

5.2.9 实时上色

实时上色是一种创建彩色图画的直观方法。用这种方法可以使用 Illustrator 的所有矢量绘画工具，而将绘制的全部路径视为在同一平面上。也就是说，没有任何路径位于其他路径之后或之前。实际上，路径将绘画平面分割成几个区域，设计师可以对其中的任何区域进行着色，而不论该区域的边界是由单条路径还是多条路径段确定的。这样一来，为对象上色就有如在涂色簿上填色，或是用水彩为铅笔素描上色，如图5-64所示。

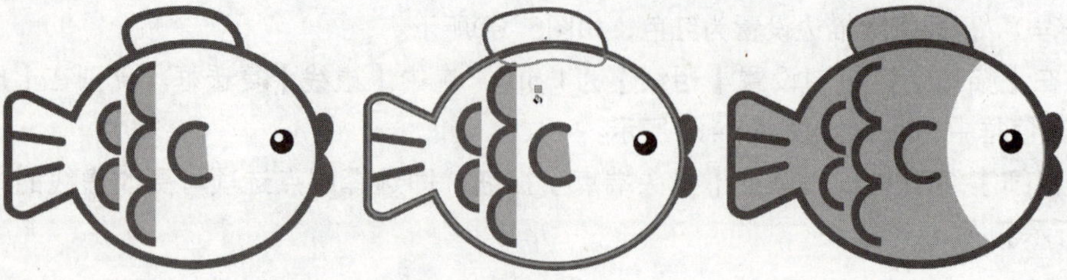

图5-64

一旦建立了实时上色组，每条路径都会保持完全可编辑。移动或调整路径形状时，前期已应用的颜色不会像在自然介质作品或图像编辑程序中那样保持在原处，相反，软件自动将其重新应用于由编辑后的路径所形成的新区域，如图5-65所示。

图5-65

在实时上色组中，可以上色的部分称为边缘和表面。边缘是一条路径与其他路径交叉后，处于交点之间的路径部分表面是一条边缘或多条边缘所围成的区域。可以为边缘描边、表面填色。

1. 实时上色工具选项

【实时上色工具选项】对话框可以指定【实时上色工具】的工作方式，是只选择填色并对其上色，还是只选择描边并对其上色，还是两者都选择并上色。还可以指定当工具移动到表面和边缘上时，如何对其进行突出显示。

双击【实时上色工具】，弹出【实时上色工具选项】对话框，如图5-66所示。

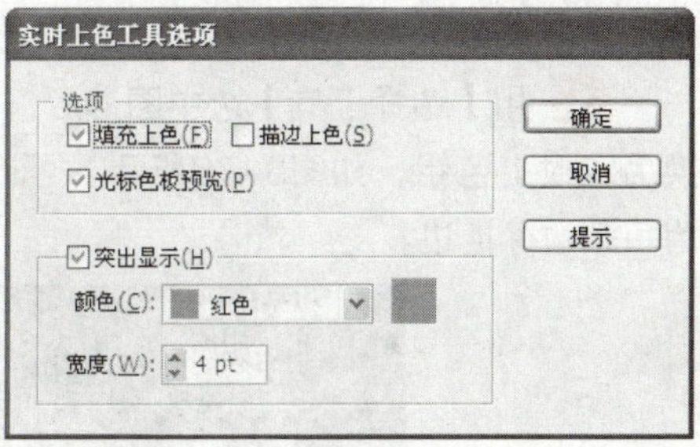

图5-66

2. 实时上色选择工具

实时上色选择工具可以选定对象的表面和边缘。

提 示

按住Shift键可切换到相反的【实时上色工具选项】中的【描边上色】。如果当前同时选定了【填充上色】选项和【描边上色】选项，将只切换到【填充上色】选项。

1 在工具箱中选择【实时上色选择工具】，将鼠标指针移到需要填充上色的图形位置，如图5-67所示，当鼠标指针放置的位置突出显示时，单击鼠标左键，即可完成实时上色的操作，如图5-68所示。

图5-67

图5-68

2 同理，将鼠标指针移到需要描边的图形边缘，当鼠标指针放置的位置突出显示时，单击鼠标左键，即可完成实时上色的操作，如图5-69所示。

图5-69

3. 创建实时上色组及绘制实时上色的表面和边缘

若要使用实时上色工具为表面和边缘上色，首先要创建一个实时上色组。

1 用【选择工具】选中图形后，执行【对象】→【实时上色】→【建立】命令，将对象转换为实时上色组，如图5-70所示。可以使用【实时上色工具】用不同的颜色为每个表面填色，为每条边缘描边。

图5-70

2 实时上色工具可以使用当前填充色和描边色来为实时上色组的表面和边缘上色。打开【颜色】调板，设置一个填充色。

3 在工具箱中选择【实时上色工具】，将鼠标移至对象的表面上，当指针变为时，单击鼠标左键对其填色，可以看到选择的颜色填充进了刚才突出显示线环绕的填充区域内，如图5-71所示。

图5-71

提 示

拖曳鼠标跨过多个表面，可以一次为多个表面上色，如图5-72所示；用鼠标三击一个表面，可以将所有表面以相同的颜色填充，如图5-73所示。

图5-72

图5-73

4 将其他需要上色的部分上色，如图5-74所示。

5 双击工具箱中的【实时上色工具】，弹出【实时上色工具选项】对话框，选中【描边上色】复选框，设置一个描边色，将鼠标移至图形的边缘上，在边缘上单击鼠标左键，可以看到选择的描边色填充进了刚才突出显示的边缘上，如图5-75所示。

图5-74

图5-75

4. 实时上色选择工具与选择工具、直接选择工具的区别

实时上色选择工具的作用范围是选择“实时上色”组中的表面和边缘，选择工具的作用范围是选择整个实时上色组，而直接选择工具的作用范围是实时上色组中的单独路径。如用选择工具单击一次，将选定整个实时上色组，用直接选择工具单击一次，将选定组成实时上色组的单独路径。

可以根据在实时上色组中所需的选择和效果，选用不同的选择工具。要将不同的渐变应用于实时上色组中的不同层面，可使用实时上色选择工具，要将相同的渐变应用于整个实时上色组，可使用选择工具。

5. 在实时上色组中添加路径

在实时上色组中添加路径有4种方法。

方法一：选中实时上色组和要添加到组中的路径，然后执行【对象】→【实时上色】→【合并】命令，如图5-76所示。

方法二：使用【选择工具】双击实时上色组，周围将显示出一个双线灰色定界框，然后在其中绘制要添加的路径。软件会自动将新的路径添加到实时上色组中，如图5-77所示。

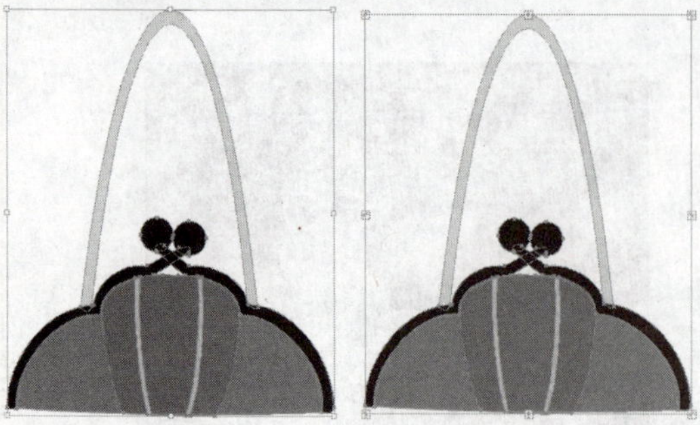

图5-76

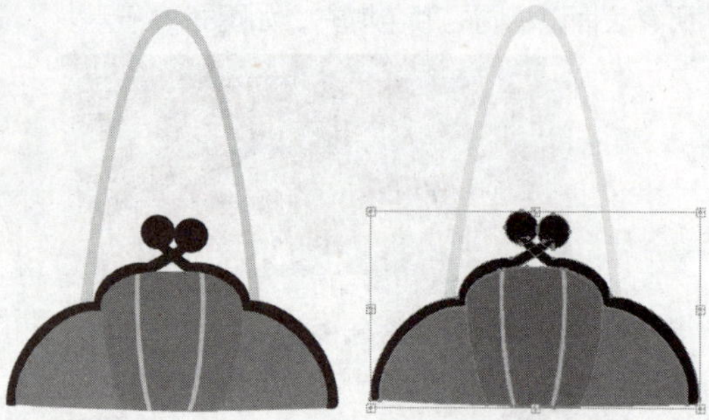

图5-77

方法三：用【选择工具】选择实时上色组和要添加到组中的路径，然后单击【实时上色工具】，再在选项栏中单击【合并实时上色】按钮，如图5-78所示。

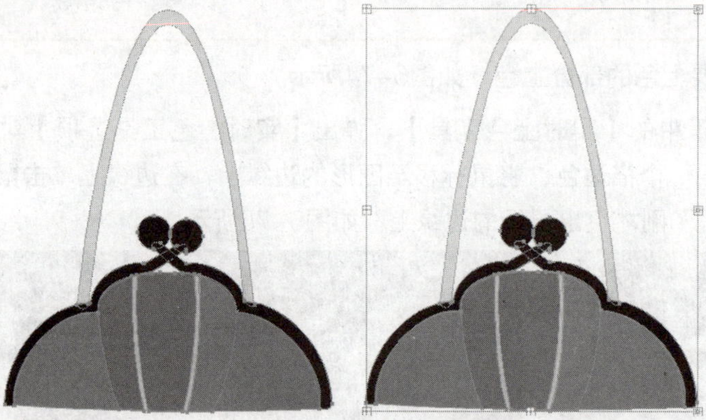

图5-78

方法四：用【选择工具】选择需要添加到实时上色组的路径，然后打开【图层】调板。将路径旁的小方块拖曳至实时上色组中，完成添加路径的操作，如图5-79所示。

图5-79

6. 扩展和释放实时上色组

释放实时上色组可以将相应组改变为没有填色、具有0.5pt的黑色描边的一条或多条普通路径。

选择实时上色组后，执行【对象】→【实时上色】→【释放】命令，实时上色组中的对象将变为多条普通路径，如图5-80所示。

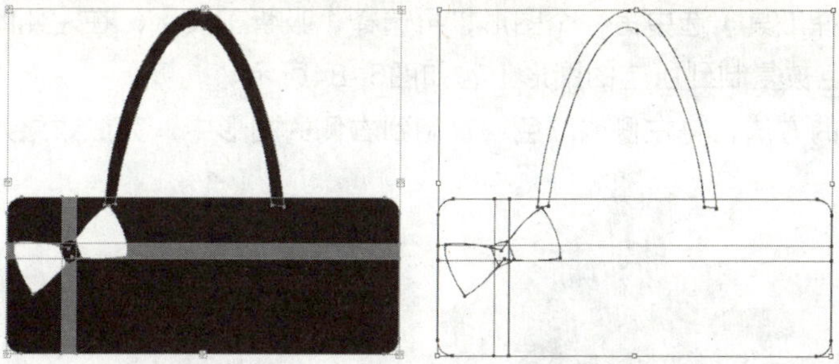

图5-80

扩展实时上色组，可以将其改变为与实时上色组视觉上相似，但事实上却是由单独的填色和描边路径所组成的对象。

1 选择实时上色组之后，执行【对象】→【实时上色】→【扩展】命令，可以将实时上色组按各组成部分拆分成相应的表面和边缘，如图5-81所示。

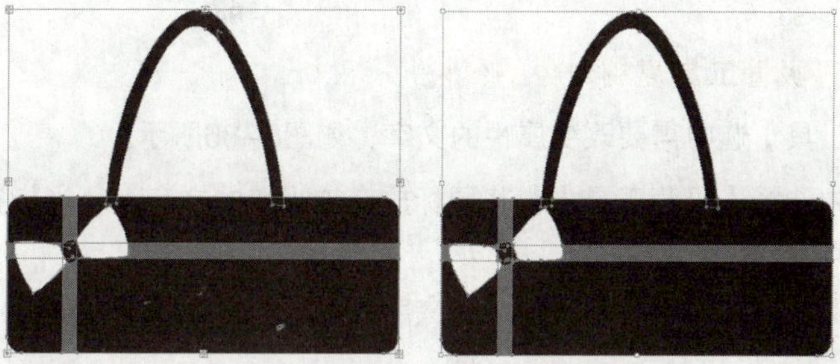

图5-81

2 在图形上单击鼠标右键，选择【取消编组】命令，就可以使用【直接选择工具】或【编组选择工具】来分别选择和修改这些路径，如图5-82所示。

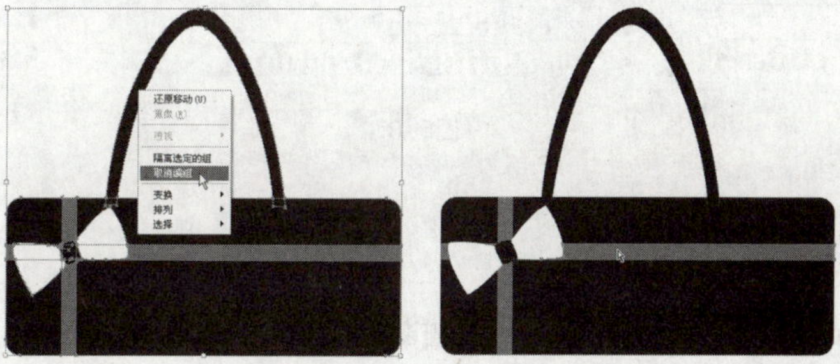

图5-82

5.2.10 吸管工具

吸管工具可以吸取文件中任何物体的颜色，并复制到其他的物体中，也可以用来更新对象的属性。

1. 实例——通过吸管工具复制颜色

1 打开光盘目录下的“素材\第5章\吸管工具练习1.ai”文件。用【选择工具】选中需要填充颜色的图形，选择【吸管工具】，在左侧的颜色块上单击鼠标左键吸取颜色，可以看到颜色被复制到选中的颜色条上了，如图5-83所示。

2 再用【选择工具】选中另一个图形，再选择【吸管工具】，在左侧的颜色块上单击鼠标左键，可以看到颜色被复制到所选的图形上，如图5-84所示。

3 使用同样的方法，将左侧的颜色块复制到右侧的图形中，完成效果如图5-85所示。

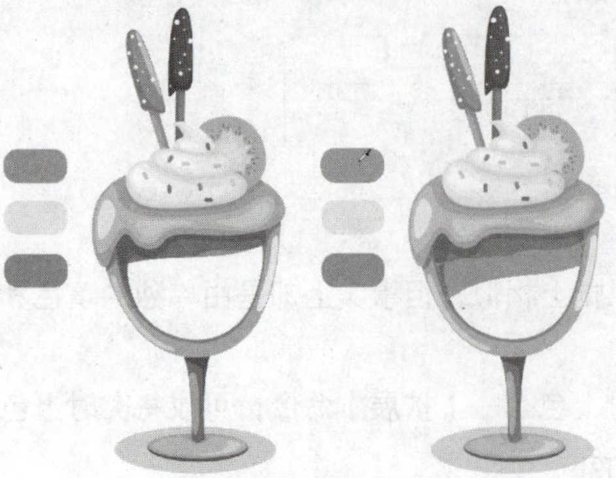

图5-83

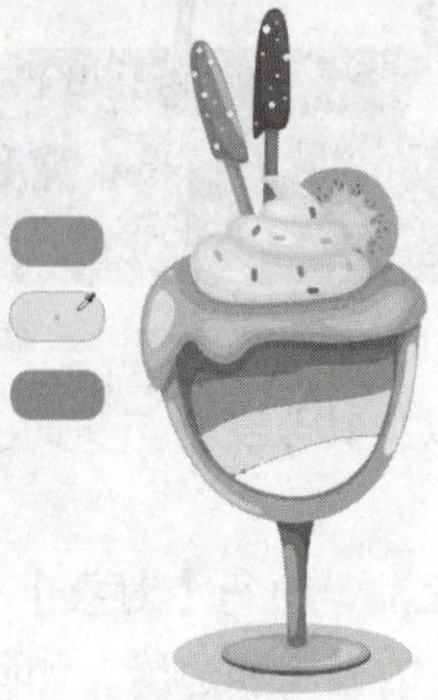

图5-84

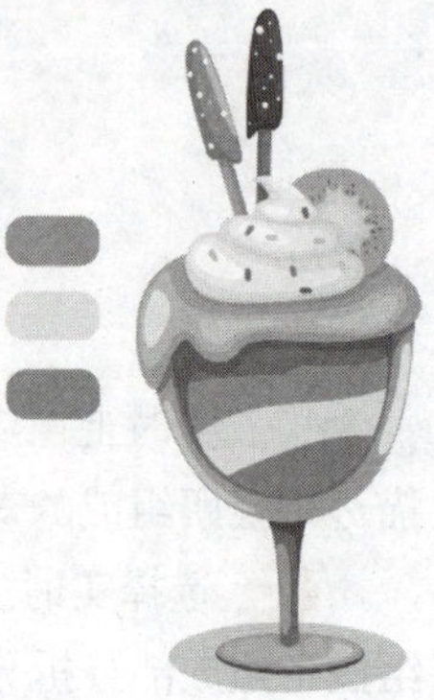

图5-85

2. 实例——通过吸管工具复制对象的属性

1 用【选择工具】选中需要改变属性的文字，如图5-86所示。

2 在工具箱中选择【吸管工具】，将鼠标放在被吸取的文字上，当指针变为✒时，单击鼠标左键，如图5-87所示。

3 可以看到选中的文字属性与被吸取的文字属性相同，如图5-88所示。

图5-86

图5-87

图5-88

5.2.11 实时描摹

如果希望将新的绘制基于现有图稿，可以描摹此图稿。描摹图稿最简单的方式是打开或将文件置入到Illustrator中，然后使用实时描摹命令描摹图稿。设计师可以控制细节级别和填色描摹的方式，当对描摹结果满意时，可将描摹转换为矢量路径或“实时上色”对象。

1. 描摹图稿

1 打开光盘目录下“素材\第5章\源图片01.jpg”文件，如图5-89所示。

2 选中图像后，执行【对象】→【实时描摹】→【描摹选项】命令，弹出【描摹选项】对话框，如图5-90所示，设置描摹选项。

【预设】：指定描摹预设。在【预设】下拉菜单中包括了许多软件自带的预设项，如图5-91所示。选中所需的预设后，单击【描摹】按钮，就可按照预设的选项设置来描摹图像。如图5-92所示为原稿分别选择“照片高保真度”、“手绘素描”、“详细插图”和“油墨绘图”预设后的描摹图像效果。

图5-89

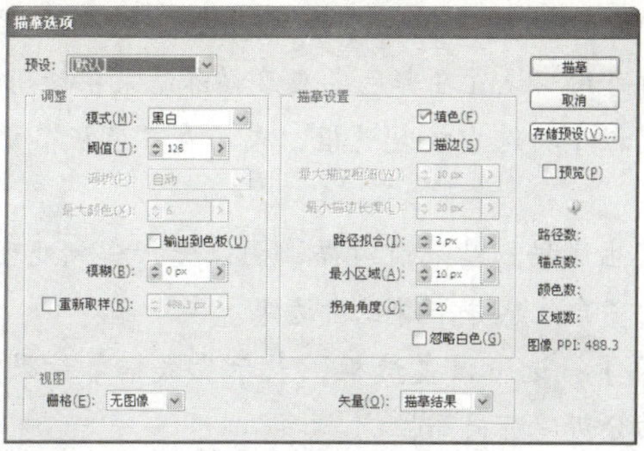

图5-90

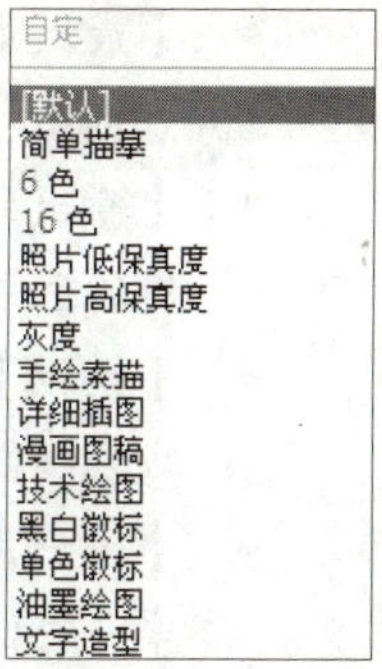

图5-91

照片高保真度

手绘素描

详细插图

油墨绘图

图5-92

（1）【调整】选项区包括以下内容。

- 【模式】：选取调整对象和描摹结果的颜色模式。其中选项为“黑白”、“灰度”和“彩色”。
- 【阈值】：该选项仅在【模式】设置为“黑白”时可用。指定用于从原始图像生成黑白描摹结果的值。所有比阈值亮的像素转换为白色，而所有比阈值暗的像素转换为黑色。
- 【调板】：该选项仅在【模式】设置为“彩色”或“灰度”时可用。指定用于从原始图像生成颜色或灰度描摹的调板。在【调板】中选择“自动”表示让软件决定描摹中的颜色；可以为描摹使用自定调板，但必须先打开色板库，打开的色板库才能显示在“调板”菜单中，可以从中选择一个色板库。

- 【最大颜色】：该选项仅在【模式】设置为“彩色”或“灰度”，且【调板】设置为“自动”时可用。设置在彩色或灰度描摹结果中使用的最大颜色数。
- 【输出到色板】：选中该复选框，表示在“色板”调板中为描摹结果中的每个新颜色创建新色板。
- 【模糊】：生成描摹结果前对描摹图像进行模糊处理。选择此选项有助于在描摹结果中减轻细微的不自然感并平滑锯齿边缘。
- 【重新取样】：选中该复选框，表示生成描摹结果前对原始图像重新取样至指定分辨率。较低的分辨率可提高性能。

（2）【描摹设置】选项区包括以下内容。

- 【填色】：可在描摹结果中创建填色区域。
- 【描边】：可在描摹结果中创建描边路径。
- 【最大描边粗细】：指定原始图像中可描边的特征最大宽度。大于最大宽度的特征在描摹结果中成为轮廓区域。
- 【最小描边长度】：指定原始图像中可描边的特征最小长度。小于最小长度的特征将从描摹结果中忽略。
- 【路径拟合】：控制描摹形状和原始像素形状之间的距离。较低的值创建较紧密的路径拟合；较高的值创建较疏松的路径拟合。
- 【最小区域】：指定将被描摹的原始图像中的最小特征区域。以像素为单位。例如，4像素=2像素宽×2像素高。
- 【拐角角度】：指定原始图像中转角的锐利程度，即描摹结果中的拐角锚点。

（3）【视图】选项区包括以下内容。

- 【栅格】：指定如何显示描摹对象的位图组件。其中的选项为“无图像”，“原始图像”，“调整图像”和“透明图像”。
- 【矢量】：指定如何显示描摹结果。
- 【预览】：选中该复选框可以预览当前设置的结果。

要设置默认描摹选项，在打开【描摹选项】对话框前要取消选择所有对象。设置完成后，单击【设为默认值】按钮。

3 按照图5-93所示设置完选项后，单击【描摹】按钮，可以看到原稿经描摹后的效果。

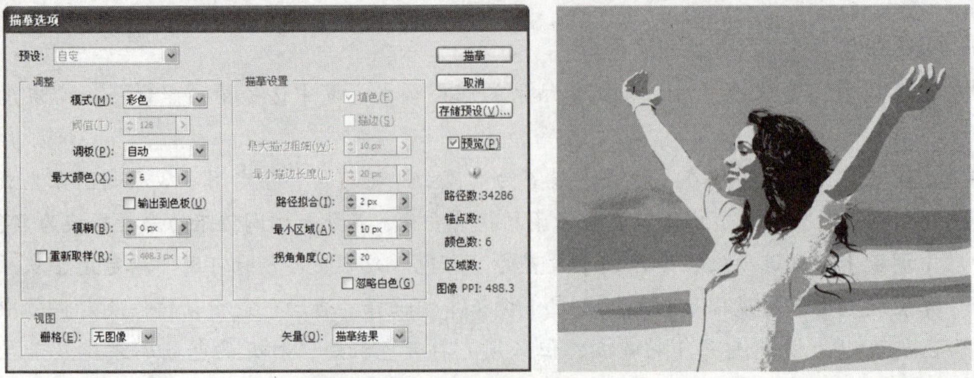

图5-93

提 示

选择【存储预设】按钮后，为预设输入名称并单击【确定】按钮，可以将预设储存起来。选择【编辑】→【描摹预设】命令，可以选择储存的设置。

2. 转换描摹对象

描摹图像后，可将描摹转换为路径，并且可以将描摹转换为“实时上色”对象。

① 打开光盘目录下的“素材\第5章\转换描摹对象.jpg”文件，用【选择工具】选中图像后，执行【对象】→【实时描摹】→【建立】命令，使用默认描摹选项描摹图像。也可以单击选项栏中的【实时描摹】按钮来描摹图像。使用默认描摹选项描摹图像后的效果如图5-94所示。

图5-94

② 保持描摹对象的选中状态，执行【对象】→【实时描摹】→【扩展】命令，或者单击选项栏中的【扩展】按钮，将描摹转换为路径，可以在图像上看到路径和锚点，如图5-95所示，此时即可像处理矢量图一样处理描摹后的图稿。

③ 也可将原稿实时描摹后执行【对象】→【实时描摹】→【转换为实时上色】命令，或者单击选项栏中的【实时上色】按钮，转换后的图像创建成为一个实时上色组，如图5-96所示，可以使用【实时上色选择工具】和【实时上色工具】进行编辑，如图5-97所示。

图5-95

图5-96

图5-97

3. 释放描摹对象

释放描摹对象可以放弃描摹，但保留原始置入的图像。选中实时描摹后的对象，执行【对象】→【实时描摹】→【释放】命令，即可释放描摹对象。

5.3 小结

本章介绍了有关颜色填充的基本知识，颜色填充面板的应用、填充、描边色的设置及各图形填充工具的使用方法，使绘制的图形更加丰富多彩。

5.4 习题

1. 填空题

（1）常用的色彩模式有（　　）、（　　）、（　　）、（　　）和（　　）。

（2）颜色填充工具包括（　　）、（　　）、（　　）和（　　），颜色填充调板包括（　　）调板、（　　）调板和（　　）调板。

2. 问答题

（1）什么是RGB模式?

（2）什么是CMYK模式?

（3）什么是灰度模式?

3. 操作题

（1）练习用【渐变】调板和【渐变工具】填充渐变色。

（2）练习使用网格工具。

6

第6章

符号工具与混合工具

本章主要介绍符号工具与混合工具的使用方法，包括符号调板的应用及混合图形的编辑，使设计师对Illustrator CS5各个功能有进一步的认识。

设计要点

- 有关符号调板
- 符号工具的使用
- 关于混合的概念
- 图形的混合
- 混合图形的编辑

6.1 符号

在Illustrator中创建的任何作品，无论是绘制的元素，还是文本、图像等，都可以保存成一个符号，在文档中可重复的使用。定义和使用它们都非常简单，通过一个符号调板，就可以实现对符号的所有控制。每个符号实例都与符号调板或符号库中的符号相链接。这样不仅容易对变化进行管理，又可以显著减小文件的大小。重新定义一个符号时，所有用到这个符号的案例都可以自动更新成新定义的符号。

如图6-1所示，图中的树木和花朵为使用符号工具创建的图稿。

图6-1

6.1.1 符号调板

选择【窗口】→【符号】命令，打开【符号】调板，如图6-2所示。

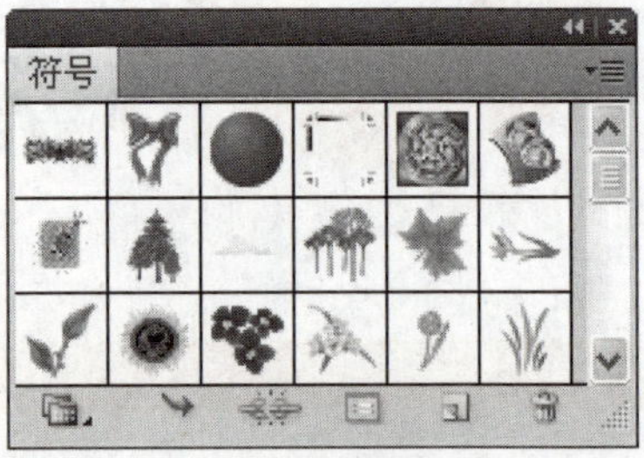

图6-2

提 示

更改面板中符号的显示：

将符号拖动到需要的位置，当一条黑线出现在所需位置时，松开鼠标左键。也可以从调板右侧的下拉菜单中选择“按名称排序”，按字母顺序列出符号。

单击【符号】调板右侧的黑色三角按钮，在弹出的下拉菜单中选择视图命令。【缩览图视图】显示缩览图，如图6-3（a）所示；【小列表视图】显示带有小缩览图的命名符号列表，如图6-3（b）所示；【大列表视图】显示带有大缩览图的命名符号列表，如图6-3（c）所示。

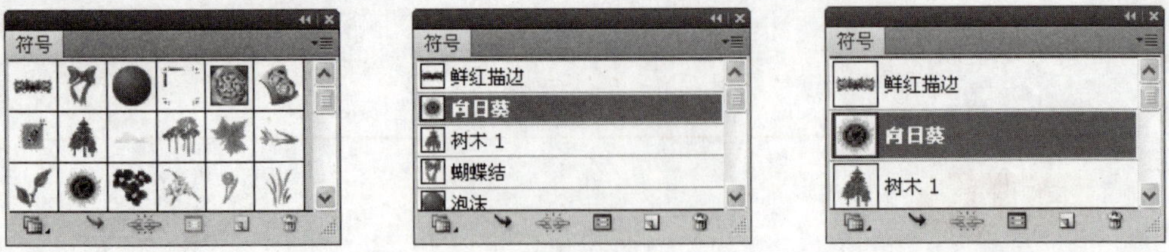

（a）　（b）　（c）

图6-3

单击【符号】调板右侧的黑色三角按钮，在弹出的下拉菜单中选择【打开符号库】命令，打开符号库，如图6-4所示。

符号库是预设符号的集合，选中符号库中的一组符号集后，将显示在一个新调板中，如图6-5所示。同样单击【符号】调板右侧的黑色三角按钮，可以从下拉菜单中选择视图选项查看项目。在下拉菜单中选择“保持”，就可在启动 Illustrator 时自动打开样式库。

在绘制过程中，使用符号库中的符号时，符号会自动添加到【符号】调板中。

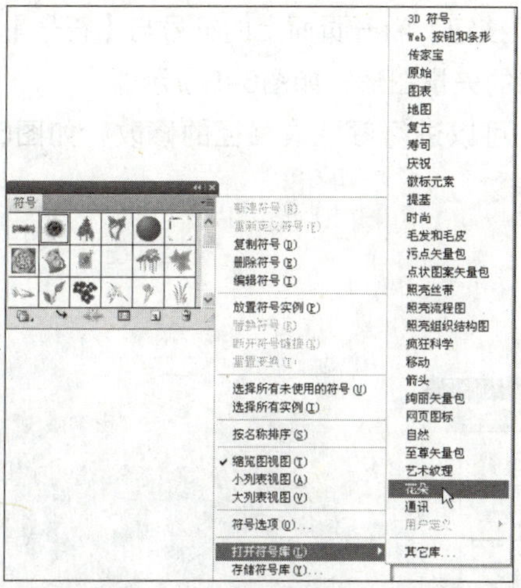

图6-4

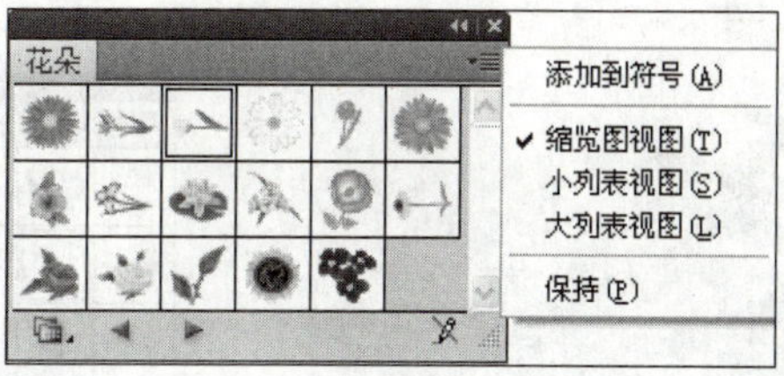

图6-5

1. 置入符号

单击【符号】调板或符号库中的符号，再单击【符号】调板下侧的【置入符号实例】按钮，就可以将符号置入到画板中，如图6-6所示。

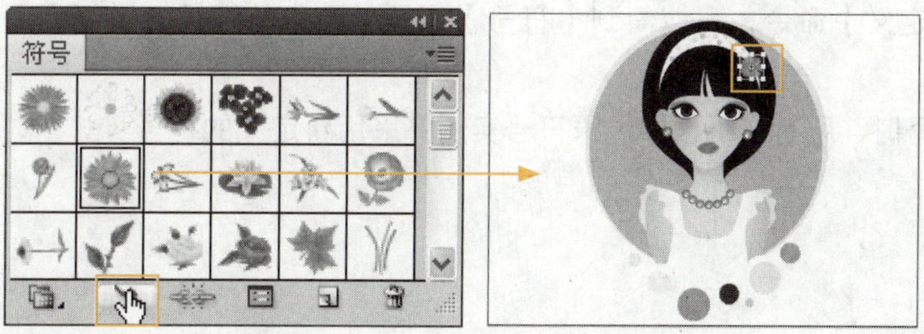

图6-6

也可单击【符号】调板右侧的黑色小三角，在弹出的下拉菜单中选择 【置入符号实例】命令，将符号置入到画板中。还可以单击并拖曳符号至画板中。

2. 替换符号

选中要替换的符号，在【符号】调板或符号库中，单击选中一个新的符号，单击【符号】调板右侧的黑色三角按钮，在弹出的下拉菜单中，选择【替换符号】命令来替换符号，如图6-7所示。

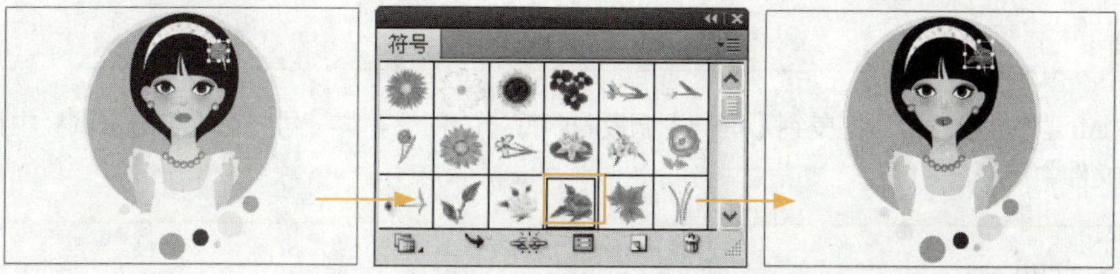

图6-7

3. 修改符号

置入到画板中的符号可以像其他图形一样进行移动、比例缩放、旋转、倾斜或镜像等操作，但是如果要对符号实例的各个组件进行修改，就需要断开符号链接。

1 选中要修改的符号，如图6-8所示。

2 单击【符号】调板下侧中的“断开符号链接”按钮，断开页面上的符号与【符号】调板中对应的链接，也就是说，将页面上的符号变为可编辑的矢量图形，如图6-9所示。

3 用【直接选择工具】选中断开链接的符号，可以进行颜色或路径的修改，如图6-10所示。

图6-8

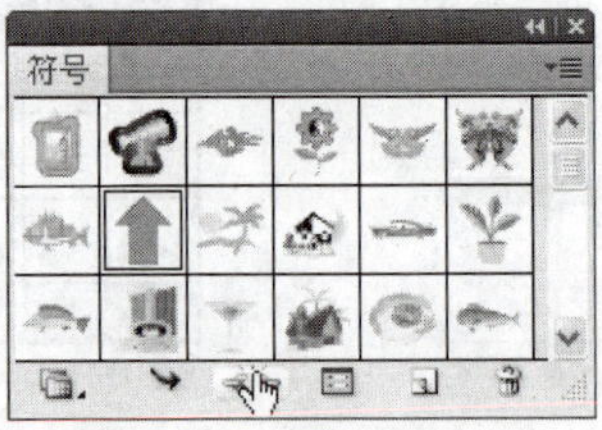

图6-9

图6-10

还可以在【符号】调板中重新定义符号。选中修改后的符号，如图6-11所示，再单击【符号】调板中需要被重新定义的符号，单击【符号】调板右侧的黑色三角按钮，在弹出的下拉菜单中选择【重新定义】命令，可以看到【符号】调板中选中的符号被重新定义为新的符号了，如图6-12所示。

重新定义符号时，所有在画板中的原符号实例将采用新定义的符号。

图6-11

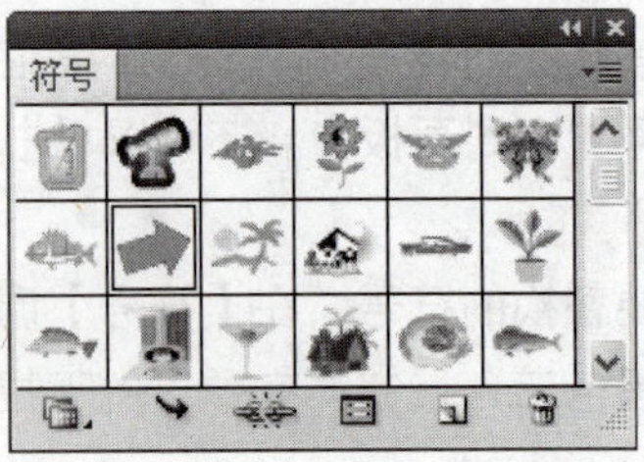

图6-12

提 示

按住Alt键将修改的符号拖曳到【符号】调板中旧符号的顶部。该符号将在【符号】调板中重新定义并在当前文件中更新。

4. 符号的创建

1 选中图形，单击【符号】调板下方的【新建符号】按钮，在弹出的【符号选项】对话框中设置名称，单击【确定】按钮，创建一个新符号，如图6-13所示，可以看到在【符号】调板内出现了新的符号。也可将图形选中后，用鼠标直接拖曳至调板中，创建新符号。

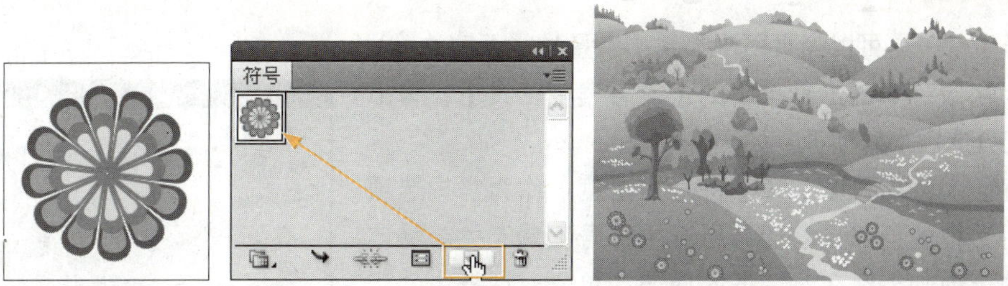

图6–13

2 新创建的符号也可以使用刚才讲到的方法进行修改，单击【符号】调板下侧中的【断开符号链接】按钮，使符号变为可编辑的矢量图形，修改后再单击调板右侧的黑色三角按钮，在弹出的下拉菜案中选择【重新定义】命令，则经过修改后的符号又重新定义在【符号】调板中，如图6–14所示。

图6–14

提 示

如果不想在创建新符号时打开【符号选项】对话框，可以在创建符号时按住 Alt 键 ，Illustrator 将使用符号的默认名称，如“新建符号 1”。

问 答 1

如何重命名符号?

1. 要重命名符号，可以在【 符号】调板中选择此符号，并从调板右侧的下拉菜单中选择“符号选项”，然后在【符号选项】对话框中设置新名称。

2. 也可以先选中图中的符号，然后在选项栏中的“实例名称”文本框中输入新名称。

6.1.2 符号工具

工具箱中的符号工具包括符号喷枪工具、符号移位器工具、符号紧缩器工具、符号缩放器工具、符号旋转器工具、符号着色器工具、符号滤色器工具、符号样式器工具，如图6–15所示。

符号工具可用于【符号】调板中选择的符号。

图6–15

1. 符号喷枪工具

符号喷枪工具可以在页面中喷射出大量的、无序的符号。

1 用鼠标双击工具箱中的【符号喷枪工具】，弹出【符号工具选项】对话框，如图6-16所示。

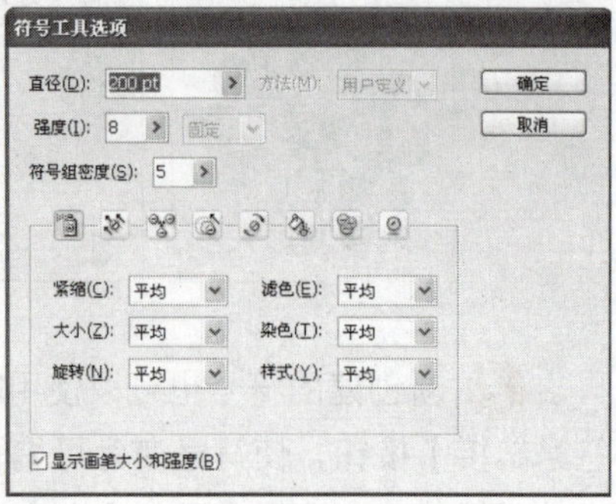

图6-16

【直径】、【强度】和【符号组密度】作为常规选项出现在对话框的顶部，它们与所选的符号工具无关。特定于工具的选项则出现在对话框的底部。单击对话框中的工具图标，可以切换到另外一个工具的选项。

- 【直径】：设置喷射工具的直径。
- 【强度】：用来调整喷射工具的喷射量，数值越大，单位时间内喷射的符号数量就越多。
- 【符号组密度】：是指页面上的符号堆积密度，数值越大，符号的堆积密度也就越大。
- 【方法】：指定【符号紧缩器】、【符号缩放器】、【符号旋转器】、【符号着色器】、【符号滤色器】和【符号样式器】工具调整符号实例的方式。包括“用户自定义”、“平均”和“随意”3种。

选择“用户定义”选项时，根据光标位置逐步调整符号。选择“随机”选项时，在光标下的区域随机修改符号。选择“平均”选项时，逐步平滑符号值。

选中【显示画笔大小和强度】复选框，使用工具时可显示画笔大小。

- 【符号喷枪选项】：仅在选择【符号喷枪】工具时，符号喷枪选项（“紧缩”、“大小”、“旋转”、“滤色”、“染色”和“样式”）才会显示在【符号工具选项】对话框中的常规选项下，并控制新符号实例添加到符号集的方式。每个选项提供“平均”和“用户定义”两个选择。
- 【平均】：添加一个新符号时，其具有画笔半径内现有符号实例的平均值。例如，添加到现有符号实例的平均透明度区域为50%的实例，其透明度将为50%；添加到没有实例的区域的实例将不透明。

提 示

平均设置仅考虑【符号喷枪工具】的画笔半径内的实例，可使用【直径】选项进行设置。要在绘制时看到画笔半径，可以选择“显示画笔大小和强度”。

- 【用户定义】：为每个参数应用特定的预设值——“紧缩”（密度）预设为基于原始符号大小；“大小”预设为使用原始符号大小；“旋转”预设为使用鼠标方向（如果鼠标不移动则没有方向）；“滤色”预设为使用100%不透明度；“染色”预设为使用当前填充颜色和完整色调量；“样式”预设为使用当前样式。

2 打开光盘目录下的“素材\第6章\符号喷枪工具.ai”文件，在【符号】调板中选中“贝壳”符号，如图6-17所示。

3 在工具箱中选择【符号喷枪工具】，将鼠标移至背景图片上，如图6-18所示。

4 单击并拖曳鼠标，如图6-19所示。松开鼠标后可以看到页面中喷射了很多的“小花01”符号，如图6-20所示。

图6-17

图6-18

图6-19

图6-20

2. 符号移位器工具

【符号移位器工具】用来在页面中移动应用的符号图形。

1 选中喷射的符号，在工具箱中选择【符号移位器工具】，如图6-21所示。

图6-21

提 示

如果要删除刚画好的符号，可以直接按Delete键；也可以在单击或拖动要删除实例的位置时按住Alt键来删除符号。

2 在页面内的符号上拖曳鼠标，移动并调整符号的位置，如图6-22所示。

图6-22

3. 符号紧缩器工具

符号紧缩器工具可以将符号向光标所在的位置（收缩工具画笔的中心点）收缩聚集。

1 保持符号的选中状态，在工具箱中选择【符号紧缩器工具】。

2 在页面内按住鼠标左键不放，可以看到符号朝鼠标单击处收紧聚集，如图6-23所示。若持续地按下鼠标，时间越长，符号聚集得越紧密。

图6-23

3 按住Alt键并按下鼠标左键不放时，符号将远离鼠标指针所在的位置，如图6-24所示。

图6-24

4. 符号缩放器工具

使用符号缩放器工具可以在页面中调整符号图形的大小。

用鼠标双击工具箱中的【符号缩放器工具】，弹出【符号工具选项】对话框，如图6-25所示。“符号缩放器”选项仅在选择【符号缩放器工具】时显示在常规选项下。

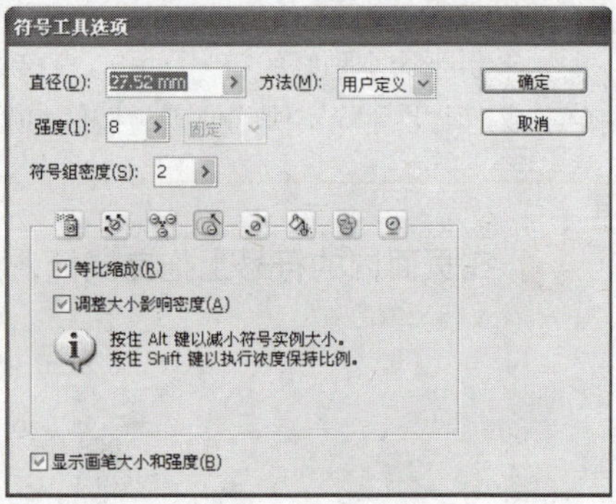

图6-25

选中【等比缩放】复选框表示保持缩放时每个符号实例的形状一致。

选中【调整大小影响密度】复选框，表示放大时，使符号实例彼此远离；缩小时，使符号实例彼此靠拢。

1 保持符号的选中状态，在工具箱中选择【符号缩放器工具】。

2 在需要放大的符号上按住鼠标左键不放，可以将符号放大，如图6-26所示。若持续地按下鼠标，时间越长，符号就会放得越大。

3 按住Alt键并单击鼠标左键，可以使符号缩小。按照所需调整符号的大小，效果如图6-27所示。

图6-26

图6-27

5. 符号旋转器工具

使用符号旋转器工具可以旋转符号图形，改变符号的方向。

选择需要改变旋转方向的符号，在工具箱中选择【符号旋转器工具】，如图6-28所示。

图6-28

在符号上单击并拖曳符号，可以看到符号上出现箭头形的方向线，随鼠标的移动而改变，拖曳至适当的方向后松开鼠标，也可以通过多次拖曳来改变符号的方向，如图6-29所示。

图6-29

6. 符号着色器工具

使用符号着色器工具可以改变符号的颜色。

1 首先打开【颜色】调板或者【色板】调板，选择适当的颜色，如图6-30所示。

2 选中需要改变颜色的符号，在工具箱中选择【符号着色器工具】，如图6-31所示。

3 在需要改变颜色的符号上单击鼠标左键，可以看到设置的颜色覆盖到了符号上，如图6-32所示。

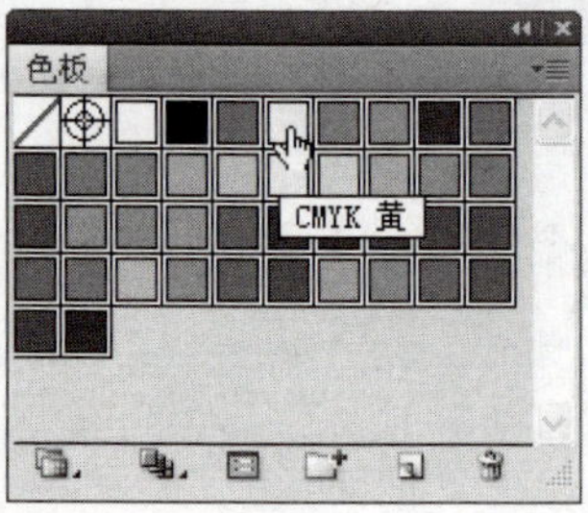

图6-30

图6-31

图6-32

问答 2

对符号实例着色的原理是什么?

使用符号实例着色可以更改原图像色调，使原图像趋于淡色，同时保留原始明度。上色时使用原始颜色的明度和上色颜色的色相生成颜色。因此，具有极高或极低明度的颜色改变很少；黑色或白色对象完全无变化。

提示

按住Alt键并单击或拖动，可以减少着色量并显示更多原始符号颜色。

按住Shift键单击或拖动，可以保持上色量为常量，同时逐渐将符号实例的颜色更改为上色颜色。

7. 符号滤色器工具

使用符号滤色器工具可以改变符号的透明度。

1 保持符号的选中状态，在工具箱中选择【符号滤色器工具】。

2 在需要改变透明度的符号上单击鼠标左键，可以看到符号变得透明，持续按住鼠标，符号的透明度会增大，如图6-33所示。

图6-33

提示

按住Alt键并单击或拖动符号，可以逐渐恢复符号原来的颜色。

8. 符号样式器工具

使用符号样式器工具可以对符号施加图形样式效果。

1 执行【窗口】→【图形样式】命令，打开【图形样式】调板，单击调板右侧的黑色三角按钮，在弹出的下拉菜单中选择【打开图形样式库】→【涂抹效果】命令，弹出【涂抹效果】调板，如图6-34所示。

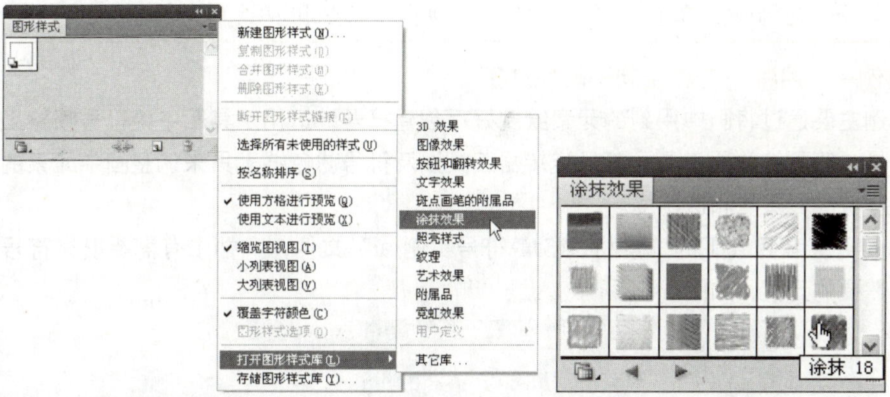

图6-34

2 选择“涂抹18”，使其添加到【图形样式】调板中，或者将“涂抹18”拖曳至【图形样式】调板中，如图6-35所示。

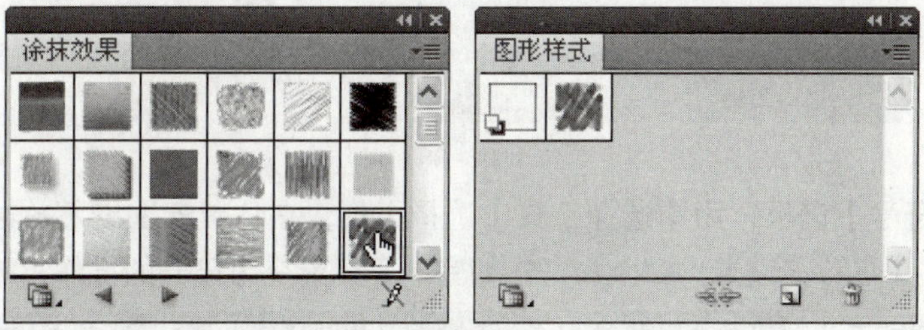

图6-35

提 示

图形样式是一组可反复使用的外观属性，可以快速更改对象的外观。如可以更改对象的填色和描边颜色，或更改其透明度，可以在一个步骤中应用多种效果。

3 选中符号图形与应用图形样式的符号，在工具箱中选择【符号样式器工具】，如图6-36所示。

4 在需要添加样式的符号上单击鼠标左键，为符号添加涂抹样式，如图6-37（a）和图6-37（b）所示。

图6-36

（a）

（b）

图6-37

提 示

按住Alt键并单击或拖动鼠标，可以减少样式数量并显示更多原始的、无样式的符号。
按住Shift键单击鼠标，可以保持样式量为常量，同时逐渐将符号实例样式更改为所选样式。
如果选择样式的同时选择了非符号工具的工具，则样式将立即应用于整个所选符号实例集。

9. 实例——用符号工具绘制一幅风景图

本实例主要通过将画中用到的元素绘制好后创建符号，运用工具箱中的符号喷枪工具、符号位移器工具、符号缩放器工具、符号旋转器工具以及符号滤色器工具来调整画中元素的位置、密度、大小、方向、颜色和透明度。

1 打开光盘目录下的“素材\第6章\符号实例.ai”文件，文档中有需要填充符号的背景图以及图中需要的元素，如图6-38所示。

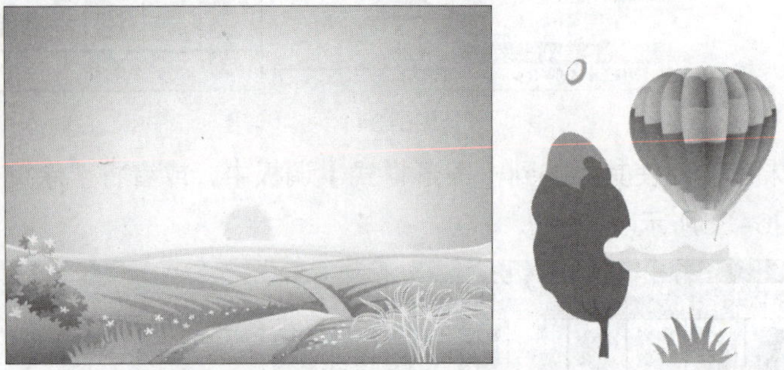

图6-38

2 打开【符号】调板，用【选择工具】选择大树，按住鼠标左键不放，将其拖曳到【符号】调板中，并将【名称】设置为“大树”，即完成了元素变为符号的操作，如图6-39所示。

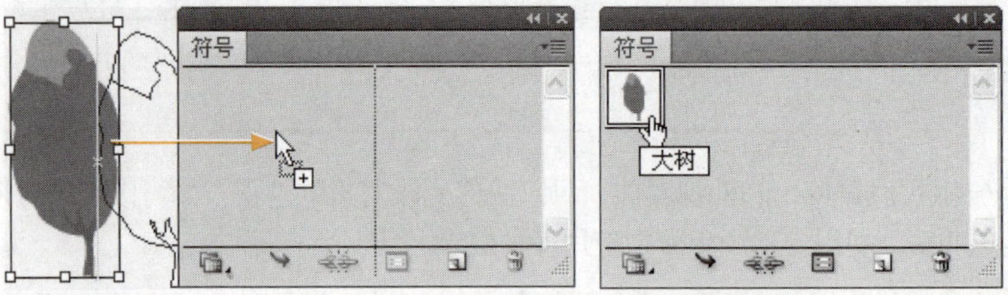

图6-39

3 然后依次将花朵、云朵、热气球和小草拖曳到【符号】调板中，并命名相应的名字，如图6-40所示。

4 选择【符号】调板中的“大树”符号，单击工具箱中的【符号喷枪工具】，在背景层相应的位置拖曳鼠标，此时，多个相同元素的符号就出现在画布中了，如图6-41所示。

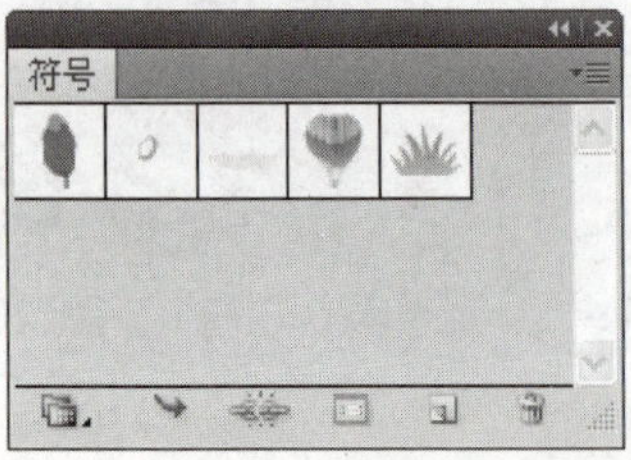

图6-40

图6-41

提 示

在英文输入法状态下，按[键或]键来缩小或放大喷枪的直径。

5 选择【符号缩放器工具】，将近处的大树放大，将远处的大树缩小，如图6-42所示。

6 选择【符号位移器工具】，按住鼠标左键不放，将不在地面上的大树移动到地面上，调整所有树木的位置，如图6-43所示。

图6-42

图6-43

7 选择【符号旋转器工具】，将鼠标放在需要调整的大树上，按住鼠标左键不放，向右或向左旋转调整方向，如图6-44所示。

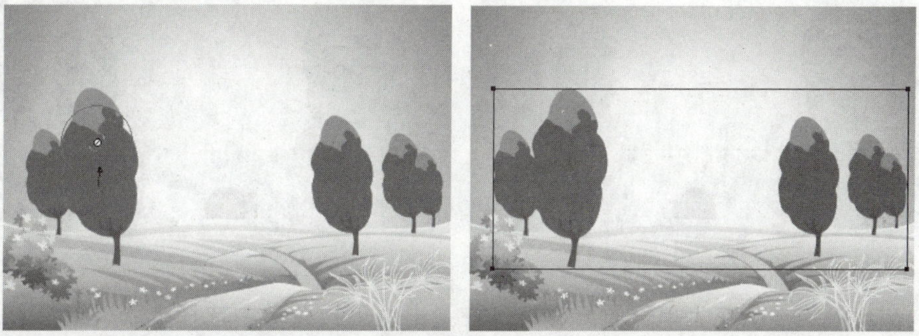

图6-44

8 大树调整好后，在不选择任何对象的情况下，在【符号】调板中选择“小草”符号，然后单击工具箱中的【符号喷枪工具】，在页面下方拖曳鼠标，将多个相同的小草分布在页面上，如图6-45所示。

9 使用调整大树的方法调整小草，如图6-46所示。

图6-45

图6-46

10 在【符号】调板中选择“花朵”符号，再选择工具箱中的【符号喷枪工具】，将花朵添加的页面下方的小草上，并调整好大小、位置和方向，如图6-47所示。

图6-47

11 使用工具箱中的【选择工具】选中花朵，单击【符号】调板中的【断开符号链接】按钮，在定界框中单击鼠标右键，在弹出的下拉菜单中选择【取消编组】命令，这样就可以单独选中一朵花，如图6-48所示。

图6-48

12 在其中的一朵花上单击鼠标右键，在弹出的下拉菜单中选择【取消编组】，再使用【选择工具】选中花朵的一部分，打开【颜色】调板，选择任意一种喜欢的颜色为其填色，使用同样方法为其他部分填色，如图6-49所示。

图6-49

13 将热气球添加的页面中，并调整好大小和位置，如图6-50所示。

14 将云朵添加到页面中，并调整好大小和位置，如图6-51所示。

图6-50

图6-51

15 选择工具箱中的【符号滤色器工具】，在云朵上单击鼠标左键，降低不透明度，用同样的方法调整其他云朵的不透明度，如图6-52所示。

图6-52

16 至此，利用符号工具绘制的风景图就完成了，如图6-53所示。

图6-53

问答 3

9格切片缩放是什么？如何使用？

9格切片缩放可以为图形样式和影片剪辑符号指定组件样式的缩放。与通常应用于图形和设计元素的缩放类型相反，此类型的缩放能创建可适当缩放的影片剪辑符号，以用作用户界面组件。

使用类似网格的叠加将符号在概念上划分为九个部分，这九个区域中的每一个区域都可以单独缩放。为保持符号的视觉完整性，四个角不会进行缩放，而图像的剩余区域会根据需要放大或缩小（与拉伸相反）。

9格切片缩放网格仅在隔离模式下可见。默认情况下，将网格参考线放置到与符号边缘的距离为符号的宽度和高度值的25%（或1/4）的位置，并显示为符号上添加的点线。

可以通过以下方式启用9格切片缩放：首先在【符号】调板中选择一个符号，单击调板下方的【符号选项】按钮，打开【符号选项】对话框，勾选【启用9格切片缩放的参考项】复选框。也可以在创建新符号时启用此选项。

若要编辑符号的缩放网格，可以通过双击【符号】调板的一个符号或在【符号】调板中选择符号，并从调板右上角的下拉菜单中选择“编辑符号”，进入到隔离模式后打开符号。

若要编辑符号实例的缩放网格，可以双击调板上的符号实例，或选择调板上的符号实例并从调板右上角的下拉菜单中选择“编辑符号”，进入到隔离模式后打开符号。

将指针移到四条参考线中的任意一条参考线上，当指针变为移动指针时，可以拖动参考线，移动其位置。

提 示

若要重置任何已经应用到文档中且发生变化的符号，可以选择该符号并在选项栏中单击【重置】按钮。也可以在【符号】调板右上角的下拉菜单中选择【重置变换】命令。

6.2 混合

6.2.1 关于混合

通过混合工具与建立混合命令可以在两个或多个选定对象之间创建一系列中间对象。混合可以在两个对象之间平均创建和分布形状，也可以在两个开放路径之间进行混合，以在对象之间创建平滑过渡；或结合颜色和对象的混合，在特定对象形状中创建颜色过渡。

在对象之间创建了混合之后，混合对象就作为一个对象：即移动了其中一个原始对象，或编辑了原始对象的锚点，混合就会随之变化。此外，原始对象之间混合的新对象不会具有其自身的锚点。可以扩展混合，将混合分割为不同的对象。

6.2.2 混合选项

用鼠标双击工具箱中的【混合工具】，或者执行【对象】→【混合】→【混合选项】命令，弹出【混合选项】对话框，如图6-54所示。

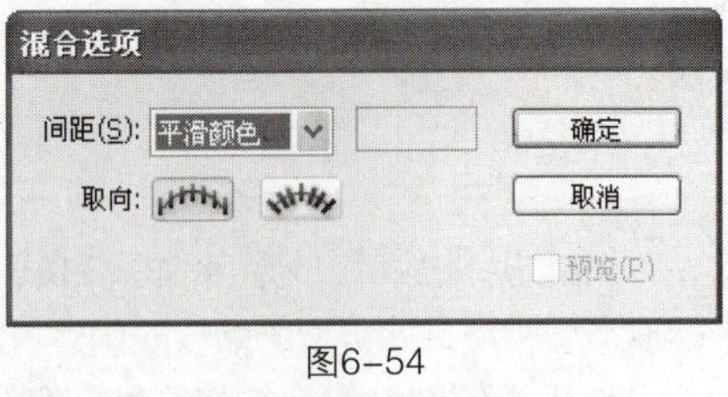

图6-54

【间距】：控制混合图形间的过渡样式，确定添加到混合的步骤数。

【间距】右侧的下拉列表中，包括3种混合样式：“平滑颜色”、“指定的步数”和“指定距离”，下面分别介绍这3种混合样式。

- 平滑颜色：选择此选项时，软件将根据混合图形的颜色和形状自动计算混合的步骤数，如图6-55所示。若对象使用不同的颜色进行填色或描边，计算出的步骤数将是为实现平滑颜色过渡而取的最佳步骤数。若对象包含相同的颜色，或包含渐变或图案，则步骤数将根据两对象定界框边缘之间的最长距离计算得出。

图6-55

- 指定的步数：用于控制在混合开始与混合结束之间的步骤数，如图6-56所示。混合步数是影响混合效果的重要因素，在右侧数值框中输入的数值就是混合的步数值，数值越大，混合效果越平滑。

图6-56

- 指定距离：用来控制混合步骤之间的距离，如图6-57所示。在右侧数值框中输入的数值就是每一步混合之间的距离。指定的距离是指从一个对象边缘起到下一个对象相对应边缘之间的距离。

图6-57

第6章 第7章 第8章 第9章 第10章

问答 4

什么情况适用混合对象以及与之相关联的颜色?

如果在一个使用印刷色上色的对象和一个使用专色上色的对象之间执行混合，则混合所生成的形状会以混合的印刷色来上色。如果在两个不同的专色之间混合，则会使用印刷色来为中间步骤上色。但是，如果在相同专色的色调之间进行混合，则所有步骤都按该专色的百分比进行上色。

如果在两个图案对象之间进行混合，则混合步骤将只使用最上方图层中对象的填色。

如果在具有多个外观属性（效果、填色或描边）的对象之间进行混合，则 Illustrator 会试图混合其选项。

如果在两个相同符号的实例之间进行混合，则混合步骤将为符号实例。但是，如果在两个不同符号的实例之间进行混合，则混合步骤不会是符号实例。

默认情况下，混合会作为挖空透明组创建，因此如果有任何步骤是由叠印的透明对象组成的话，这些对象将不会透过其他对象显示出来。可通过选择混合并取消选择【透明度】调板中的“挖空组”来更改此设置。

不能在网格对象之间执行混合。

【取向】：用来确定混合对象的方向。

单击【对齐页面】按钮，可以使混合图形的方向垂直于页面的X轴，如图6-58所示。

图6-58

单击【对齐路径】按钮，可以使混合图形的方向垂直于混合路径的方向，如图6-59所示。

图6-59

提 示

混合轴是混合对象中各步骤对齐的路径。默认情况下，混合轴会形成一条直线。

要调整混合轴的形状，可以使用【直接选择工具】拖动混合轴上的锚点或路径段。

6.2.3 混合图形

利用工具箱中的混合工具不仅可以在闭合图形、边线之间进行混合，还可以在开放路径及多个图形之间进行混合。

1. 闭合图形的混合

① 使用【星形工具】绘制一个五角星，打开【颜色】调板填充颜色，色值为“C=0，M=20，Y=5，K=0”，如图6-60所示。

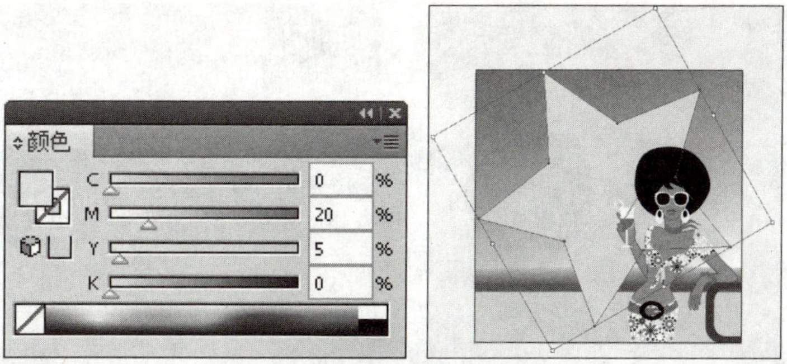

图6-60

2 选择【选择工具】，选中五角星，按住Alt键拖曳鼠标，复制一个五角星，然后按快捷键Alt+Shift，并向中心拖曳鼠标，完成由中心缩放图形的操作。在【颜色】调板中输入色值为“C=0，M=95，Y=0，K=0”的颜色，如图6-61所示。

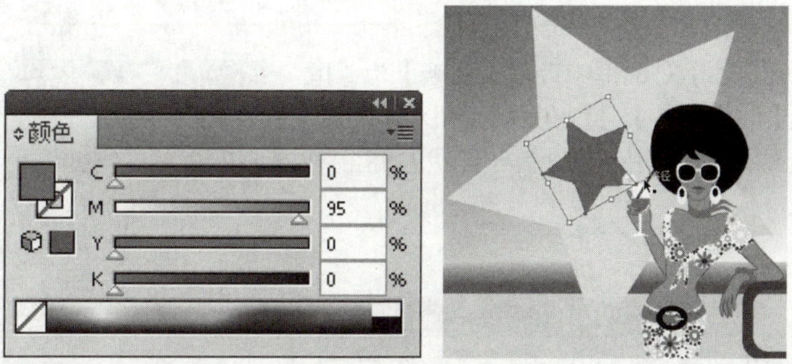

图6-61

3 选择【选择工具】，按住Shift键选择两个五角星，执行【窗口】→【对齐】命令，打开【对齐】调板，单击【水平居中对齐】按钮和【垂直居中对齐】按钮，完成两个五角星水平垂直居中对齐的操作，如图6-62所示。

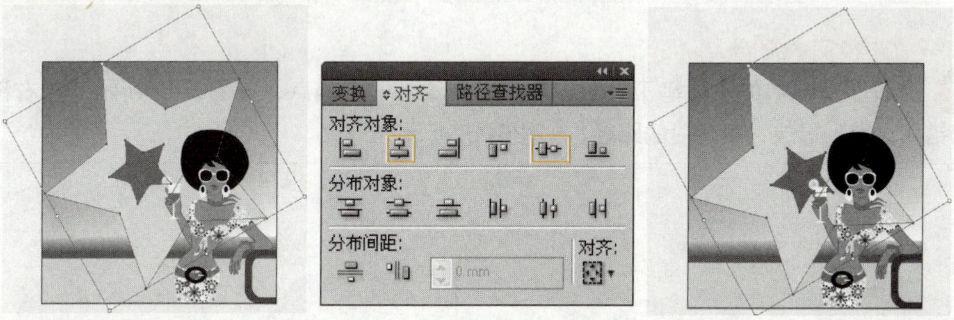

图6-62

4 双击【混合工具】，弹出【混合选项】对话框。在【间距】下拉文本框中选择“平滑颜色”，如图6-63所示。

图6-63

5 单击【确定】按钮，将指针放置在大五角星上，单击鼠标左键；然后将指针放置在小五角星上，单击鼠标左键，完成闭合图形的混合操作，如图6-64所示。

图6-64

提 示

也可以在【混合选项】对话框中设置【间距】为“指定的步数”，再用【混合工具】分别在两个图形上单击鼠标左键，可以看到两个图形间出现颜色与形状的混合变化，如图6-65所示。

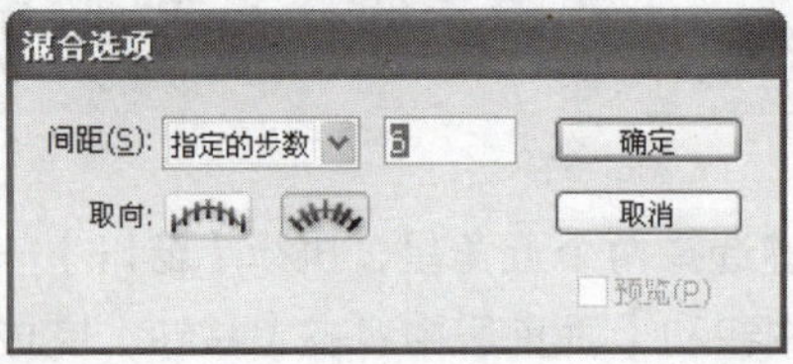

图6-65

2. 开放路径间的混合

1 选择工具箱中的【钢笔工具】，在页面上添加一个锚点，如图6-66所示，向右移动继续添加锚点，直到形成一条弯曲的路径，如图6-67所示。

图6-66

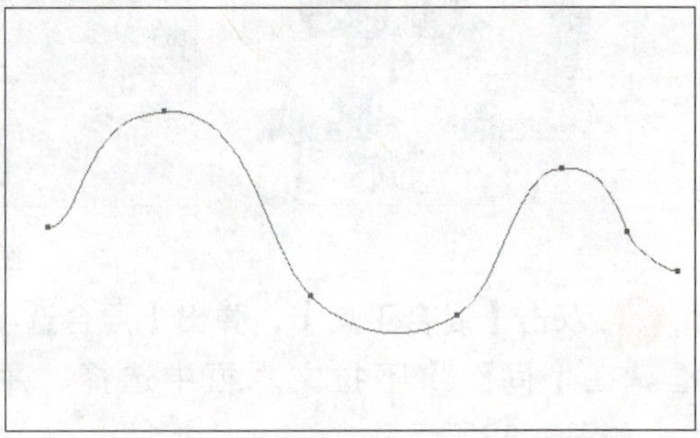

图6-67

2 使用【选择工具】选中绘制好的曲线，打开【颜色】调板，设置描边颜色为“C=0，M=85，Y=50，K=0”，如图6-68所示。

3 打开【描边】调板，设置【粗细】为“1pt”，如图6-69所示。

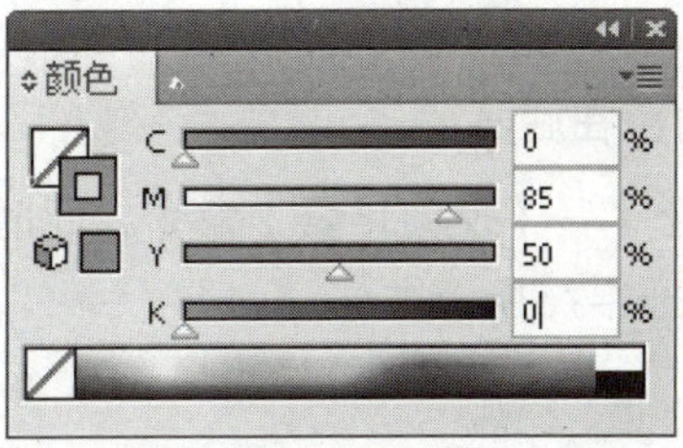

图6-68

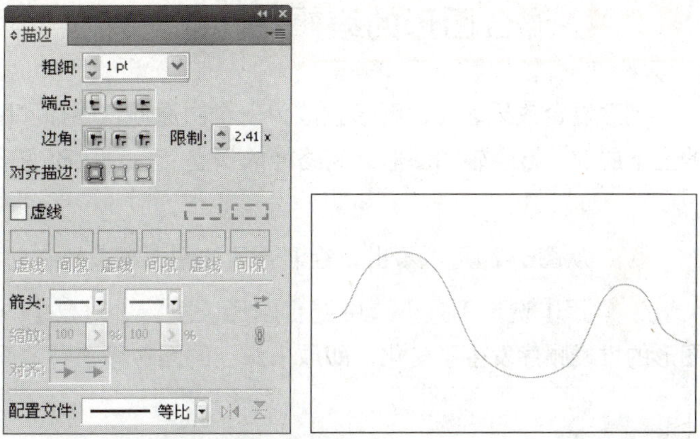

图6-69

4 使用步骤1的方法再绘制一条曲线，使其与第一条曲线相交，并设置颜色为“C=70，M=20，Y=100，K=0”，【粗细】为“1pt”，如图6-70所示。

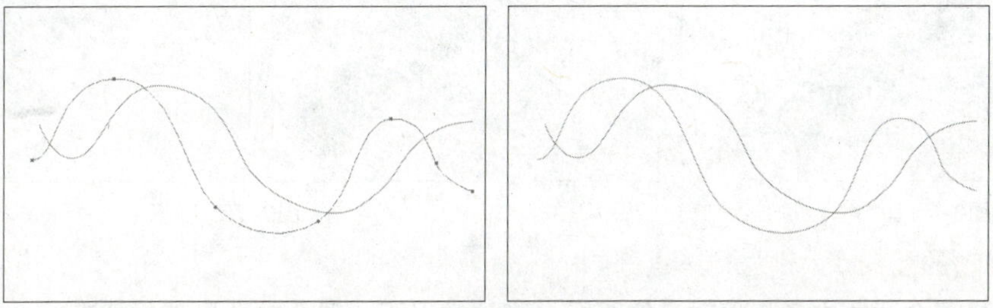

图6-70

5 双击工具箱中的【混合工具】，在弹出的【混合选项】对话框中设置【间距】为“指定的步数”，其数值为“25”，如图6-71所示，在两条曲线上分别单击鼠标左键，如图6-72所示。

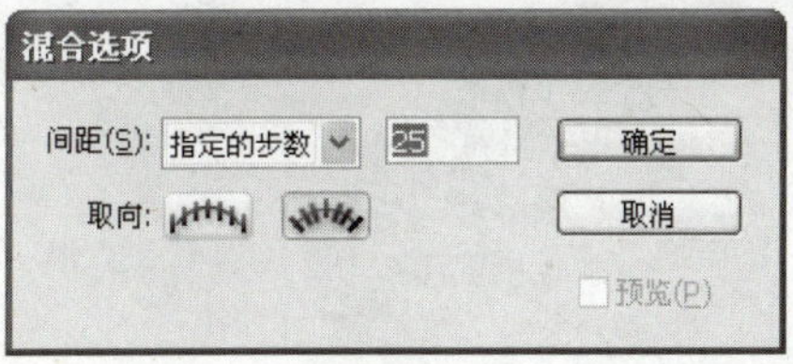

图6-71

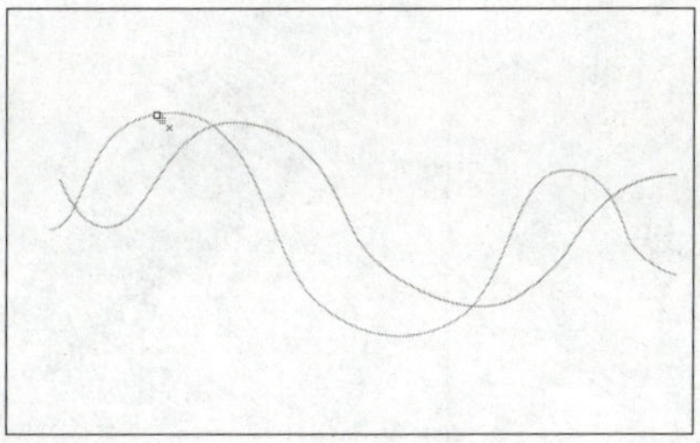

图6-72

6 至此，开放路径间的混合操作就完成了，如图6-73所示。

提 示

制作混合效果时，鼠标只要在图像范围之内单击就可以了，但是落点的不同会导致混合效果的不同。

还可以在选中图形后，通过执行【对象】→【混合】→【建立】命令来制作混合图形，再通过执行【对象】→【混合】→【释放】命令来恢复。

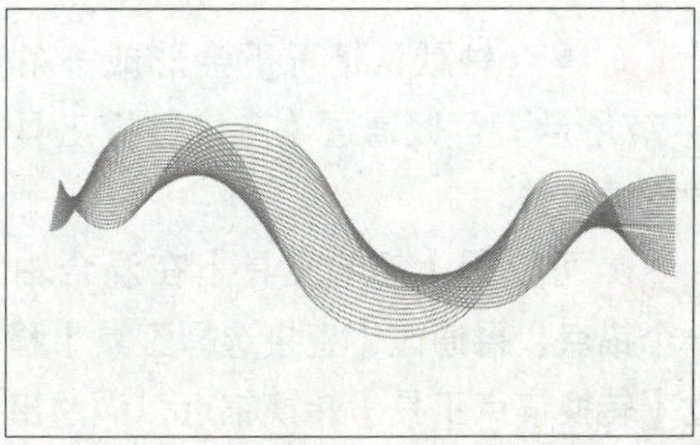

图6-73

第6章 第7章 第8章 第9章 第10章

6.2.4 混合图形的编辑

创建混合效果之后，图形就成为一个由原混合图形和图形之间的路径组成的整体，通过图形的上下层次、混合轴和图形之间路径的调整，也可以改变整体的混合效果。

1. 混合图形的反转

1. 从图6-74可以看出，经混合后的图形橘黄色在前面，粉色在后面。

2. 用【选择工具】选中混合图形，执行【对象】→【混合】→【反向堆叠】命令，此时图形的堆栈顺序发生了变化，即原来深色的图形移植到前面，如图6-75所示。

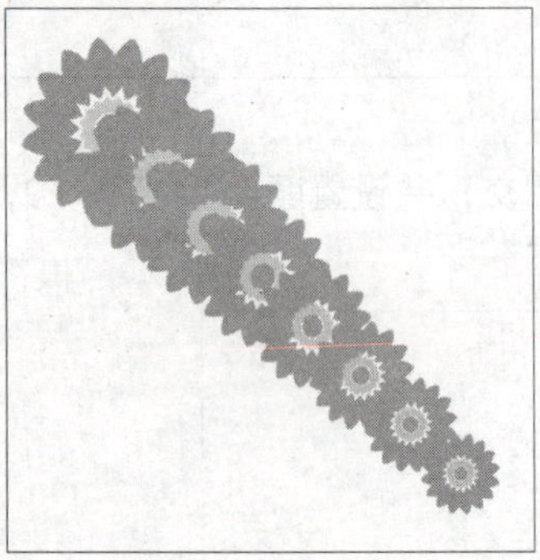

图6-74

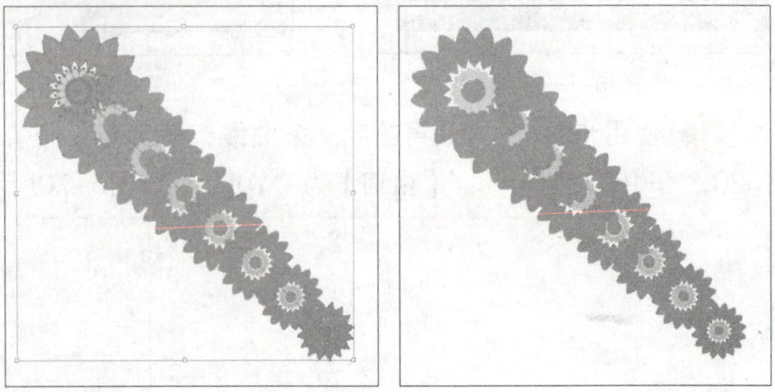

图6-75

2. 混合轴的反向

混合轴是混合对象中各步骤对齐的路径。默认情况下，混合轴会形成一条直线。

应用上面中制作好的混合图像，执行【对象】→【混合】→【反向混合轴】命令，反转混合在轴上的顺序，如图6-76所示。

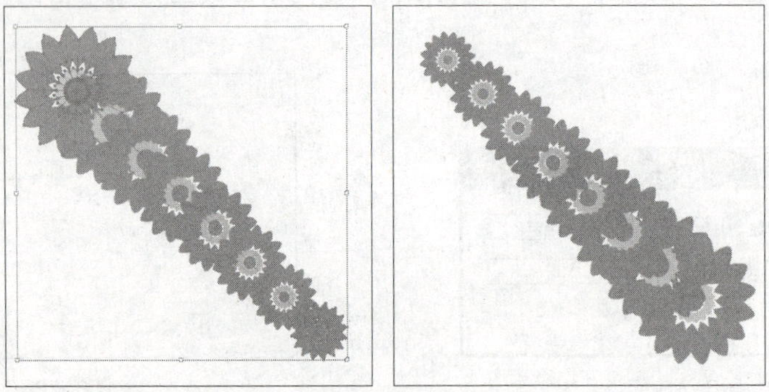

图6-76

3. 混合轴的调整和替换

1. 混合轴默认情况下会形成一条直线，如图6-77所示。可以通过【直接选择工具】等工具来调整混合轴。

2. 可以用【钢笔工具】在混合轴的中间添加一个锚点，再通过【直接选择工具】移动锚点，通过【转换锚点工具】转换锚点，调整出适当的曲线，如图6-78所示。

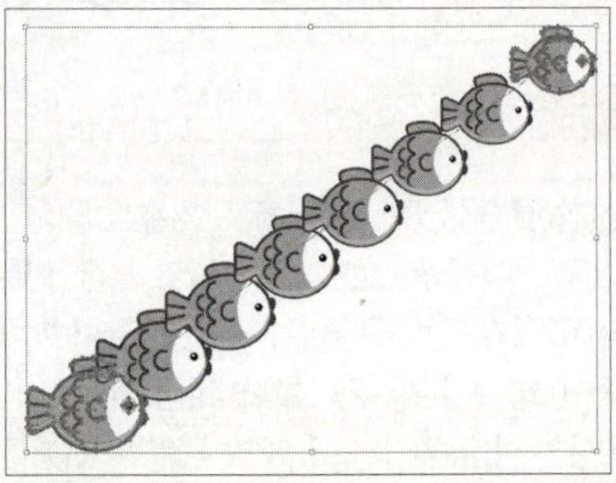

图6-77

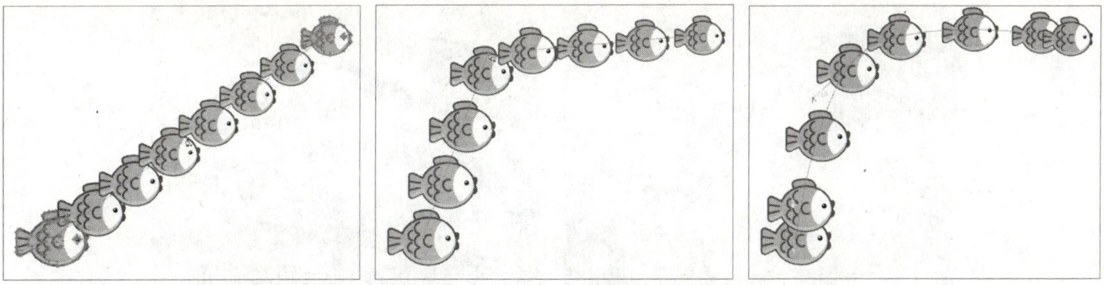

图6-78

4. 混合轴的替换

1 用【钢笔工具】绘制一条曲线，如图6-79所示。

2 用【选择工具】并按住Shift键选择曲线和经过混合的图形，如图6-80所示。

图6-79

图6-80

3 执行【对象】→【混合】→【替换混合轴】命令，可以看到曲线替换了原来的混合轴，混合对象中的各步骤沿新的混合轴对齐，如图6-81所示。

图6-81

6.2.5 混合图形的扩展

创建混合效果之后，图形就成为一个由原混合图形和图形之间的路径组成的整体，不可以单独选中。扩展一个混合对象会将混合分割为一系列不同对象，可以像编辑其他对象一样编辑其中的任意一个对象。

继续以上面小节中制作好的混合图形为例讲解下面的操作。

1 选中混合图形后，执行【对象】→【混合】→【扩展】命令，如图6-82所示，将混合图形进行扩展。

图6-82

2 扩展后的混合图形一般会编为一组，在图形上单击鼠标右键，在弹出的下拉菜单中选择【取消编组】命令，再用【选择工具】选中混合图形中的各个图形，可以看到每个图形都可以被独立选中，如图6-83所示。

图6-83

6.3 小结

本章介绍了符号工具与混合工具的使用方法，包括符号调板的应用及混合图形的编辑，熟练掌握这些方法有助于提高复杂图形及设计作品的表现力。

6.4 习题

1. 填充题

（1）混合可以在（　　）之间平均创建和分布形状，也可以在（　　）之间进行混合，以在对象之间创建（　　）；或结合颜色和对象的混合，在特定对象形状中创建（　　）。

（2）利用工具箱中的混合工具，不仅可以在（　　）、（　　）进行混合，还可以在（　　）及（　　）进行混合。

2. 问答题

工具箱中的符号工具包括哪些?

3. 操作题

（1）练习置入、替换、修改和创建符号的操作。

（2）练习两个图形间的混合。

7

第7章 文本处理

本章主要介绍Illustrator CS5中文本处理的应用知识。从文字的创建到文字的编辑，均会进行系统地介绍，包括字符调板的应用及文字属性的设置等。

设计要点

- 文字的创建
- 点文字、区域文字、路径文字
- 文字的导入与导出
- 有关字符调板
- 文字属性的设置

7.1 文字工具的使用

Illustrator 提供了6种文字工具，分别为文字工具、区域文字工具、路径文字工具、直排文字工具、直排区域文字工具和直排路径文字工具。图7-1对各种文字工具的作用进行了大致的描述，使设计师对文字工具有一个简单的了解。

图7-1

7.1.1 创建文字

在Illustrator中创建文字的方法有3种：从某一点输入、排入指定区域，或是沿路径创建。

点文字是指从页面中单击的位置开始，随着字符的输入而扩展的一行或一列横排或直排文本。这种方式适用于在图稿中输入少量的文本。

区域文字是指利用对象的边界来控制字符的排列。当文本触及边界时，会自动换行，以落在所定义区域的外框内。创建包含一个或多个段落的文本，如用于宣传册之类的印刷品时，可以使用这种输入文本的方式。

路径文字是指沿着开放或封闭的路径排列的文字。水平输入文本时，字符的排列会与基线平行；垂直输入文本时，字符的排列会与基线垂直。无论是何种情况，文本都会沿路径点添加到路径上的方向来排列。

7.1.2 点文字

可以使用【文字工具】和【直排文字工具】在某一点输入文本。

1. 横排文字

1 在工具箱中选择【文字工具】，创建横排文本行。在空白页面处单击鼠标左键，当看到单击鼠标的位置出现闪烁的光标时，即可输入文本，如图7-2所示。

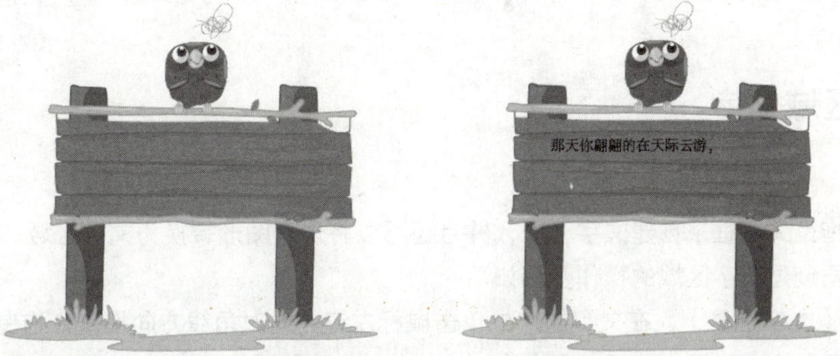

图7-2

2 按Enter键可以开始新一行文本，如图7-3所示。

3 输入完成后，单击工具箱中的【选择工具】，选择文字对象，如图7-4所示。还可以按住Ctrl键并单击文本，也可以选择文字对象。

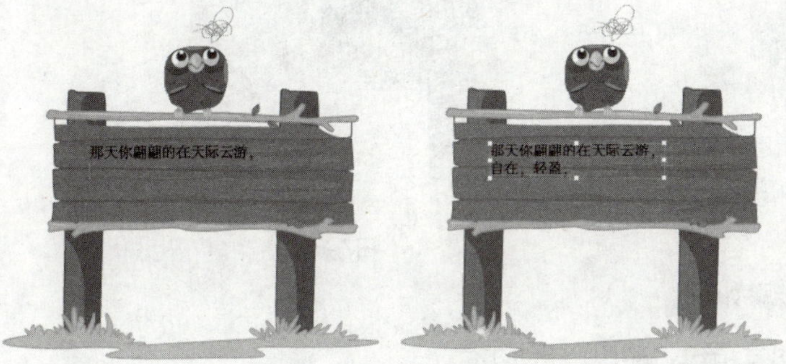

图7-3

图7-4

2. 竖排文字

1 在工具箱中选择【直排文字工具】，可以创建竖排文本行。使用方法与创建横排文字相同。在空白页面处单击鼠标左键，当看到单击鼠标的位置出现闪烁的光标时，即可输入文本，如图7-5所示。

2 输入完成后，单击工具箱中的【选择工具】，选择文字对象，如图7-6所示。还可以按住Ctrl键并单击文本来选择文字对象。

提 示

使用【文字工具】和【直排文字工具】时，不要在现有的图形上单击鼠标，这样会将文字转换成区域文字或路径文字。

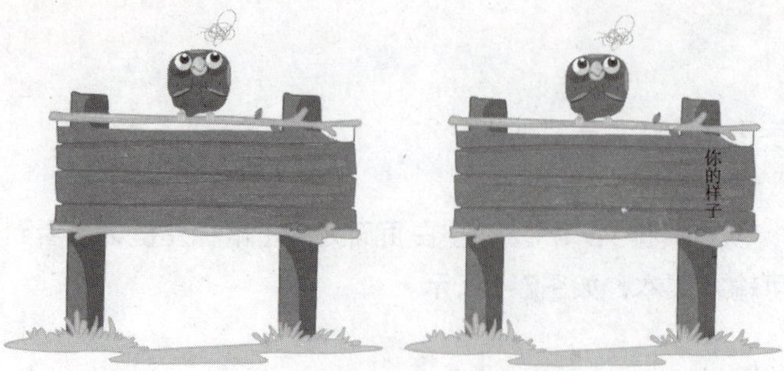

图7-5

图7-6

7.1.3 区域文字

1. 创建区域文字

可以通过拖曳文本框来创建文字区域，并且还可以将现有图形转换为文字区域。

拖曳文本框创建文字区域的操作步骤如下。

1 选择【文字工具】，在文字起点处单击鼠标左键并向对角线方向拖曳，拖曳出所需大小的矩形框后松开鼠标，光标自动插入到文本框内，如图7-7所示。

2 此时，设计师就可以输入文字了，如图7-8所示。

图7-7

图7-8

将图形转换为文字区域的操作步骤如下。

1 用【钢笔工具】绘制一个闭合路径，如图7-9所示。

2 然后选择【区域文字工具】，将鼠标移至图形框的边缘，单击图形，完成将图形转换为文字区域的操作，如图7-10所示。

3 现在可以在转换为文字区域的图形框中输入文字了，如图7-11所示。

图7-9

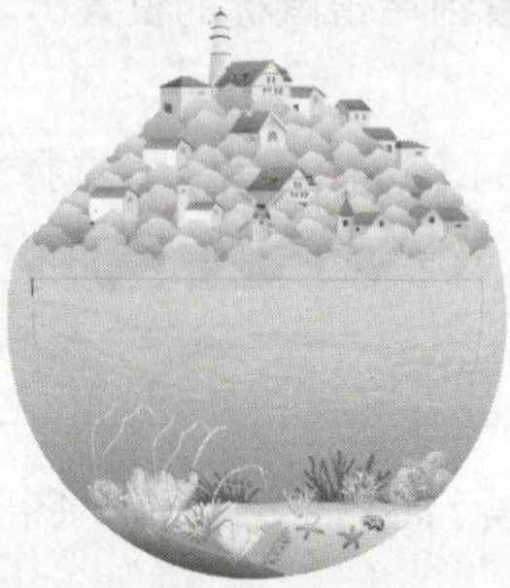

图7-10

图7-11

提 示

作为文字区域的图形框可以带有描边或填色属性，因为 Illustrator 可自动删除这些属性，如图7-12所示。

图7-12

如果用作文字区域的图形为开放路径，则必须使用【区域文字工具】或【直排区域文字工具】来定义文本框。Illustrator 可在路径的端点之间绘制一条虚构的直线来定义文字的边界，如图7-13所示。

图7-13

2. 调整文本区域的形状

当输入的文本超出文本框的容量时，会在文本框右下角出现一个红色加号（+），表示溢流文本，如图7-14所示。下面通过实际操作为设计师讲解调整文本区域的方法。

在工具箱中选择【选择工具】，将鼠标移至文本框的边缘，当指针变成双箭头时，拖曳鼠标，将文本框拉大到溢流文本不出现即可，如图7-15所示。

图7-14

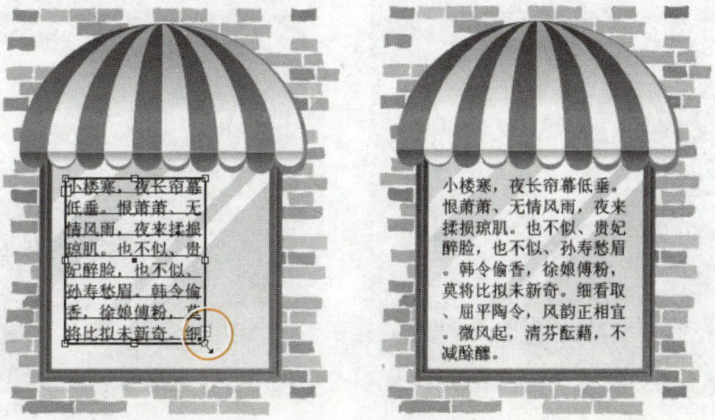

图7-15

提 示

创建区域文字后，使用【选择工具】在定界框上的控制点上进行调整时（旋转等），文字会在新的区域中重新排列，但是文字的大小和角度不会变化。

问 答 1

选择文字的方法

在文字上双击鼠标可以选择相应的文字，连击三下可以选择整个段落；在选择部分文字后，按住Shift键拖动鼠标可以增大或缩小选择范围；按Ctrl+A键可以选择全部文字。

3. 文本的串接与中断

若输入的文本超出文本框的容量时，还可以将文本串接到另一个文本框中，即串接文本。

1 在工具箱中选择【文字工具】，在文字的起点处按住鼠标左键不放向对角线方向拖曳鼠标，创建一个文本框，如图7-16所示。

2 复制粘贴一段较长的文字到文本框中，当文本框右下角出现红色加号（+）时，则表示文本超出文本框的容量，如图7-17所示。

图7-16

图7-17

3 在工具箱中选择【选择工具】，将鼠标移至溢流文本的位置，单击红色加号（+），当指针变为时，表示已经加载文本。在空白部分单击并沿对角线方向拖曳鼠标，松开鼠标后可看到加载的文字自动排入到拖曳出的新文本框中，如图7-18所示。

图7-18

4 若还出现溢流文本，可以重复上一步的操作，直至无溢流文本出现，如图7-19所示。

图7-19

提 示

处理串接文本时，查看这些串接是非常有用的。要查看串接，执行【视图】→【显示文本串接】命令，然后选择一个链接对象。

还可以将独立的文本框串接在一起，或者将串接的文本断开串接。下面通过实际操作让设计师掌握串接与断开文本框的方法。

1 如图7-20所示为3个独立的文本框。

图7-20

提 示

中断串接，文本会排列到第一个或下一个对象中，也可以删除所有串接，使文本保留在原来的位置。

2 用【选择工具】选择第一个文本框，将鼠标放置到文本框右下角文字的出口处，单击鼠标左键，然后将鼠标移至第二个文本框的左上角（即文字的入口处），当指针变为时，单击鼠标左键，完成串接文本的操作，如图7-21所示。

图7-21

3 重复上一步的操作，对第三个文本框进行串接文本，执行【视图】→【显示文本串接】命令，可以看到文本框之间的连接，如图7-22所示。

4 若要断开文本框之间的串接，可用【选择工具】选择需要断开串接的文本框，将鼠标移至文本框的左上角，即文字的入口处，单击鼠标左键。再将鼠标移至上一个文本框的右下角，即文字的出口处，当指针变为时，单击鼠标左键，完成断开文本框串接的操作，如图7-23所示。

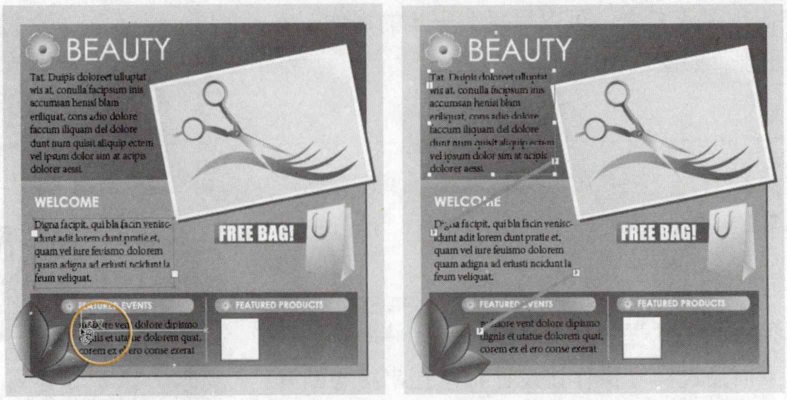

图7-22

图7-23

5 被断开串接的文本则排入到上一个文本框中，如图7-24所示。

图7-24

提 示

若要中断对象间的串接，还可以双击串接任一端的连接点。断开后的文本排列到第一个对象中。

要从文本串接中释放对象，执行【文字】→【串接文本】→【释放所选文字】命令，文本将排列到下一个对象中。

要删除所有串接，执行【文字】→【串接文本】→【移去串接】命令，文本将保留在原位置。

4. 创建文本行和文本列

在工具箱中选择【文字工具】，在文字起点处沿对角线方向拖曳出一个文本框，并复制粘贴一段文字，如图7-25所示。

用【选择工具】选择文本框，执行【文字】→【区域文字选项】命令，弹出【区域文字选项】对话框，如图7-26所示。

【宽度】和【高度】：分别表示文字区域的宽度和高度。

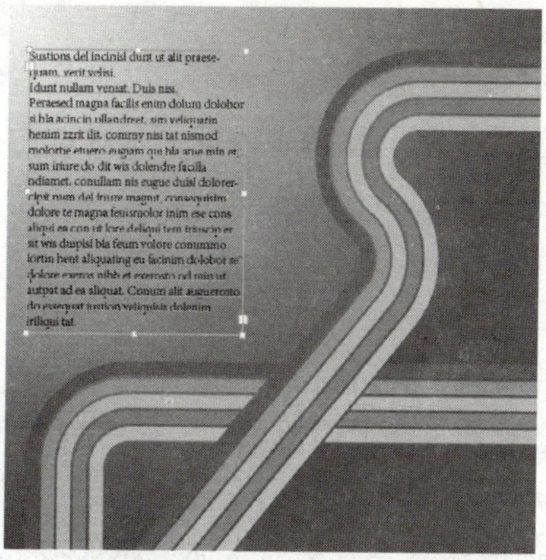

图7-25

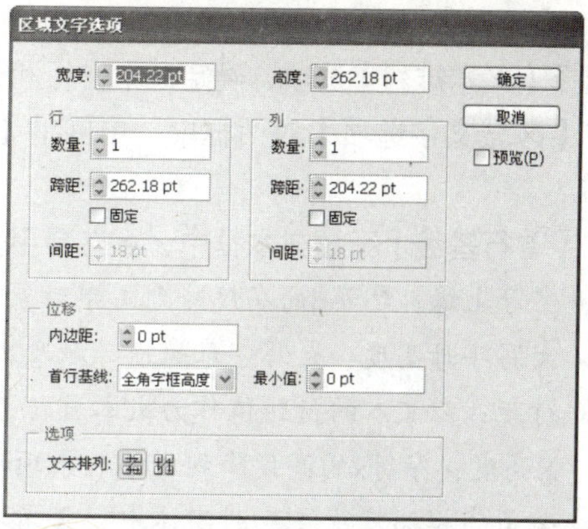

图7-26

在【行】和【列】选项区中包括下列选项。

- 【数量】：指定对象要包含的行数、列数（即通常所说的“栏数”）。
- 【跨距】：指定单行高度和单栏宽度。
- 【固定】：确定调整文字区域大小时行高和栏宽的变化情况。选中此选项后，调整区域大小只会更改行数和栏数，而不会改变其高度和宽度。如图7-27所示为选中【固定】复选框调整大小后的列，高度和宽度都没有改变，如图7-28所示为没有选中【固定】复选框，调整大小后的列，行高和栏宽随文字区域的大小而变化。

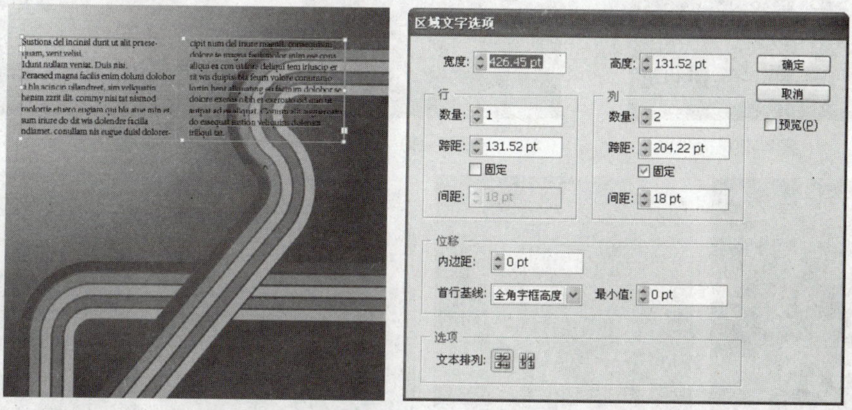

图7-27

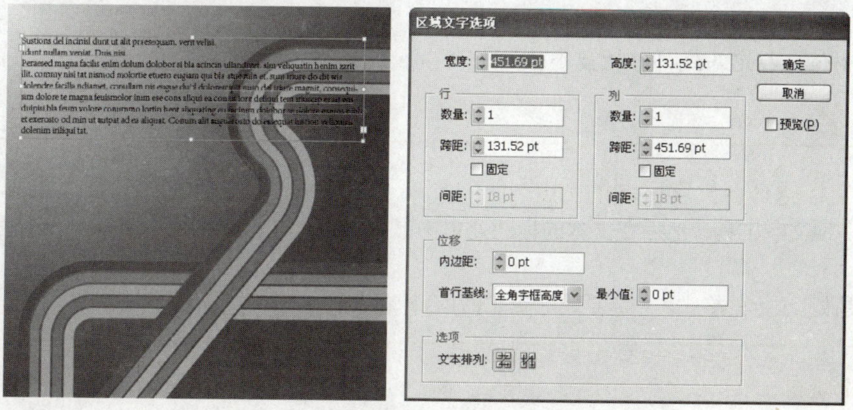

图7-28

- 【间距】：用于指定行间距或列间距。

选择【文本排列】选项，确定文本在行和列间的排列方式：按行从左到右，按列从右到左。

在【区域文字选项】对话框中，中间的【位移】选项区用于升高或降低文本区域中的首行基线。

在【首行基线】下拉文本框中，可选择下列选项。

- 字母上缘：字符d的高度降到文字对象顶部之下，如图7-29所示。
- 大写字母高度：大写字母的顶部触及文字对象的顶部，如图7-30所示。
- 行距：以文本的行距值作为文本首行基线和文字对象顶部之间的距离，如图7-31所示。
- X高度：字符x的高度降到文字对象顶部之下，如图7-32所示。
- 全角字框高度：在亚洲字体中，全角字框的顶部触及文字对象的顶部。此选项只在选中了“显示亚洲文字选项”时才可以使用，如图7-33所示。
- 固定：指定文本首行基线与文字对象顶部之间的距离，其值在【最小值】文本框中指定，如图7-34所示。
- 旧版：使用Adobe Illustrator 10或更早版本中的第一个基线默认值。

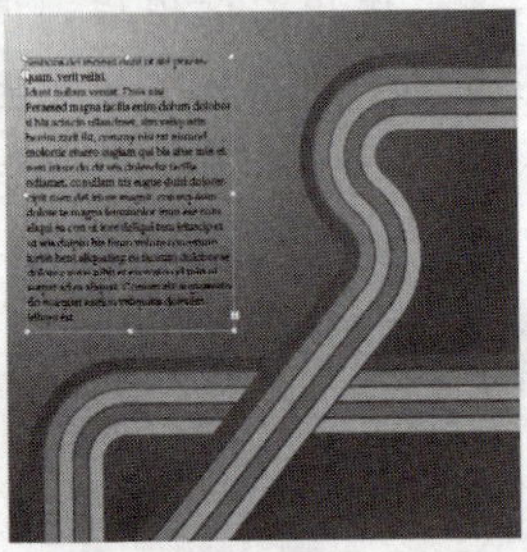
图7-29

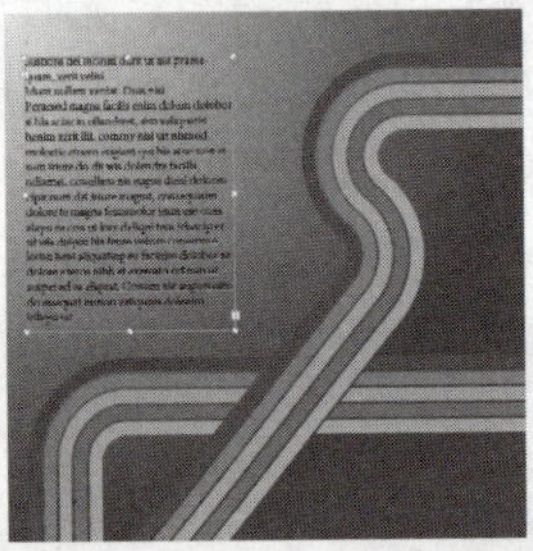
图7-30

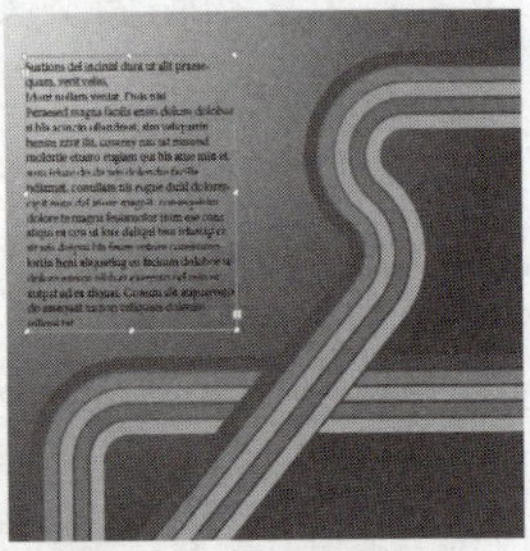
图7-31

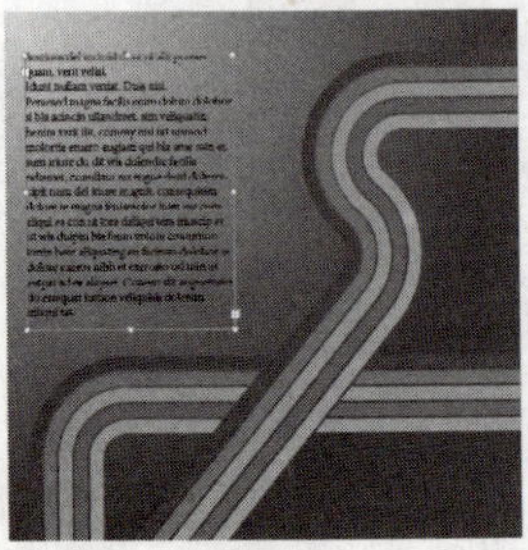
图7-32

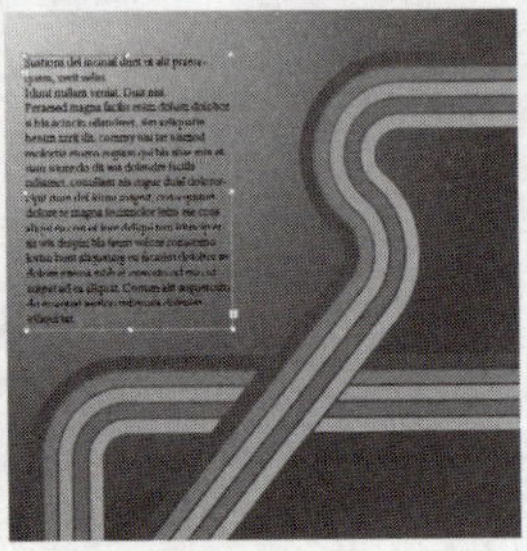
图7-33

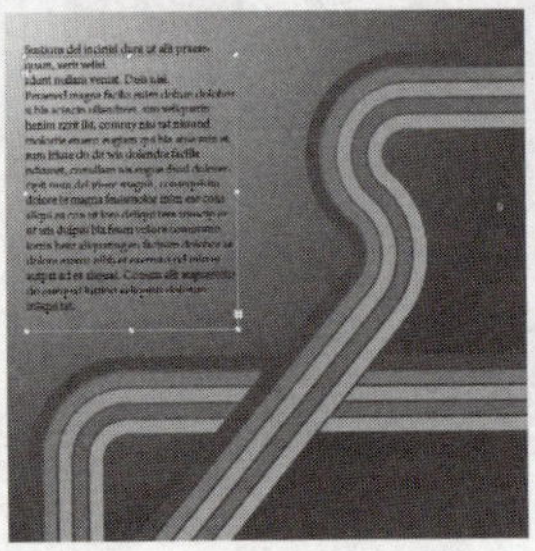
图7-34

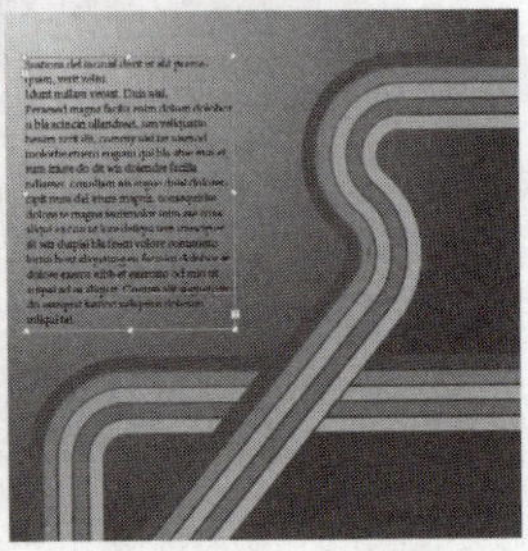
图7-35

- 最小值：指定基线偏移的最小值。

问答 2

如何使标题适合文字区域的宽度?

选择一种文字工具，然后在文本的标题处单击鼠标，插入光标，执行【文字】→【适合标题】命令。

如果更改了文字的格式，一定要重新应用【适合标题】命令。

5. 文本绕排

可以将文本绕排在任何对象的周围，包括文字对象、导入的图像和绘制的对象。

1 在工具箱中选择【选择工具】，选中需要绕排的对象，将其放在文本上，如图7-36所示。

2 执行【对象】→【文本绕排】→【文本绕排选项】命令，弹出【文本绕排选项】对话框，如图7-37所示。

图7-36

图7-37

提 示

绕排是由对象的堆叠顺序决定的，可以在【图层】调板中单击图层名称旁边的三角形，以查看其堆叠顺序，如图7-38所示。要在对象周围绕排文本，绕排对象必须与文本位于相同的图层中，并且在图层层次结构中位于文本的正上方。可以在【图层】调板中将内容向上或向下拖移以更改层次结构。

图7-38

位移：指定文本和绕排对象之间的间距大小。可以输入正值或负值。

选中【反向绕排】单选框，可围绕对象反向绕排文本。

3 在【位移】数值框中输入“6pt”，单击【确定】按钮。再执行【对象】→【文本绕排】→【建立】命令，可以看到文字绕排在图形的周围，如图7-39所示。

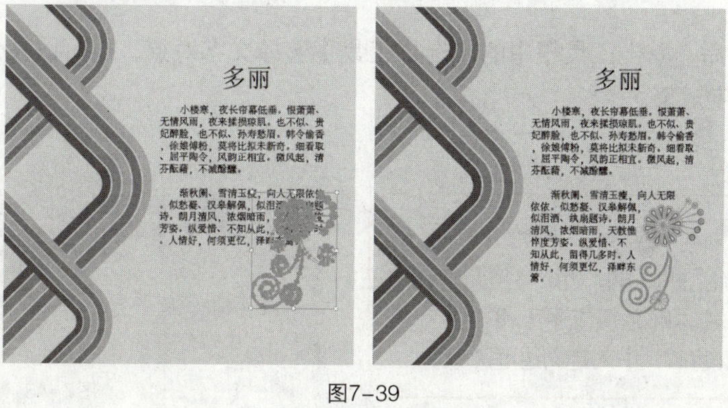

图7-39

4 若要删除对象周围的文字绕排，可执行【对象】→【文本绕排】→【释放】命令，如图7-40所示。

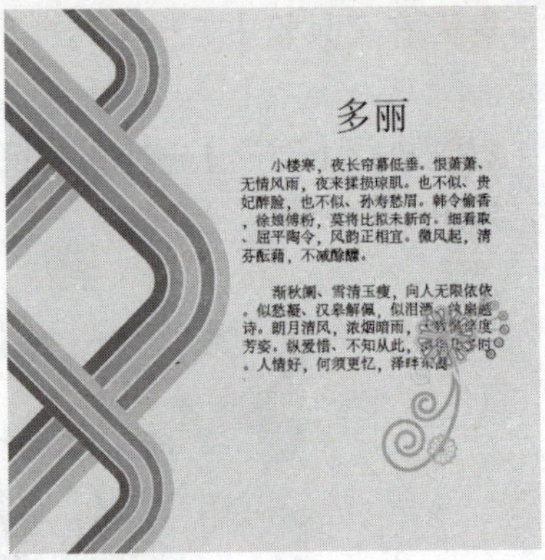

图7-40

> **提 示**
>
> 制作文本绕排时，要确保要绕排的文字满足以下条件：该文字是区域文字，该文字与绕排对象位于相同的图层中，该文字在图层层次结构中位于绕排对象的正下方。
>
> 如果图层中包含多个文字对象，将不希望绕排于绕排对象周围的文字对象转移到其他图层中或是绕排对象上方即可。

7.1.4 路径文字

1. 创建路径文字

使用【路径文字工具】和【直排路径文字工具】可以将路径更改为文字路径，可以在其中输入和编辑文字。

1 用【钢笔工具】绘制一条曲线，如图7-41所示。

图7-41

2 在工具箱中选择【文字工具】或【路径文字工具】，本例选择【路径文字工具】，将鼠标移至曲线边缘，单击鼠标左键，出现闪烁的光标后输入文字，如图7-42所示。

图7-42

3 若选择【直排文字工具】或【直排路径文字工具】，可以沿路径创建直排文本，如图7-43所示。

4 输入完成后，单击工具箱中的【选择工具】选择文字对象，还可以按住Ctrl键并单击文本，也可以选择文字对象。

> **提 示**
>
> 绘制的路径对象可以带有描边或填色属性，Illustrator可自动删除这些属性。如果路径为封闭路径，而不是开放路径，则必须使用【路径文字工具】或【直排路径文字工具】来定义边框区域。

图7-43

2. 沿路径移动和翻转文字

1 用【选择工具】选中路径文字，可以看到，在文字的起点、路径的起点、中点和终点都会出现标记，如图7-44所示。

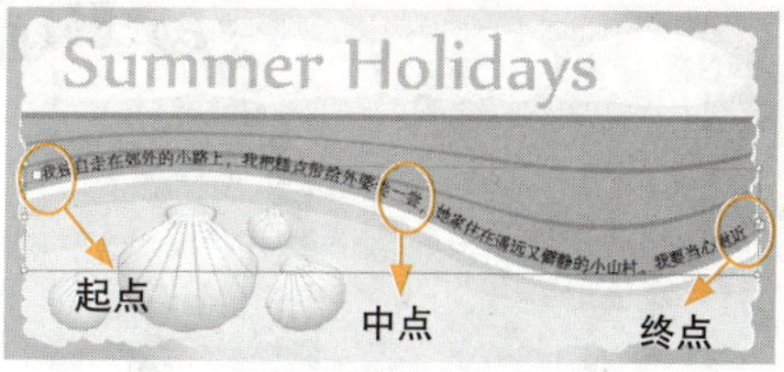

图7-44

2 将鼠标移至文字的起点标记上，沿路径拖动文字的起点标记，可以将文本沿路径移动，如图7-45所示。

图7-45

3 将鼠标移至中点标记上，沿路径移动文本，如图7-46所示，可将文本移至路径的中间。

图7-46

4 拖动中间的标记，越过路径，即可沿路径翻转文本的方向，如图7-47所示。

图7-47

3. 应用路径文字效果

路径文字效果可以沿着路径扭曲字符方向。

1 用【选择工具】选中文字，如图7-48所示。

2 执行【文字】→【路径文字】→【路径文字选项】命令，弹出【路径文字选项】对话框，在【效果】下拉文本框中选择一个选项，如图7-49所示。图7-50所示分别为“彩虹效果”、“倾斜效果”、“3D带状效果”、“阶梯效果”和“重力效果”的效果图。

图7-48

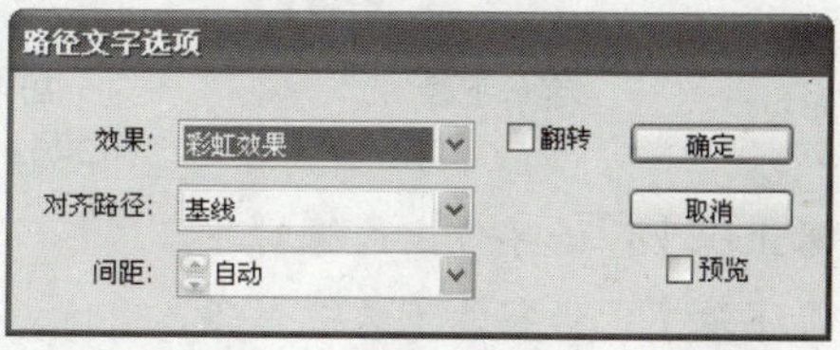

图7-49

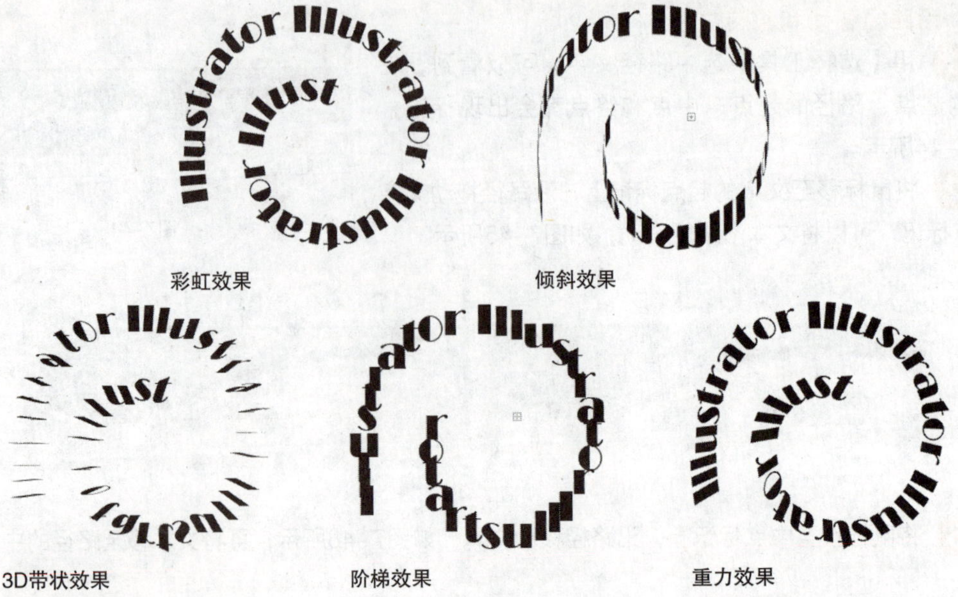

图7-50

4. 调整路径文字的垂直对齐方式

1 用【选择工具】选中文字，如图7-51所示。

2 执行【文字】→【路径文字】→【路径文字选项】命令，弹出【路径文字选项】对话框，如图7-52所示。在【对齐路径】下拉文本框中选择路径文字的垂直对齐方式，即如何将所有字符对齐到路径上，如图7-53所示分别为“字母上缘”、“字母下缘”、“居中”、“基线”的效果图。

图7-51

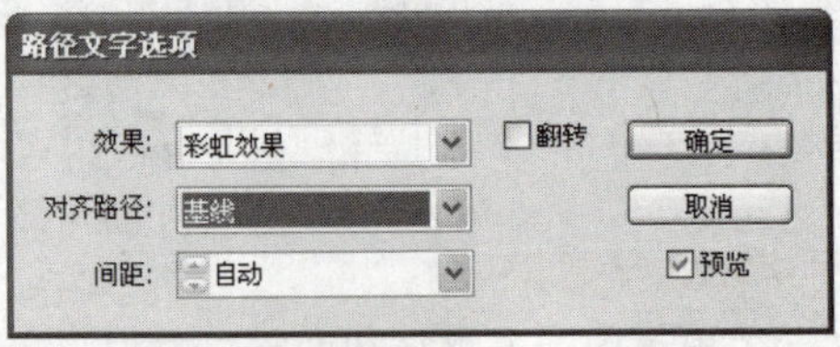

图7-52

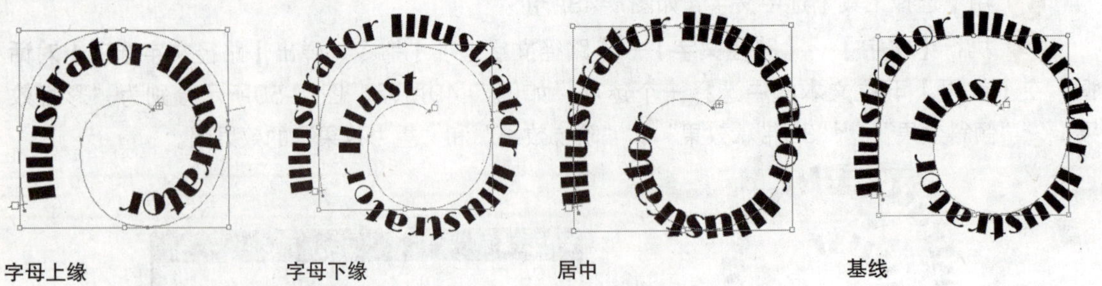

图7-53

- 【字母上缘】：沿字体上边缘对齐。
- 【字母下缘】：沿字体下边缘对齐。

- 【居中】：沿字体字母上、下边缘间的中心点对齐。
- 【基线】：沿基线对齐，默认设置。

5. 调整锐利转角处的字符间距

当字符围绕尖锐曲线或锐角排列时，因为突出展开的原因，字符之间可能会出现额外的间距。可执行【文字】→【路径文字】→【路径文字选项】命令，打开【路径文字选项】对话框，在【间距】数值框中输入数值，可缩小曲线上字符间的间距，如图7-54所示。

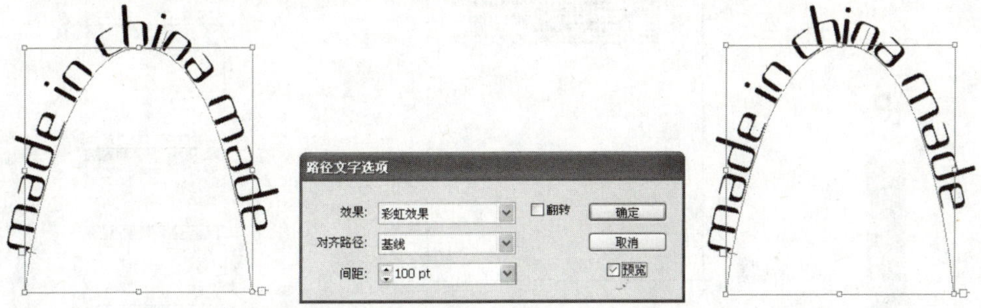

图7-54

7.1.5 导入与导出文本

Illustrator可以将由其他应用程序创建的文本导入到图稿中。可导入Illustrator的文本格式包括：Microsoft Word 97、98、2000、2002、2003和2007，RTF（富文本格式）及文本（ASCII）格式，可使用ANSI、Unicode、Shift JIS、GB2312、中文Big 5、西里尔语、GB18030、希腊语、土耳其语、波罗的语。

1. 导入文本

方法一：

1 执行【文件】→【打开】命令，在弹出的【打开】对话框中选择要打开的文本文件，如图7-55所示。

2 单击【打开】按钮，弹出【Microsoft Word选项】对话框，选中【移去文本格式】复选框，可将Word文档中的样式去除，如图7-56所示。

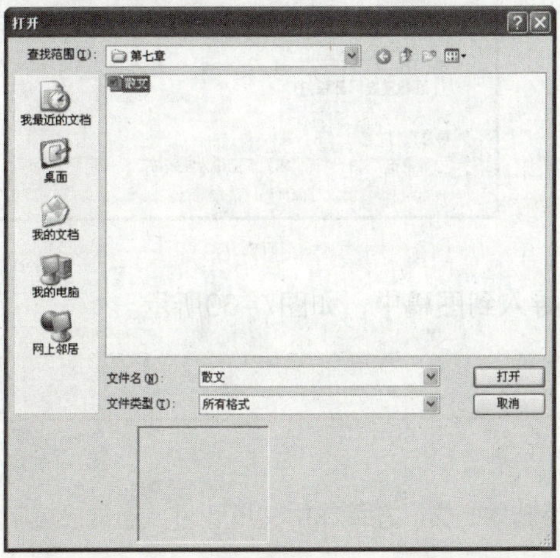

图7-55

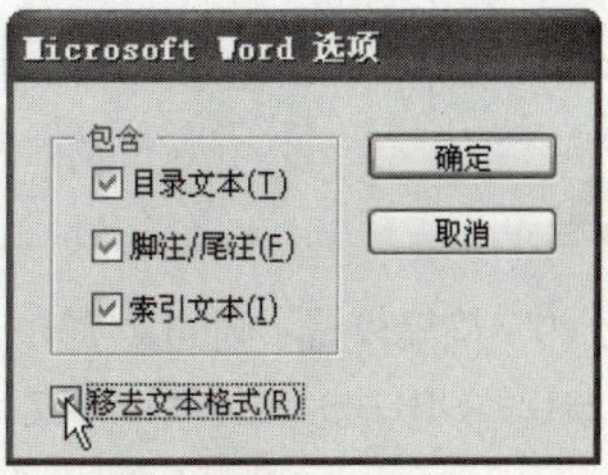

图7-56

3 单击【确定】按钮，完成导入文本的操作，如图7-57所示。

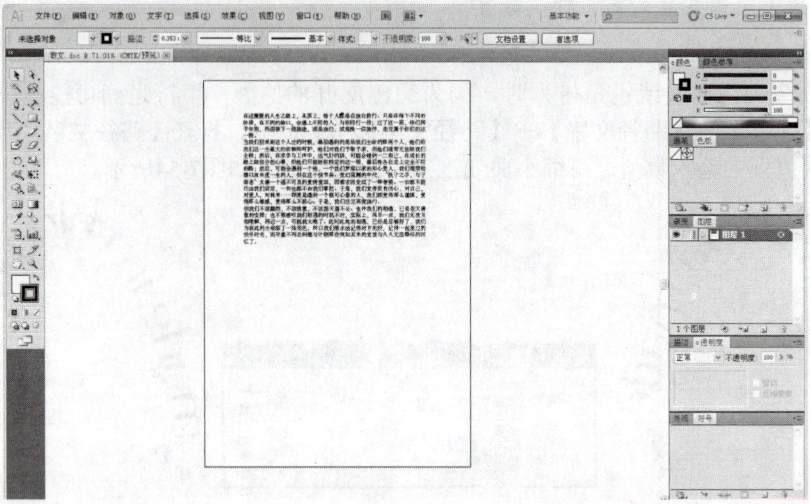

图7-57

方法二：

1 若要置入纯文本文件（*.txt），执行【文件】→【置入】命令后，在弹出的【置入】对话框中选择要导入的文本文件，如图7-58所示。

2 单击【置入】按钮后，弹出【文本导入选项】对话框，在【字符集】下拉文本框中选择GB2312，在【额外回车符】选项区中，确定 Illustrator在文件中如何处理额外的回车符，如图7-59所示。

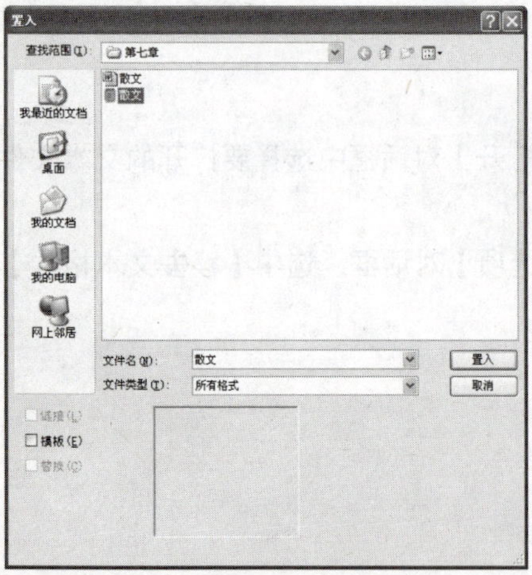

图7-58

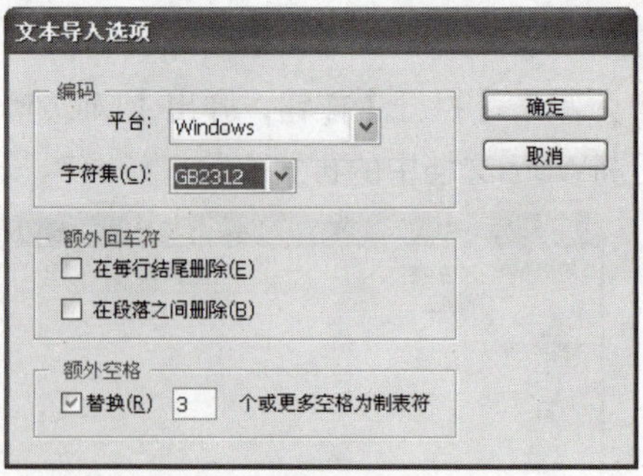

图7-59

3 单击【确定】按钮，可以将纯文本文件导入到图稿中，如图7-60所示。

提 示

不同的字符集设置不同的文字。

GB2312、GB18030支持简体中文，中文 Big 5支持繁体中文。在简体中文排版时，通常设置字符集为GB2312。

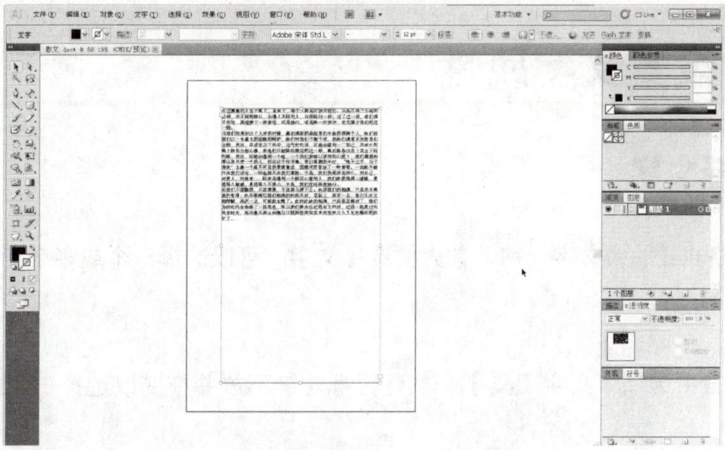

图7-60

2. 导出文本

❶ 将文档导出到纯文本文件中时，先使用【文字工具】选择要导出的文本，执行【文件】→【导出】命令，弹出【导出】对话框，在【文件名】文本框中输入新文本文件的名称，在【保存类型】下拉文本框中选择“文本格式（*.txt）”，如图7-61所示。

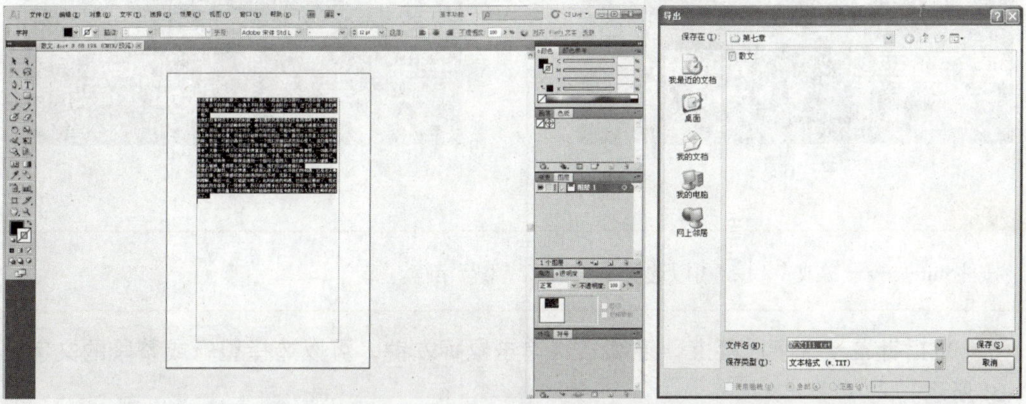

图7-61

❷ 单击【保存】按钮，弹出【文本导出选项】对话框。在其中选择平台和编码方法，单击【导出】按钮，完成导出纯文本的操作，如图7-62所示。

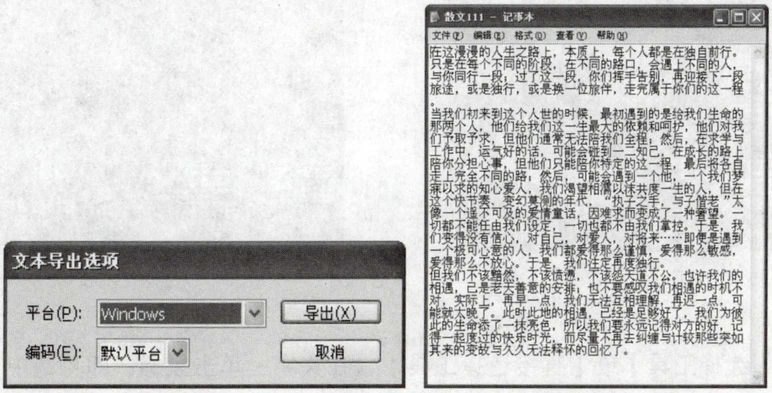

图7-62

第6章 第7章 第8章 第9章 第10章

7.2 设置文字属性

7.2.1 选择文字

在设置文字格式或编辑文字之前，首先要选择文字。可以选择一个或多个字符、整个文字对象，或是一条文字路径。

1. 选择字符

1 在工具箱中选择【文字工具】，按住鼠标左键不放并拖曳以选择一个或多个字符，如图7-63所示。

2 将指针置于文字上，双击鼠标，可以选择相应的字或整句，如图7-64所示。

图7-63

图7-64

提 示

按住Shift+→/←键或↑/↓键可以选择单个字符或整行字符。

3 将指针置于文字段落上，连续三次单击鼠标左键，可以选择整行或整段的文字，如图7-65所示。

4 执行【选择】→【全部】命令，可以选择文字对象中的所有字符，如图7-66所示。

图7-65

图7-66

2. 选择文字对象

1 选择【选择工具】或【直接选择工具】，在文字上单击鼠标，即可选中文字对象，如图7-67所示。按住Shift键并单击鼠标可选择多个文字对象。

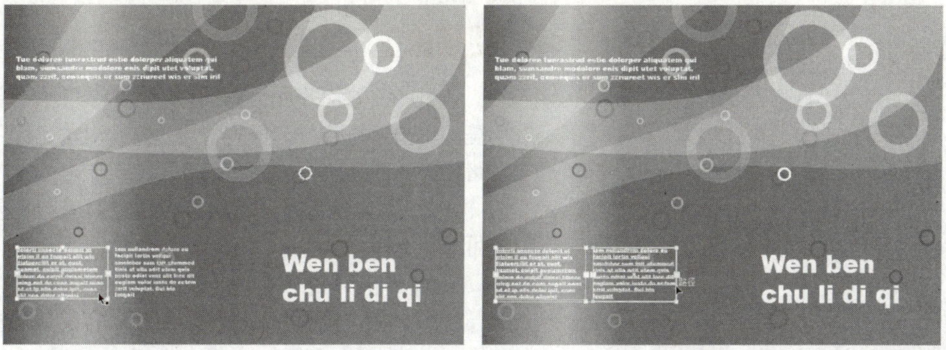

图7-67

2 在【图层】调板中，单击图层旁的三角形可显示隐藏内容，在显示的内容中单击【图层】调板右边缘的【指示所选图稿】按钮，即可选中文字，如图7-68所示。

按住 Shift 键的同时单击【图层】调板中的文字项目的右边缘，可选中多个文字，如图7-69所示。

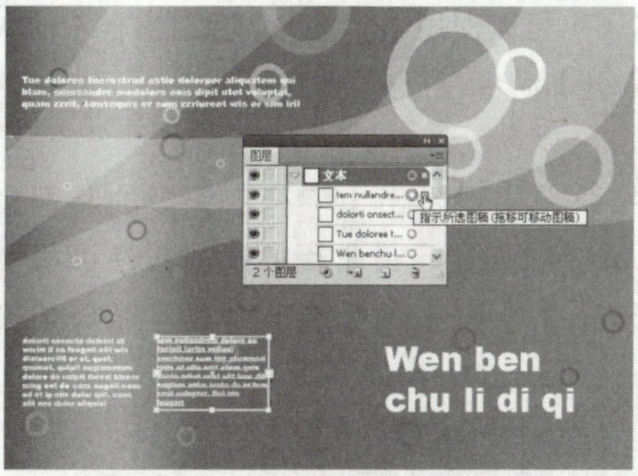

图7-68

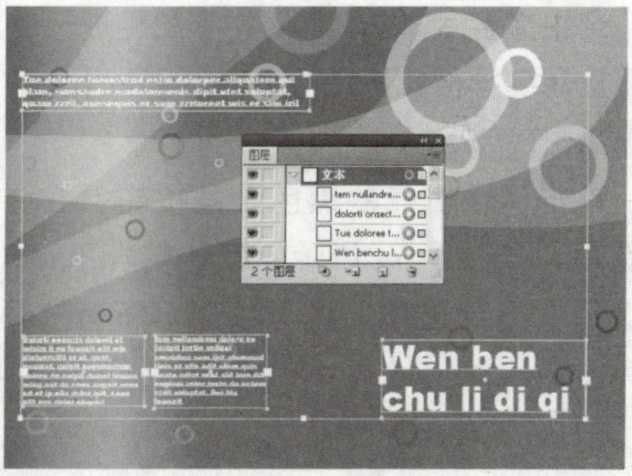

图7-69

3 执行【选择】→【对象】→【文本对象】命令，可以选择文档中所有的文字对象，如图7-70所示。

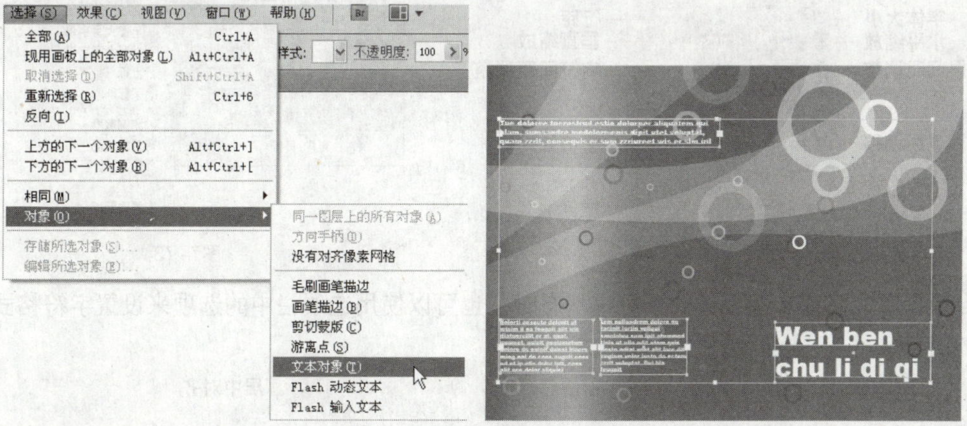

图7-70

3. 选择文字路径

使用【直接选择工具】或【编组选择工具】，在文字路径上单击鼠标左键，即可选中文字路径，如图7-71所示。

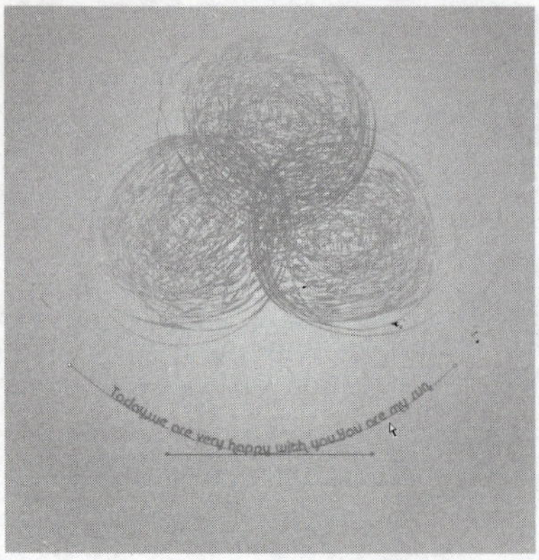

图7-71

提 示

（1）在文字路径上单击鼠标时，注意不要单击到字符。单击字符时，选择的将会是文字对象，而不是文字路径。

（2）如果选定了文字对象，单击对象边框外缘，便可取消选择。

（3）执行【视图】→【轮廓】命令，转换为“轮廓”视图，在“轮廓”视图中可以相对容易地选择文字路径。

7.2.2 字符调板

选中文字后，就可以对文字属性进行设置和编辑了。可以使用【字符】调板对文档中的单个字符应用字符格式。执行【窗口】→【文字】→【字符】命令，打开【字符】调板，其中的各选项如图7-72所示。

单击调板右侧的黑色三角按钮，在弹出的下拉菜单中显示出【字符】调板的其他命令和选项，如图7-73所示。默认情况下，【字符】调板中只显示最常用的选项，在调板菜单中选择“显示选项”，可以显示所有选项。反复双击【字符】调板选项卡，可循环切换显示大小。

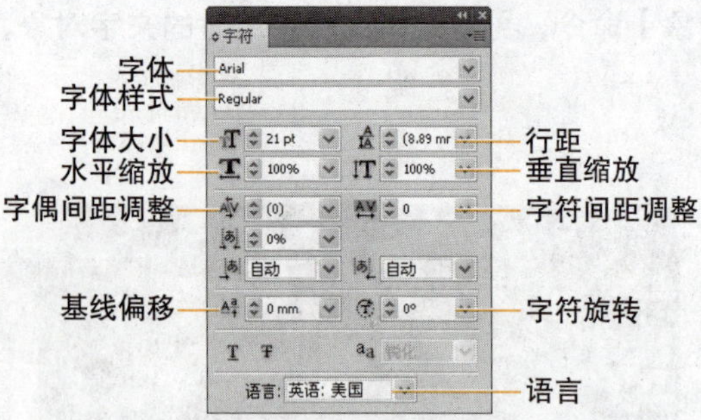

图7-72

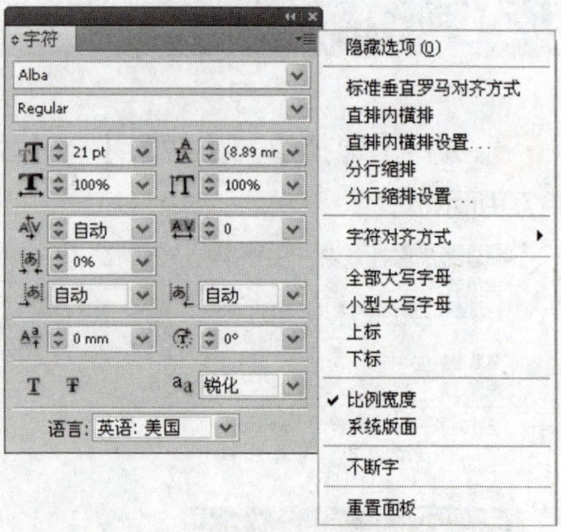

图7-73

当选择了文字或文字工具处于可用状态时，也可以使用选项栏中的选项来设置字符格式，如图7-74所示。

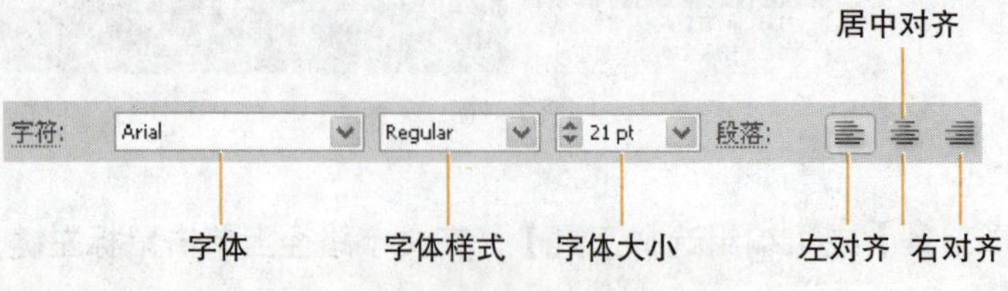

图7-74

7.2.3 设置字体

一套具有相同粗细、宽度和样式的字符（字母、数字和符号）代表一种字体。选择一种字体时，可以分别选择其字体系列及其字体样式。字体系列是共享一组整体字体设计的字体集合（例如Times）。字体样式是个别字体在字体系列中的变化（例如常规、粗体或斜体）。字体样式的范围会因字体而异。

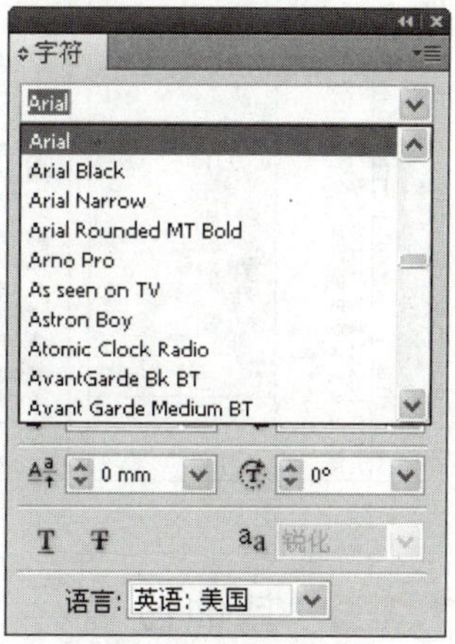

图7-75

首先选中要更改的字符或文字对象。使用【字符】调板、【控制】调板或【文字】菜单选择字体系列和样式。

1 执行【窗口】→【文字】→【字符】命令，打开【字符】调板，在【字体系列】下拉文本框中选择字体，如图7-75所示。

2 选择【文字工具】，在【控制】调板中，设置【字体系列】选项，如图7-76所示。

3 执行【文字】→【字体】命令，从子菜单中选择所需的字体。【字体】下拉菜单中显示出字体的预览效果，如图7-77所示。

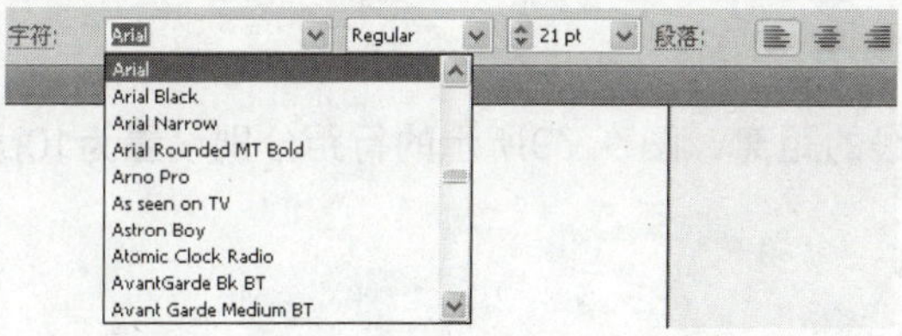

图7-76

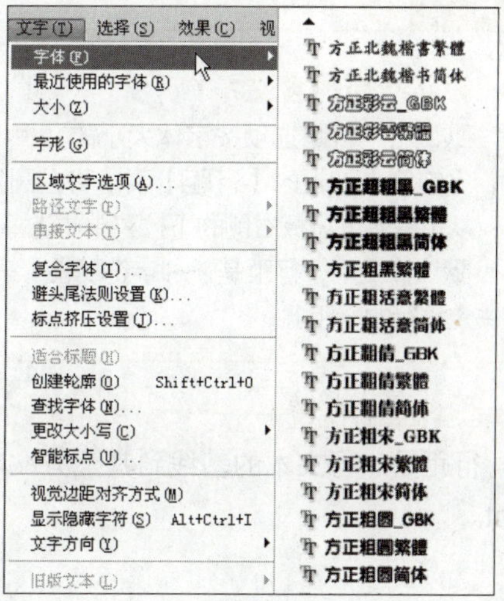

图7-77

提 示

在选择字体的时候，也可以执行【文字】→【最近使用的字体】命令来选择最近使用过的字体，要在【最近使用的字体】子菜单中更改字体数目，执行【编辑】→【首选项】→【文字】命令，然后设置【最近使用的字体数目】选项。

7.2.4 设置字号

设计师同样可使用【字符】调板、【文字】菜单或【控制】调板选择字体的大小，如图7-78所示。

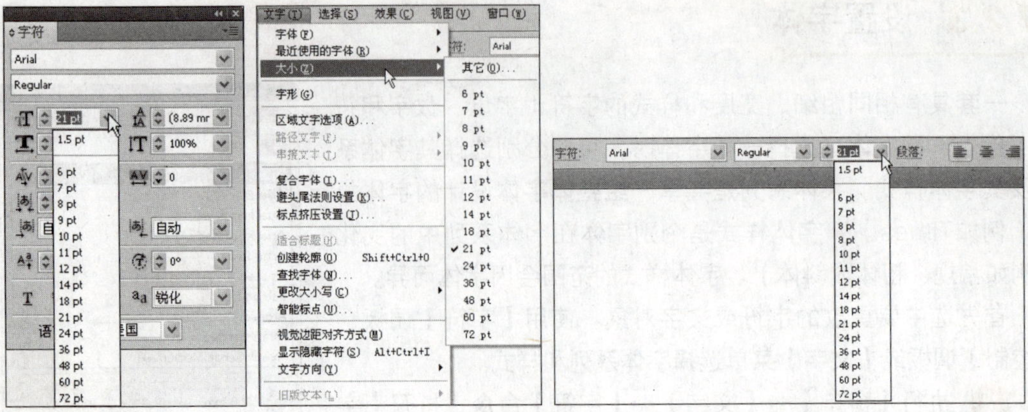

图7-78

7.2.5 其他设置

通过【字符】调板，还可以对字符进行行距、水平/垂直缩放、字符旋转、下划线和删除线等设置。

问答 3

默认行距的含义？

默认自动行距选项按字体大小的120%设置行距（例如，10点文字的行距为12点）。使用自动行距时，【字符】调板的【行距】菜单将在圆括号内显示行距值。可以使用以下方式来更改此默认自动行距：从【段落】调板右侧的下拉菜单中选择“字距调整”，然后指定介于0和500之间的百分比。

默认情况下，行距是一种字符属性，表示可以在同一段落中应用多种行距。一行文字中的最大行距将决定该行的行距。

1. 行距的设置

行距是一行文本的基线到其上方文字的基线的距离，图7-79所示的行距分别设置为10pt和18pt。

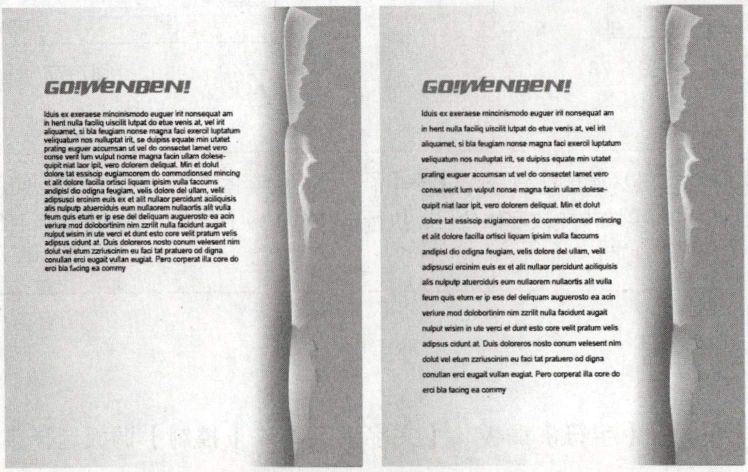

图7-79

2. 水平/垂直缩放

设计师可以相对字符的原始宽度和高度指定文字高度和宽度的比例。图7-80所示分别为【水平缩放】设为100%和75%的效果，图7-81所示分别为【垂直缩放】设为100%和200%的效果。

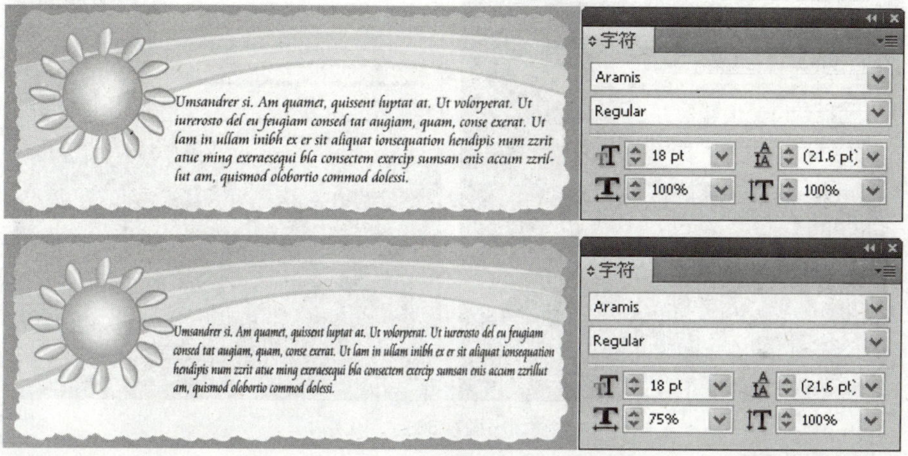

图7-80

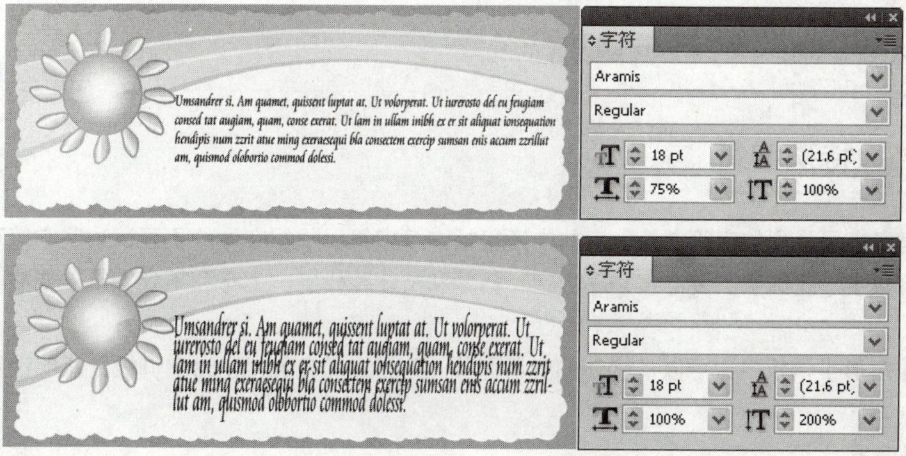

图7-81

3. 字符旋转

在【字符】调板中，【字符旋转】选项可将字符旋转特定的角度。图7-82所示分别为【字符旋转】设为0° 和-30° 的效果。

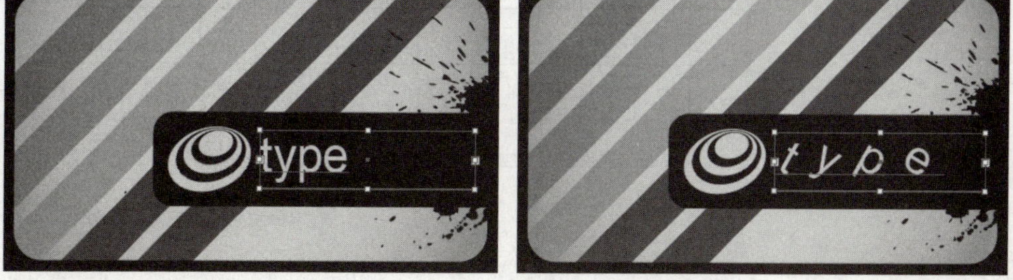

图7-82

4. 下划线与删除线

单击【字符】调板中的【下划线】或【删除线】按钮，可为文本添加下划线或删除线，如图7-83所示。

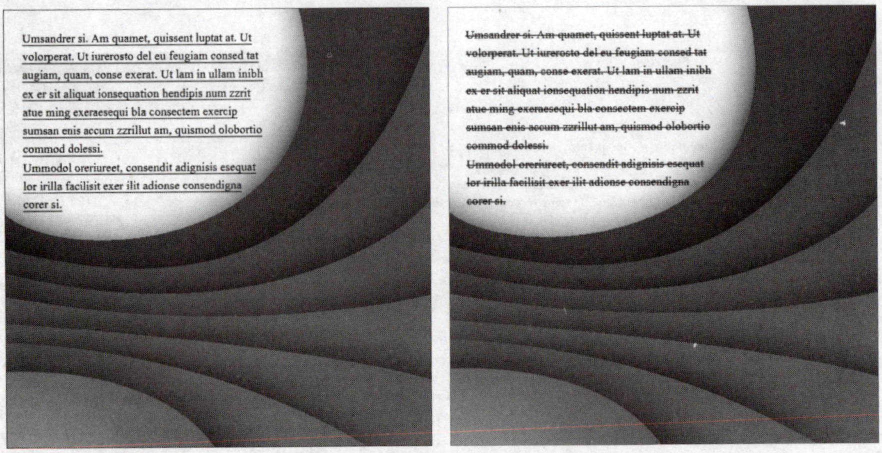

图7-83

提 示

下划线和删除线的默认粗细取决于文字的大小。

7.2.6 特殊字符

除键盘上可看到的字符之外，字体中还包括许多字符。根据字体的不同，这些字符可能包括连字、分数字、花饰字、装饰字、序数字、标题和文体替代字、上标和下标字符、变高数字和全高数字。

在【字形】调板中，可以从字体中查看和插入字形，【OpenType】调板则能够设置字形的使用规则。

1.【字形】调板

执行【窗口】→【文字】→【字形】命令，打开【字形】调板，如图7-84所示。

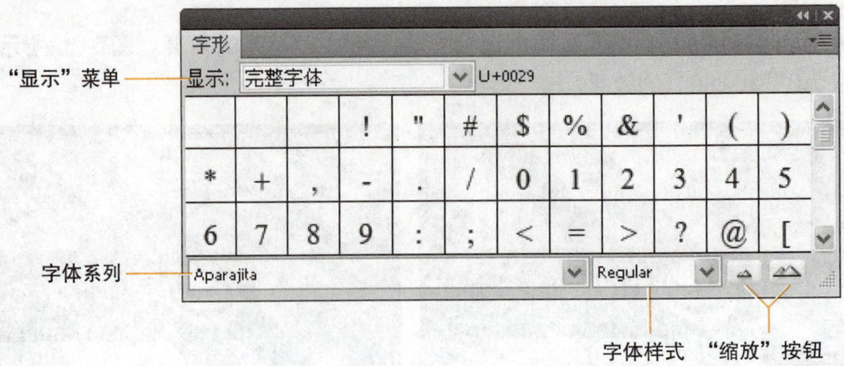

图7-84

使用【文字工具】，在要插入字符的位置单击鼠标左键，放置插入点，再在【字形】调板中双击要插入的字符，即可将字符插入，效果如图7-85所示。

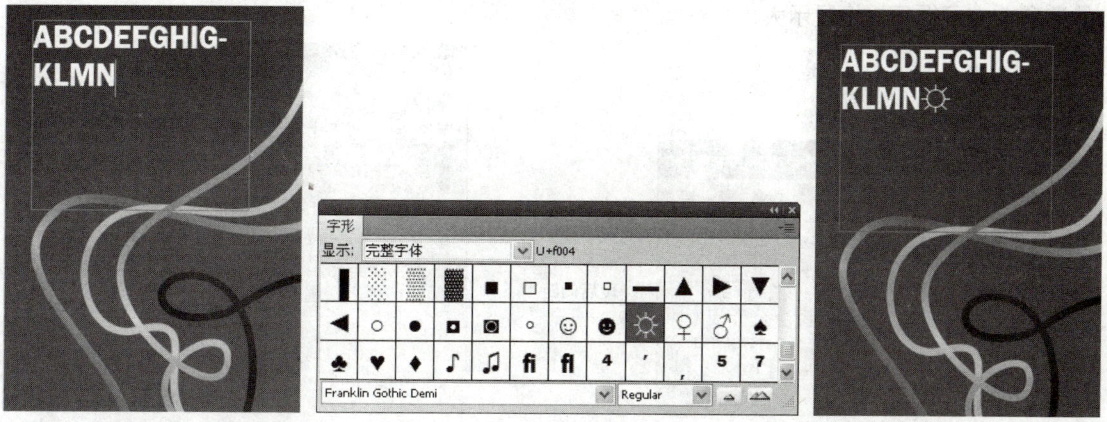

图7-85

2.【OpenType】调板

（1）关于OpenType字体。OpenType字体标准是由Adobe和Microsoft联合开发的，它将PostScript Type 1和TrueType字体格式的优点带入了一种新格式中，这种格式采用Unicode字符编码。OpenType只使用一个同时适用于Windows和Macintosh计算机的字体文件，因此，能够将文件从一个平台移到另一个平台，而不用担心字体替换或其他会导致文本重新排列的问题。

在使用OpenType字体时，可以自动替换文本中的替代字型，如连字、小型大写字母、分数字以及旧式的成比例数字。OpenType字体还包括扩展的字符集和版面功能，以便提供更加丰富的语言支持和高级排版规则控制。

（2）执行【窗口】→【文字】→【OpenType】命令，打开【OpenType】调板，如图7-86所示。在调板中可直接为选中的文本应用OpenType字体特性。调板中由左至右的字形按钮分别为标准连字、上下文替代字、自由连字、花饰字、文体替代字、标题替代字、序数字和分数字。

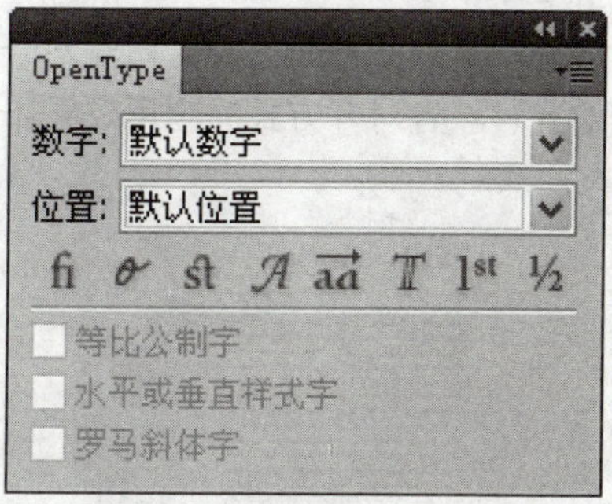

图7-86

提 示

OpenType的各种字体提供的功能各不相同；并非每种字体都可使用OpenType调板中的所有选项。

7.3 设置段落样式

使用【段落】调板可以更改段落的格式。执行【窗口】→【文字】→【段落】命令，打开【段落】调板，如图7-87所示。

单击【段落】调板右侧的黑色三角按钮，在弹出的下拉菜单中显示了【段落】调板的其他命令和选项，如图7-88所示。默认情况下，【段落】调板中只显示最常用的选项。反复双击调板的选项卡，可循环切换显示大小。

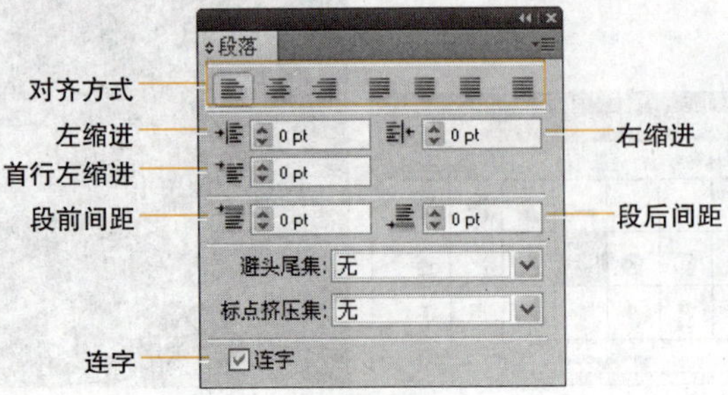

图7-87

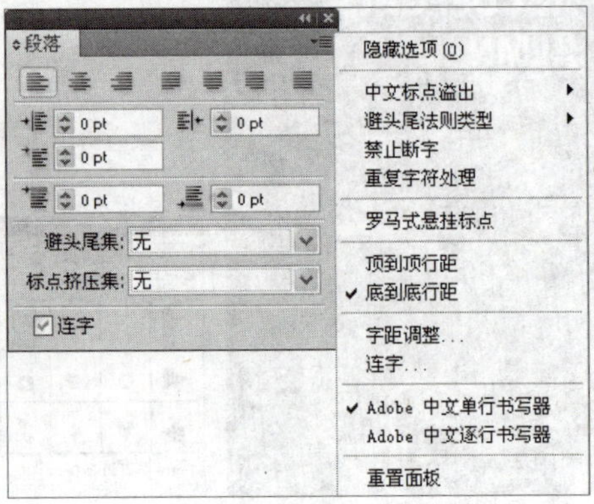

图7-88

7.3.1 对齐文本

区域文字或路径文字都可与文字路径的一边或两边对齐。

用【选择工具】选中文字，或用【文字工具】在要更改的段落中单击鼠标左键插入光标。

【段落】调板中包括7种对齐方式，分别为“左对齐”、“居中对齐”、“右对齐”、“两端对齐，末行左对齐”、“两端对齐，末行居中对齐”、“两端对齐，末行右对齐”和“全部两端对齐”。各对齐方式的应用效果如图7-89所示。

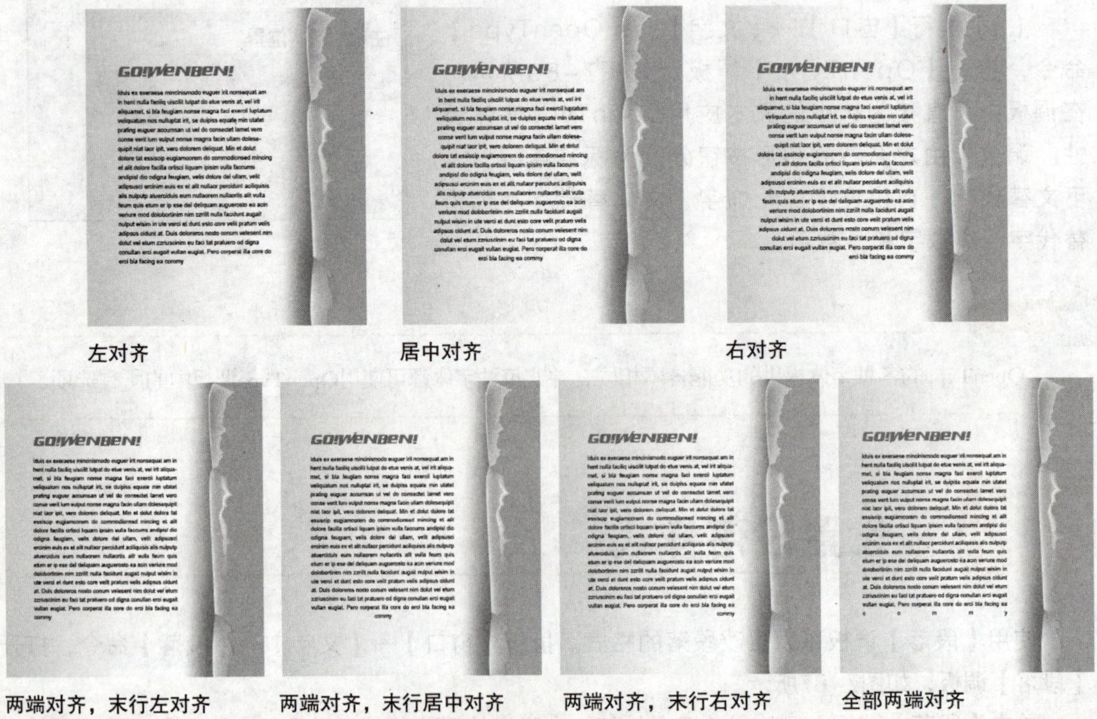

图7-89

7.3.2 缩进文本

缩进是指文本和文字对象边界间的间距量。缩进只影响选中的段落，可为多个段落设置不同的缩进。

1 用【选择工具】选中文字，或用【文字工具】在要更改的段落中单击鼠标左键，插入光标。

2 在【段落】调板中，分别在【左缩进】、【右缩进】和【首行缩进】数值框中输入数值。图7-90（a）所示是缩进值为0pt时的效果，图7-90（b）所示是左缩进值为15pt时的效果，图7-90（c）所示是右缩进值为15pt时的效果，图7-90（d）所示为首行左缩进值为15pt时的效果。

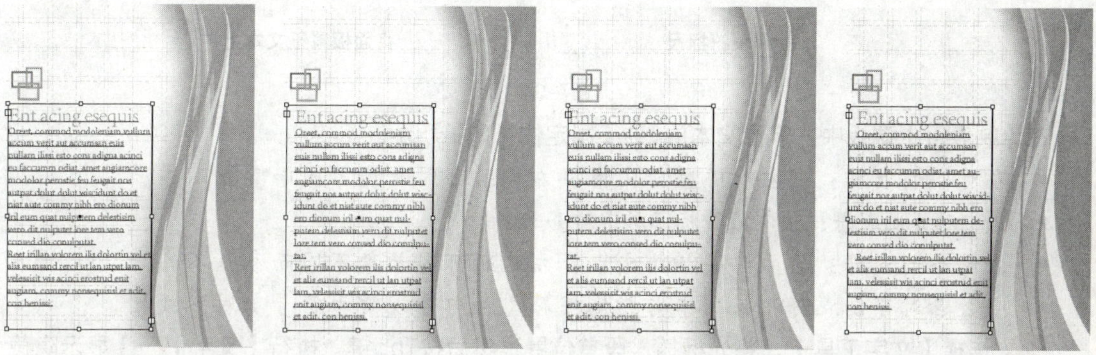

（a）　（b）　（c）　（d）

图7-90

7.3.3 调整段落间距

选择【文字工具】，在要更改的段落中单击鼠标左键插入光标，或选择要更改其全部段落的文字对象。在【段落】调板中，调整【段前间距】和【段后间距】。图7-91所示为无段前间距和段后间距的效果。分别在【段前间距】和【段后间距】数值框中输入15pt，得到的效果如图7-92和图7-93所示。

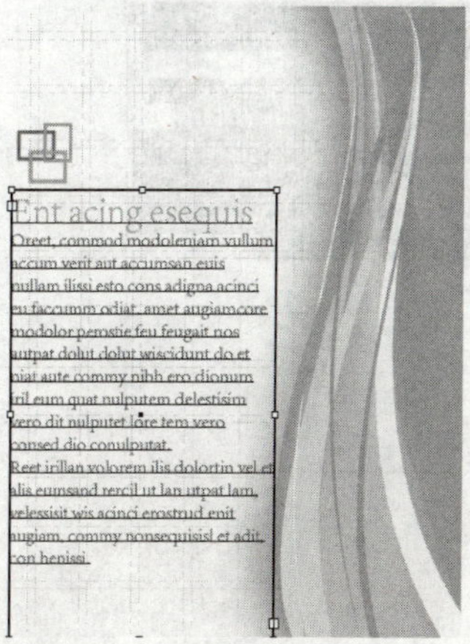

图7-91

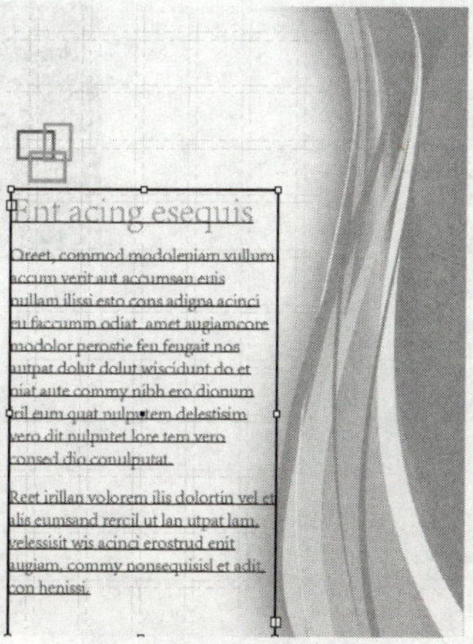

图7-92

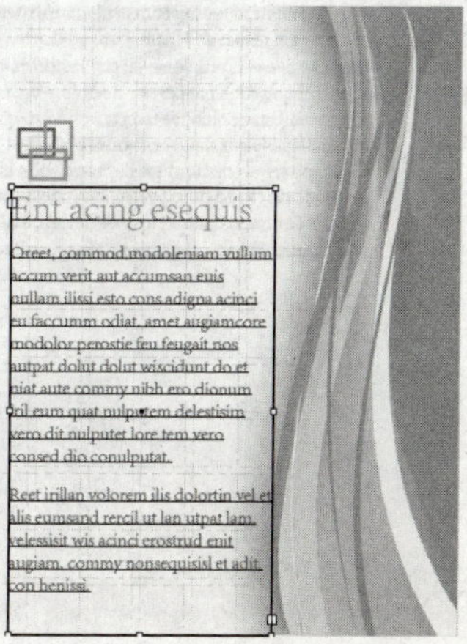

图7-93

7.3.4 制表符调板

制表符可以将文本定位在文本框中特定的水平位置上，使设计师更能自定义对齐文本。下面为设计师介绍【制表符】调板中各结构的名称。

执行【窗口】→【文字】→【制表符】命令，打开【制表符】调板，如图7-94所示。

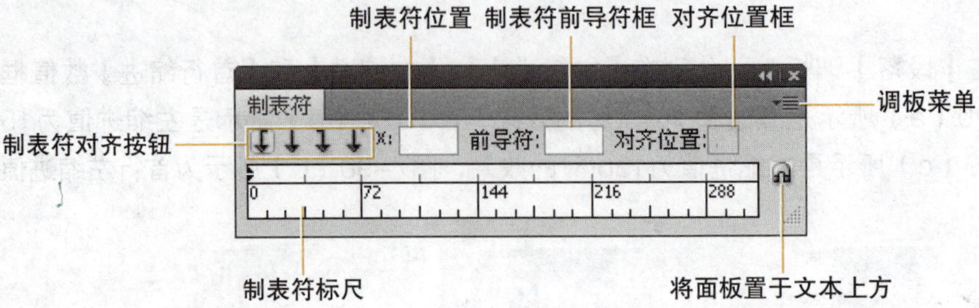

图7-94

在【制表符】调板中，定位文本的4种不同定位符如下所示。

- 左对齐制表符：靠左对齐横排文本，右边距可因长度不同而参差不齐。
- 居中对齐制表符：按制表符标记居中对齐文本。
- 右对齐制表符：靠右对齐横排文本，左边距可因长度不同而参差不齐。
- 小数点对齐制表符：将文本与指定字符（如句号或货币符号）对齐放置。

❶ 选择【文字工具】，将光标插入段首位置，然后按Tab键。执行【文字】→【显示隐藏字符】命令，可以看到段首位置的制表位标记，如图7-95所示。

❷ 用【文字工具】选择已做标记的文本。执行【窗口】→【文字】→【制表符】命令，打开【制表符】调板。单击【制表符】调板右侧的小磁铁图标，可以将“制表符”与所选文本对齐，如图7-96所示。

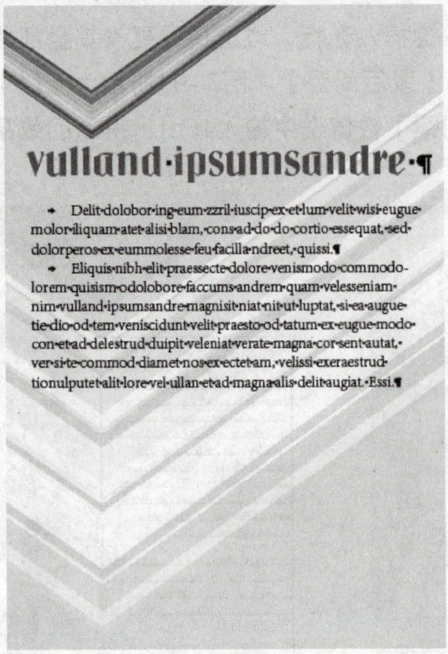

图7-95

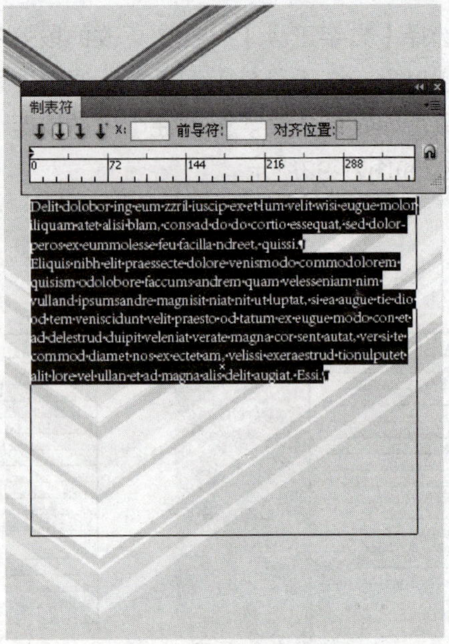

图7-96

3 在【制表符】调板中选择对齐按钮，本例选择左对齐按钮，在制表符标尺上单击鼠标左键，确定新制表符定位点，如图7-97所示。

4 若在文本中插入了多个制表位标记，则可以在【制表符】标尺上与制表位标记对应，新建多个制表符定位点，如图7-98所示。

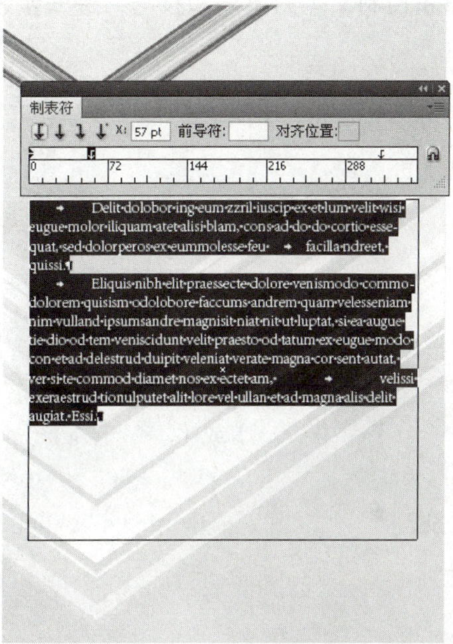

图7-97

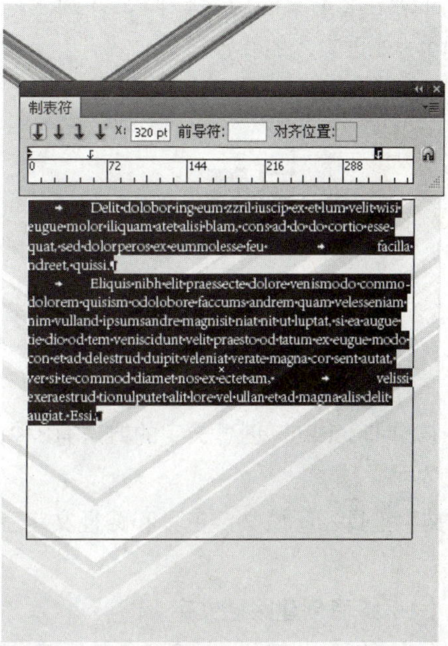

图7-98

5 拖曳【制表符】调板中的缩进标记可调整段落的缩进。上方标记控制段落中首行文本的缩进，如图7-99（a）所示；下方标记控制段落中其他文本行的缩进，如图7-99（b）所示。

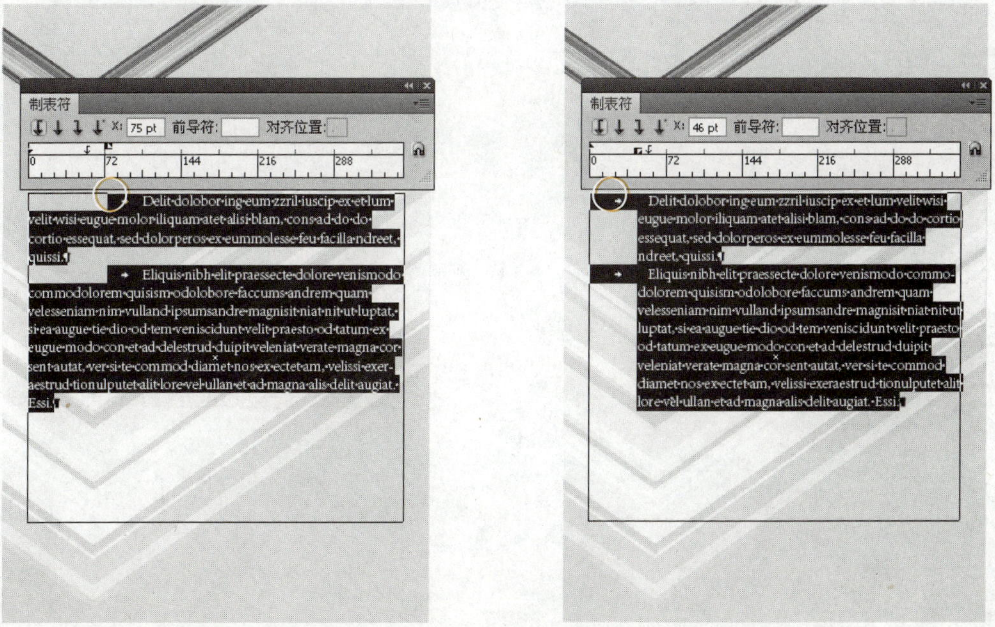

（a）　　（b）

图7-99

7.4 小结

通过学习本章的内容，使设计师了解并掌握编辑和控制文本的方法和技巧，进一步领会Illustrator处理文本的要领。

7.5 习题

1. 填充题

（1）Illustrator 提供了6种文字工具，分别是（　　）、（　　）、（　　）、（　　）、（　　）和（　　）。

（2）Illustrator 创建文字的方法有3种，分别是（　　）、（　　）或（　　）。

2. 问答题

文字工具、区域文字工具和路径文字工具三者的区别?

3. 操作题

（1）练习创建路径文字。

（2）练习左缩进、右缩进和首行缩进文本。

8

第8章

效果

Illustrator 包含各种效果，可以对某个对象、组或图层应用这些效果，以更改其特征。

设计要点

- 滤镜和效果的区别
- 矢量图形的转换
- 效果菜单的介绍

8.1 滤镜和效果

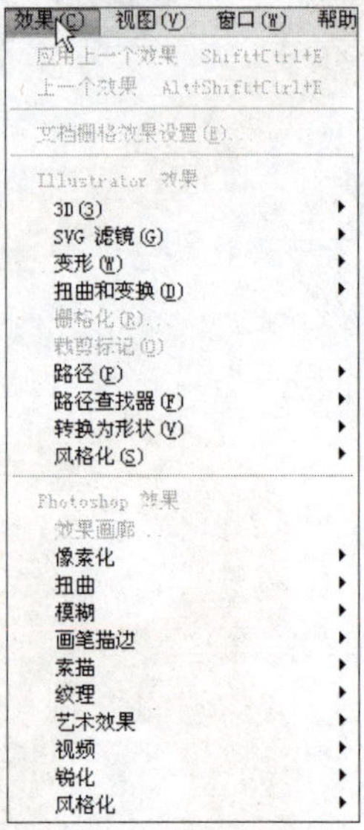

图8-1

Illustrator的早期版本包含效果和滤镜两个菜单，但Illustrator CS5只包括效果（除SVG滤镜以外）一个菜单，如图8-1所示。滤镜和效果之间的主要区别是：滤镜可永久修改对象或图层，而效果及其属性可随时被更改或删除。

【效果】菜单上半部分的效果是矢量效果。在【外观】调板中，只能将这些效果应用于矢量对象，或者某个位图对象的填色或描边。对于这种情况，下列效果以及上半部分的效果类别例外，这些效果可以同时应用于矢量对象和位图对象：3D效果、SVG滤镜、变形效果、变换效果、投影、羽化、内发光以及外发光。

【效果】菜单下半部分的效果是栅格效果。可以将它们应用于矢量对象或位图对象。

8.2 矢量图形的转化

栅格化是将矢量图形转换为位图图像的过程。在栅格化过程中，Illustrator会将图形路径转换为像素，设置的栅格化选项将决定结果像素的大小及特征。

如要为矢量图添加一些位图的特殊效果，就要将矢量图形转换为位图。

1 用【选择工具】选择一个矢量图，执行【效果】→【栅格化】命令，或执行【对象】→【栅格化】命令，可以将矢量图转化为位图，如图8-2所示。

2 执行栅格化命令后，弹出【栅格化】对话框，如图8-3所示。可以为一个文档中的所有栅格效果设置以下选项，栅格化矢量对象时也可以设置这些选项。

图8-2

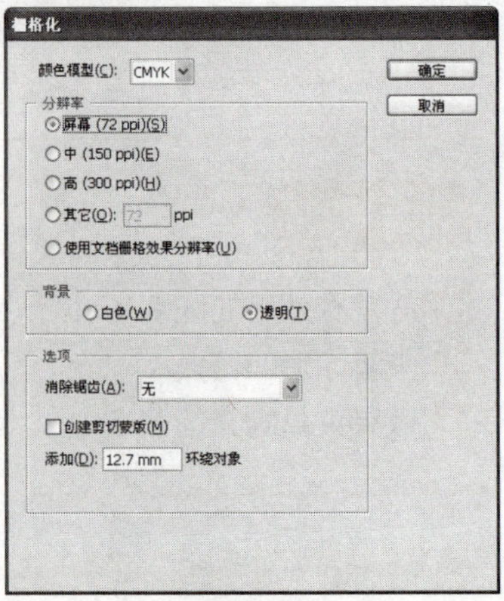

图8-3

提示

执行【对象】→【栅格化】命令，可将对象完全转换成了位图，而执行【效果】→【栅格化】命令并没有改变对象的属性，只是将特效应用到对象的外观上，对象的实际架构还保留着矢量的属性。

- 【颜色模型】：用于确定在栅格化过程中所用的颜色模型。可以生成RGB颜色模式或CMYK颜色模式的图像（取决于文档的颜色模式）、灰度图像或1位图像（黑白位图或是黑色和透明色，取决于所选的背景选项）。
- 【分辨率】：用于确定栅格化图像中的每英寸像素数(ppi)。分辨率设置越高，图像颜色变化越细腻，一般情况下，如果图像最后要用于印刷，则选择的分辨率要高一些。
- 【背景】：用于确定矢量图形的透明区域如何转换为像素。选中【白色】单选钮可用白色像素填充透明区域，选中【透明】单选钮可使背景透明。
- 【消除锯齿】：应用消除锯齿效果可改善栅格化图像的锯齿边缘外观。栅格化矢量对象时，选择“无”，则不会应用消除锯齿效果，而线稿图在栅格化时也将保留其尖锐边缘。选择“优化图稿”，可应用最适合无文字图稿的消除锯齿效果。选择“优化文字”，可应用最适合文字的消除锯齿效果。选中【创建剪切蒙版】复选框，可创建一个使栅格化图像的背景显示为透明的蒙版。
- 【添加环绕对象】：围绕栅格化图像添加指定数量的像素。

3 矢量图转化后，就可以应用一些滤镜和效果了，如图8-4所示为矢量图转位图的效果。

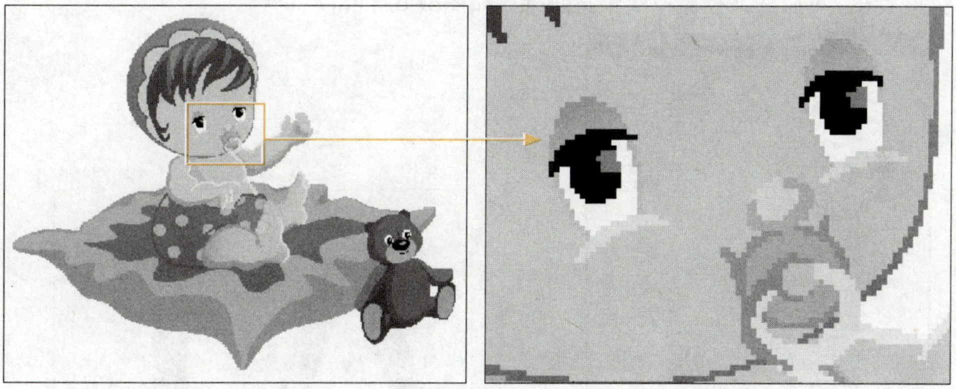

图8-4

问答 1

如何改善效果性能？

有些效果会占用非常大的内存空间，在应用这些效果时，下列技巧可以帮助改善性能。

在【效果】对话框中选择“预览”选项可节省时间，并防止出现意外的结果。

有些命令极耗内存，如【玻璃】命令，尝试不同的设置以提高速度。

如果计划在灰度打印机上打印图像，最好在应用效果之前先将位图图像的一个副本转换为灰度图像。需要注意的是，在某些情况下，对彩色位图图像应用效果后再将其转换为灰度图像所得到的结果，与直接对图像的灰度版本应用同一效果所得到的结果可能有所不同。

第6章 第7章 第8章 第9章 第10章

8.3 效果

效果是实时的，即向对象应用一个效果命令后，【外观】调板中便会列出该效果，可以继续使用【外观】调板随时修改效果选项或删除该效果，还可以对该效果进行编辑、移动、复制、删除，或将其存储为图形样式的一部分。

8.3.1 3D

3D效果可以从二维(2D)图稿创建三维(3D)对象。可以通过高光、阴影、旋转及其他属性来控制3D对象的外观。还可以将图稿贴到3D对象的每一个表面上。有两种创建3D对象的方法：通过凸出或通过绕转。另外，还可以在三维空间中旋转2D或3D对象。要应用或修改现有3D对象的3D效果，选择该对象，然后在【外观】调板中双击该效果。

1. 通过凸出创建3D对象

① 用【文字工具】在页面中输入文字“AI”，并设置大小为“100pt”，颜色为“C100，M0，Y100，K0”，如图8-5所示。

② 用【选择工具】选中文字，执行【效果】→【3D】→【凸出和斜角】命令，弹出【3D凸出和斜角选项】对话框，单击对话框中的【更多选项】按钮，可以查看完整的选项列表。选中【预览】单选钮，可以在文档窗口中预览效果，如图8-6所示。

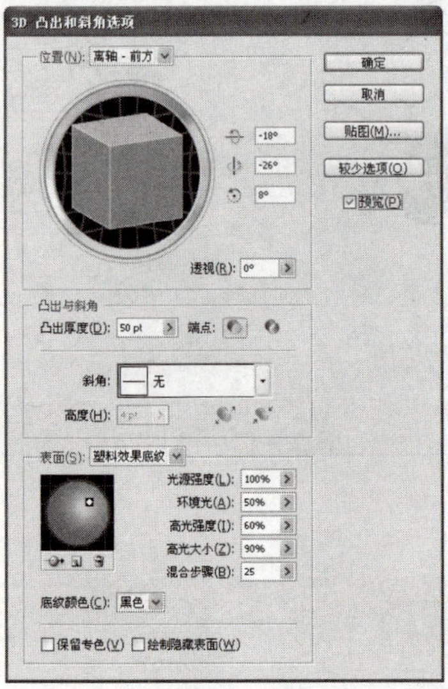

图8-5

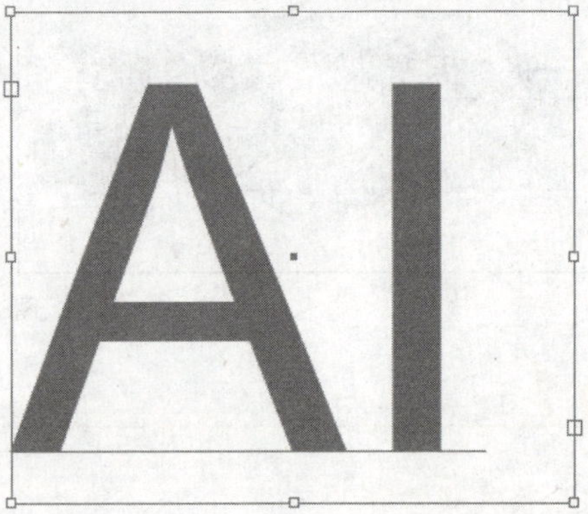

图8-6

- 【位置】：设置对象如何旋转以及观看对象的透视角度。
- 【凸出与斜角】：确定对象的深度以及向对象添加或从对象剪切的任何斜角的延伸。
- 【表面】：创建各种形式的表面，从黯淡、不加底纹的不光滑表面，到平滑、光亮、看起来类似塑料的表面。
- 【光照】：添加一个或多个光源，调整光源强度、改变对象的底纹颜色，以及围绕对象移动光源以实现生动的效果。

3 将指针放置在【位置】选项的预览视图位置，按住鼠标左键不放进行拖曳，可使正方形进行360度的旋转，如图8-7所示。

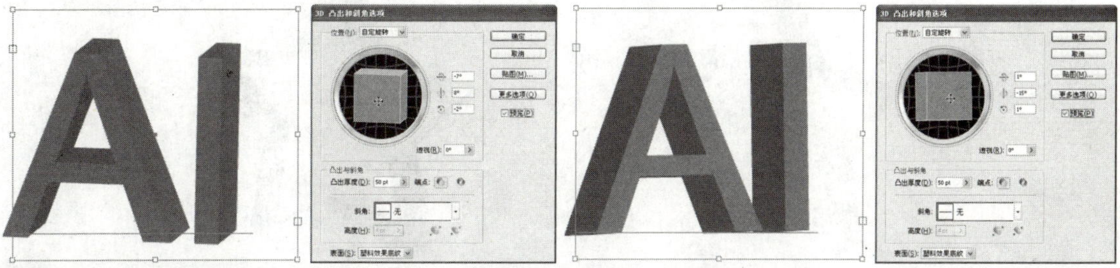

图8-7

提 示

对于无限制旋转，可以拖动模拟立方体的表面。对象的前表面用立方体的蓝色表面表现，对象的上表面和下表面为浅灰色，两侧为中灰色，后表面为深灰色。

若要限制对象沿一条全局轴旋转，按住Shift键的同时水平拖动（围绕全局y轴）或垂直拖动（围绕全局x旋转）对象。若要使对象围绕全局z轴旋转，拖动围住模拟立方体的蓝色彩带即可。

若要限制对象围绕一条对象轴旋转时，可以拖动模拟立方体的一个边缘，指针将变为双向箭头，并且立方体边缘将改变颜色，以标识对象旋转时所围绕的轴。红色边缘表示对象的x轴，绿色边缘表示对象的y轴，蓝色边缘表示对象的z轴。

若要调整透视角度，在【透视】文本框中输入一个介于0～160的值。较小的镜头角度类似于长焦照相机镜头；较大的镜头角度类似于广角照相机镜头。

4 在【凸出厚度】数值框中输入“60pt”，在【表面】下拉文本框中选择“塑料效果底纹”，设置【光源强度】为“100%”，【环境光】为“50%”，【高光强度】为“60%”，【高光大小】为“90%”，【混合步骤】为“25”，将指针放置在【光源】视图中，并移动光源至右上角，如图8-8所示。

5 单击【确定】按钮，则完成凸出和斜角效果的操作，如图8-9所示。

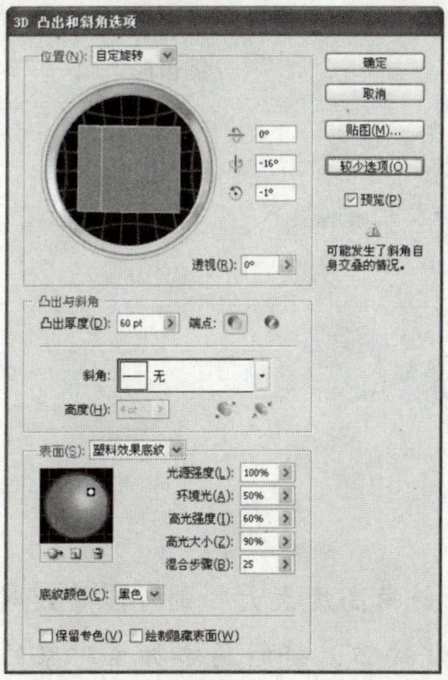

图8-8

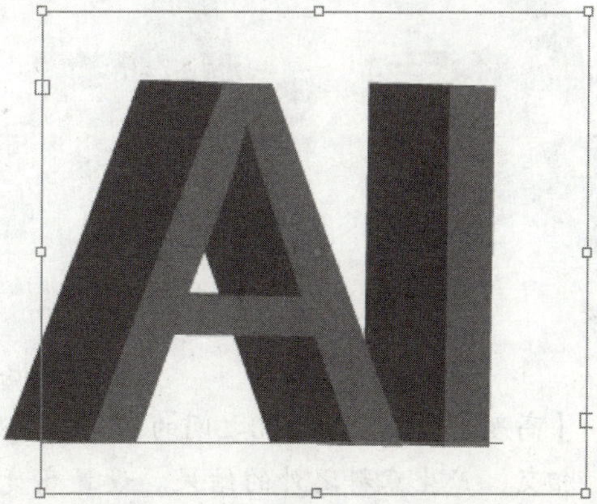

图8-9

- 【端点】：指定显示的对象是实心对象（打开端点）或空心（关闭端点）对象。单击按钮，对象为实心效果，如图8-10所示；单击按钮，对象为空心效果，如图8-11所示。

图8-10

图8-11

- 【斜角】是沿对象的深度轴（z 轴）应用所选类型的斜角边缘。图8-12为应用不同的斜角生成的3D效果。

图8-12

- 【高度】：设置1~100之间的高度值。如果对象的斜角高度太大，则可能导致对象自身相交，产生意料之外的结果。设置高度后，单击按钮，将斜角添加至对象的原始形状；单击按钮，从对象的原始形状砍去斜角。

- 【表面】：用于选择表面底纹选项。“线框”绘制对象几何形状的轮廓，并使每个表面透明，如图8-13所示。“无底纹”不向对象添加任何新的表面属性。3D对象具有与原始2D对象相同的颜色，如图8-14所示。“扩散底纹”使对象以一种柔和、扩散的方式反射光，如图8-15所示。“塑料效果底纹”使对象以一种闪烁、光亮的材质模式反射光，如图8-16所示。

图8-13

图8-14

图8-15

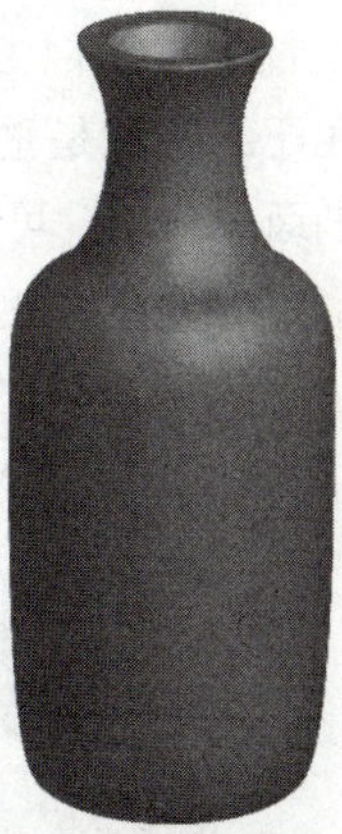
图8-16

提示

可用的光照选项取决于所选择的选项。如果对象只使用3D旋转效果，则可用的【表面】选项只有“扩散底纹”或“无底纹”。

- 【光源强度】：可在0～100%之间控制光源强度。
- 【环境光】：控制全局光照，统一改变所有对象的表面亮度。可输入一个0～100%之间的值。
- 【高光强度】：用于控制对象反射光的多少，取值范围在0～100% 之间。较低值产生暗淡的表面，而较高值则产生较为光亮的表面。
- 【高光大小】：用于控制高光的大小，取值范围由大 (100%) 到小 (0%)。
- 【混合步骤】：用于控制对象表面所表现出来的底纹的平滑程度。可输入一个1～256之间的值。步骤数越高，所产生的底纹越平滑，路径也越多。
- 【底纹颜色】：控制对象的底纹颜色。底纹颜色取决于所选择的命令：“无”表示不为底纹添加任何颜色；“自定”允许设计师选择一种自定颜色，如果您选择了此选项，单击【底纹颜色】选项，可以在“颜色拾取器”中选择一种颜色；“黑色叠印”是默认选项，如果当前正在使用专色流程，则可使用此选项来避免印刷色；可以用在对象填充颜色的上方叠印黑色底纹的方法为对象加底纹。
- 【保留专色】：保留对象中的专色。如果在【底纹颜色】选项中选择了“自定”，则无法保留专色。
- 【绘制隐藏表面】：显示对象的隐藏背面。如果对象为透明的，或是展开对象并将其拉开时，便能看到对象的背面。

提 示

如果对象具有透明度，并且要通过透明的前表面来显示隐藏的后表面，先对对象执行【对象】→【编组】命令，然后再应用3D效果。

2. 通过绕转创建3D对象

围着全局y轴（绕转轴）绕转一条路径或剖面，使其作圆周运动，通过这种方法来创建3D对象。由于绕转轴是垂直固定的，因此用于绕转的开放或闭合路径应为所需3D对象面向正前方时垂直剖面的一半，可以在效果的对话框中旋转3D对象。

1. 用【钢笔工具】绘制一条路径，作为绕转对象，如图8-17所示。
2. 打开素材“第八章标签”，选中对象，将其复制粘贴到文档中，并将其拖曳到【符号】调板中，则完成创建一个新符号的操作，如图8-18所示。

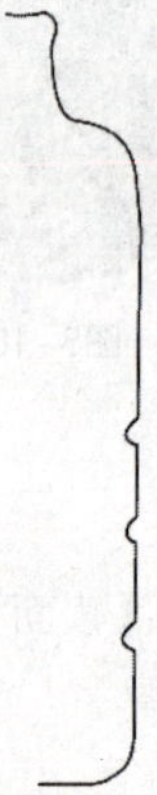

图8-17

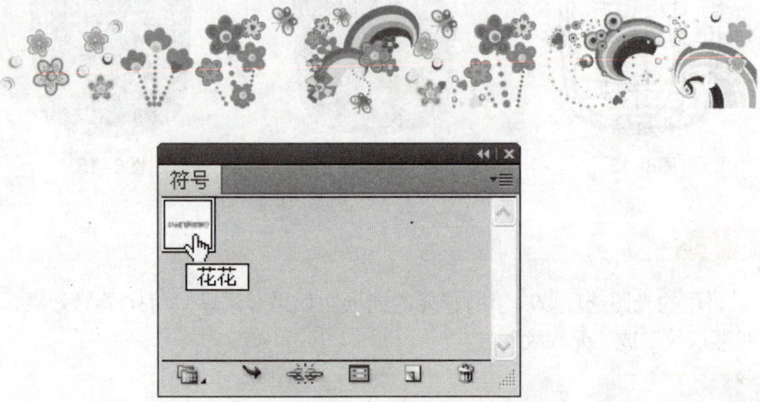

图8-18

3. 用【选择工具】选中路径，执行【效果】→【3D】→【绕转】命令，弹出【3D绕转选项】对话框，如图8-19所示。
4. 选中【预览】复选框，可以在窗口中预览效果，如图8-20所示。

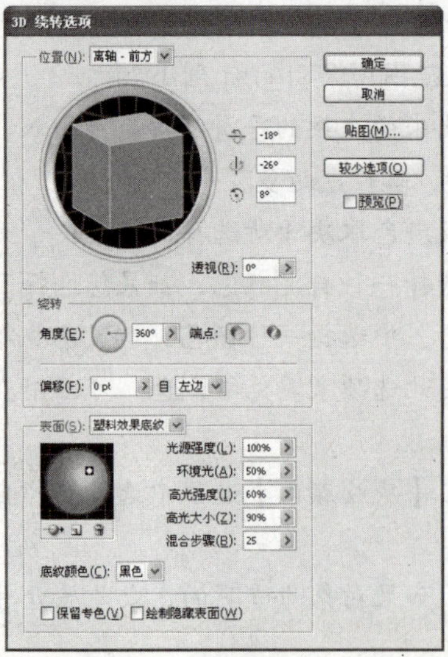

图8-19

图8-20

- 【角度】：设置0～360° 之间的路径绕转度数。默认情况下为360° ，此时可以生成完整的立体对象，如图8-21所示，如果小于360° ，则会出现断面，如图8-22所示。
- 【端点】：指定显示的对象是实心还是空心的。
- 【偏移】：在绕转轴与路径之间添加距离。可以输入一个0～1000之间的值。值越大，生成的对象偏离绕转轴的距离就越大。图8-21所示为“0pt”的效果，图8-23所示为“30pt”的效果。
- 【自】：设置对象绕之转动的轴，可以是“左边”也可以是“右边” 。图8-21所示为从“左边”绕转的结果，图8-24所示为从“右边”绕转的效果。

图8-21

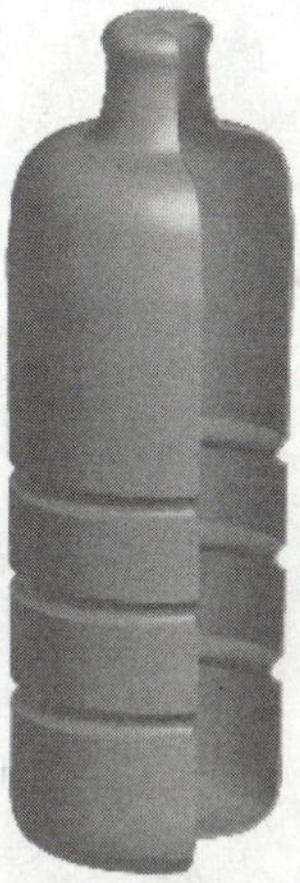
图8-22

图8-23

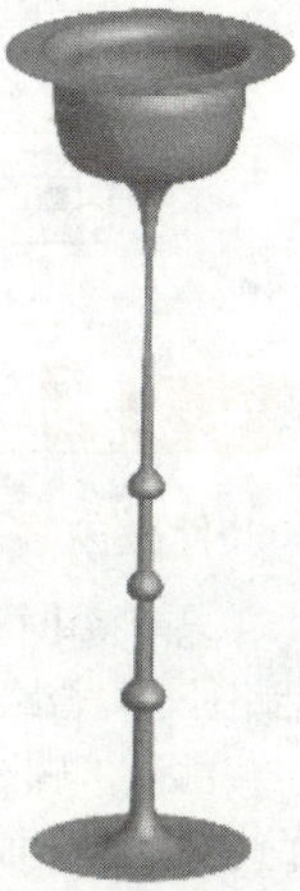
图8-24

5 单击【贴图】按钮，弹出【贴图】对话框，将标签贴到酒瓶的表面。

在Illustrator中无法完成一个模型表面完整的贴图，Illustrator会将一个模型分成几个表面来贴，选择不同的表面，模型上会有相应的选择。可单击【表面】箭头按钮，或在文本框中输入一个表面编号，如图8-25所示。

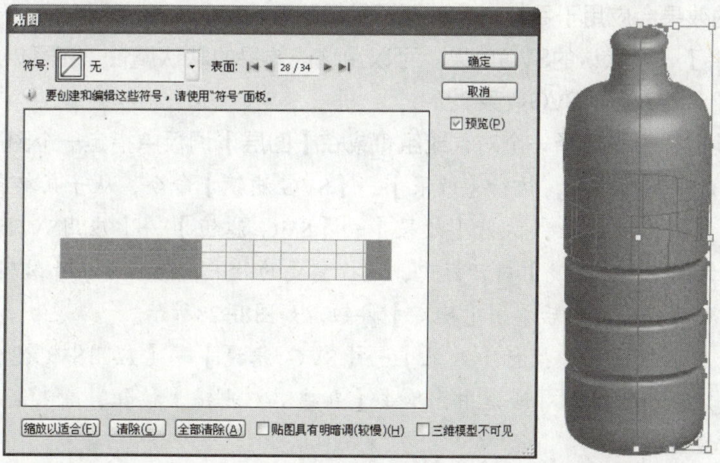

图8-25

6 选择【符号】文本框，在弹出的下拉文本框中选择刚存进去的符号，此符号即可被贴入到指定的部分中，将指针放置在贴图预览视图中的9个角点位置，可调整贴图的大小，如图8-26所示。

7 单击【确定】按钮，则完成3D 绕转的效果，如图8-27所示。

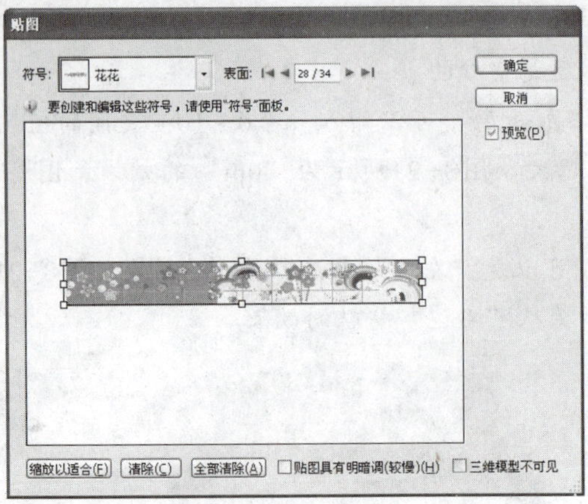

图8-26

图8-27

问答 2

什么内容可以贴图到3D对象上?

只能将【符号】调板中存储的2D图稿贴到3D对象上。符号可以是任何 Illustrator 图稿对象，其中包括路径、复合路径、文本、栅格图像、网络对象以及对象组。

由于“贴图”功能是用符号来执行贴图操作的，因此可以编辑一个符号实例，然后自动更新所有贴了此符号的表面。

8.3.2 SVG 滤镜

使用SVG滤镜可以添加图形属性，如添加投影到图稿上。因为SVG效果基于XML，并且不依赖于分辨率，所以它与位图效果有所不同。事实上，SVG效果就是一系列描述各种数学运算的XML属性，生成的效果会应用于目标对象，而不是源图形。

Illustrator提供了一组默认的SVG效果。可以用这些效果的默认属性，还可以编辑XML代码以生成自定效果，或者导入新的SVG效果。

· 使用SVG滤镜时，首先选择一个对象或组（或在【图层】调板中指定一个图层）。

- 要应用默认设置的效果，执行【效果】→【SVG 滤镜】命令，从子菜单底部选择效果。
- 要应用自定设置的效果，执行【效果】→【SVG 滤镜】→【应用SVG滤镜】命令，在弹出的【应用 SVG 滤镜】对话框中，选择需要的效果，然后单击【编辑 SVG 滤镜】按钮，编辑默认代码，然后单击【确定】按钮，如图8-28所示。
- 要创建并应用新效果，执行【效果】→【SVG 滤镜】→【应用SVG滤镜】命令，在弹出的【应用SVG滤镜】对话框中，单击【新建SVG滤镜】按钮，输入新代码，然后单击【确定】按钮。

提示

如果对象使用了多个效果，SVG效果必须是最后一个效果；换言之，它必须显示在【外观】调板底部（在“透明度”选项正上方）。如果SVG效果后面还有其他效果，SVG 输出将由栅格对象组成。

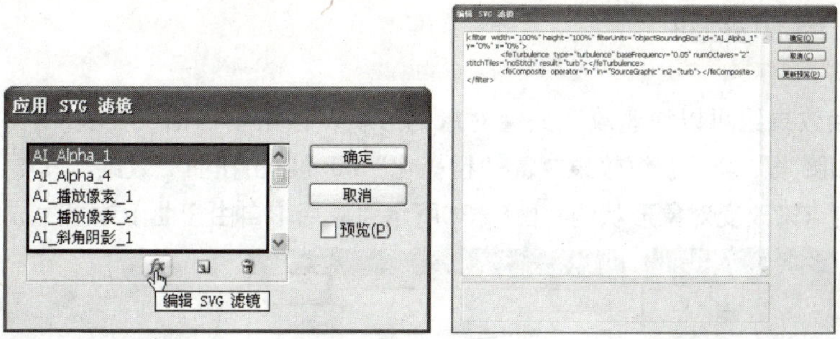

图8-28

8.3.3 变形

变形效果组中共有15种效果，可以扭曲或变形对象，包括路径、文本、网格、混合以及位图图像。选择一种预定义的变形形状，在弹出的【变形选项】对话框中设置相关的选项，图8-29所示为应用这些效果生成的对象。

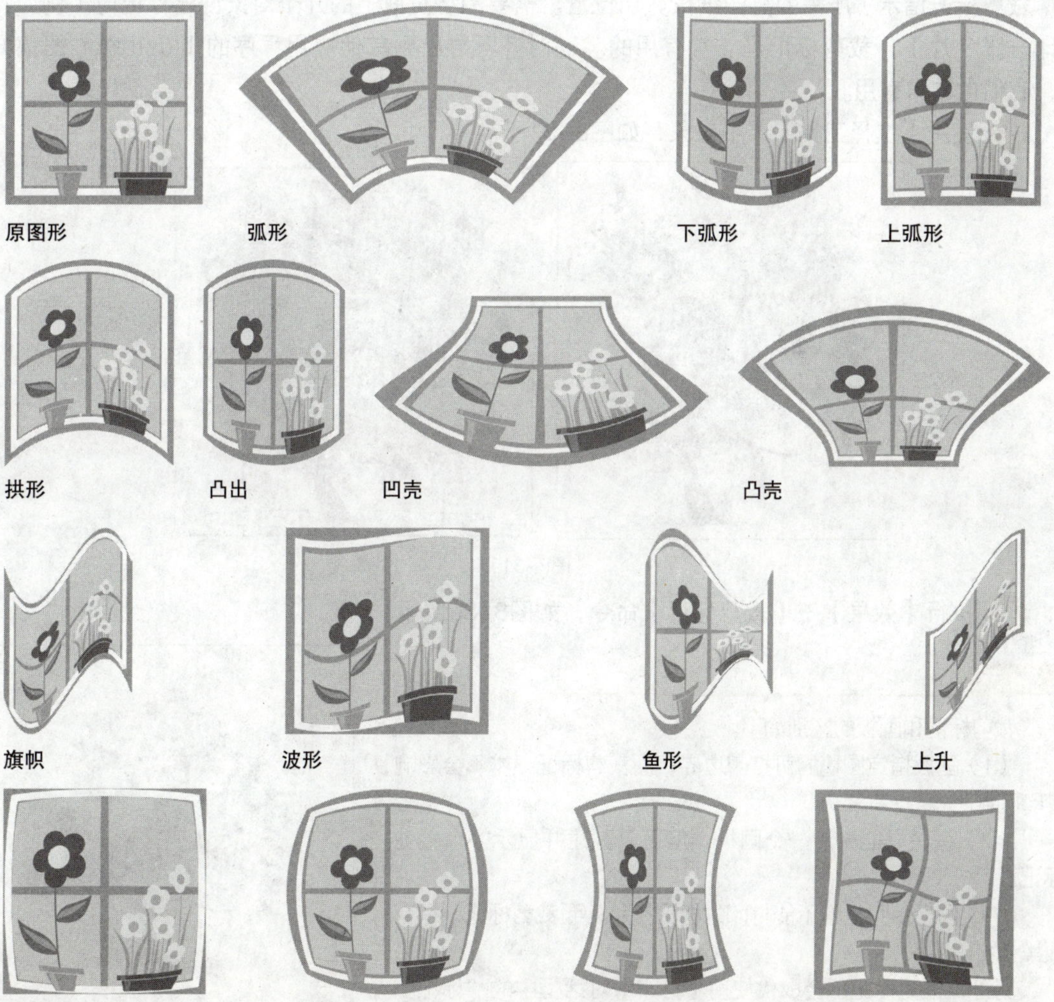

图8-29

8.3.4 扭曲和变换

扭曲和变换效果组可以快速改变矢量对象的形状，该组中包括“变换”、“扭拧”、“扭转”、“收缩和膨胀”、“波纹效果”、“粗糙化”和“自由扭曲”效果。其中，【自由扭曲】命令是通过控制点来改变对象形状的，图8-30所示为应用【自由扭曲】效果生成的对象。

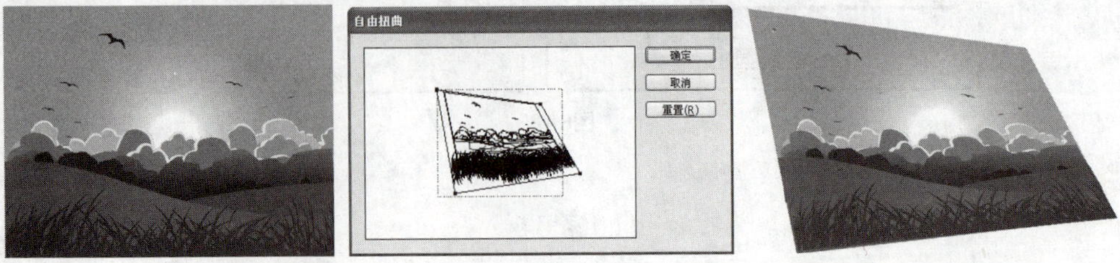

图8-30

8.3.5 裁剪标记

裁剪标记指示了所需的打印纸张剪切位置。需要围绕页面上的几个对象创建标记时（例如，打印一张名片），裁剪标记是非常有用的。在对齐已导出到其他应用程序的 Illustrator 图稿方面，它们也非常有用。

1 使用【选择工具】选中对象，如图8-31所示。

图8-31

2 执行【效果】→【裁剪标记】命令，如图8-32所示。

提 示

裁剪标记和画板的区别如下。

（1）画板指定图稿的可打印边界；而裁剪标记根本不会影响打印区域。

（2）每次只能激活一个画板，但可以创建并显示多个裁剪标记。

（3）画板由可见但不能打印的标记指示；而裁剪标记则用套版黑色打印出来。

另外，裁剪标记不会取代使用【打印】对话框中的“标记和出血”选项创建的裁切标记。

图8-32

3 若要删除裁剪标记，打开【外观】调板，选中“裁剪标记”，单击调板下方的【删除所选项目】按钮。

8.3.6 路径

【路径】效果组中包括【位移路径】、【轮廓化对象】和【轮廓化描边】命令。使用【位移路径】效果，可以设置相对于对象的原始路径偏移对象路径；【轮廓化对象】可以将对象创建为轮廓；【轮廓化描边】可以将对象的描边创建为轮廓。还可以使用【外观】调板将这些命令应用于添加到位图对象上的填充或描边。

8.3.7 路径查找器

路径查找器效果能够从重叠对象中创建新的形状，其中包括13种效果。

1 选中所有对象，执行【对象】→【编组】命令，将对象编组，选中编组的对象。

2 执行【效果】→【路径查找器】命令，选择效果，如图8-33所示为各种效果的应用和说明。

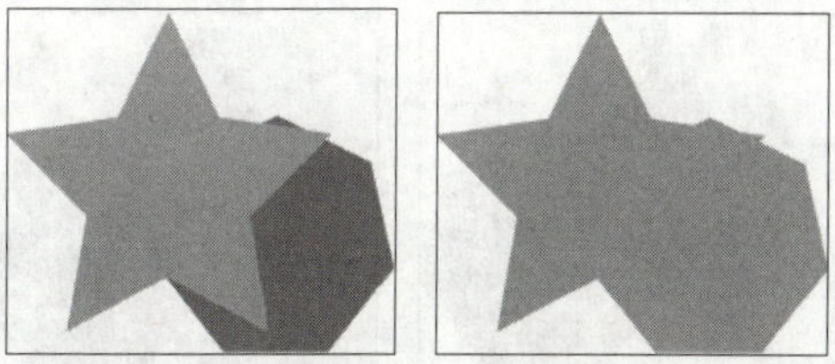

相加
描摹所有对象的轮廓，就像它们是单独的、已合并的对象一样。此选项产生的结果形状会采用顶层对象的上色属性。

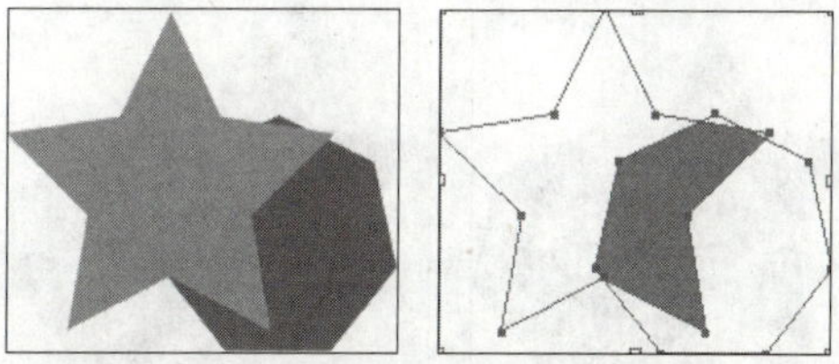

交集
描摹被所有对象重叠的区域轮廓。

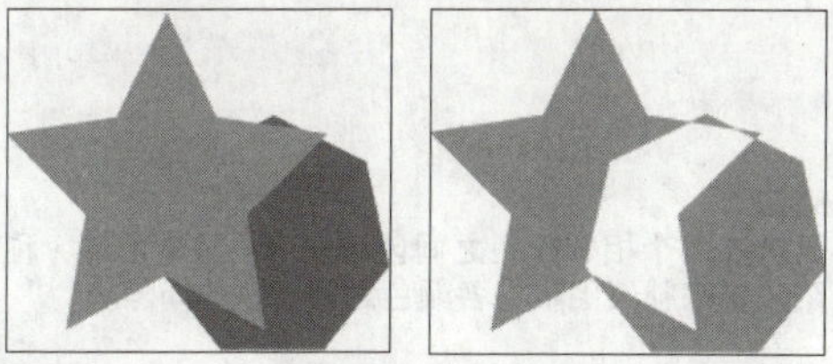

差集
描摹对象所有未被重叠的区域，并使重叠区域透明。若有偶数个对象重叠，则重叠处会变成透明。而有奇数个对象重叠时，重叠的地方则会填充颜色。

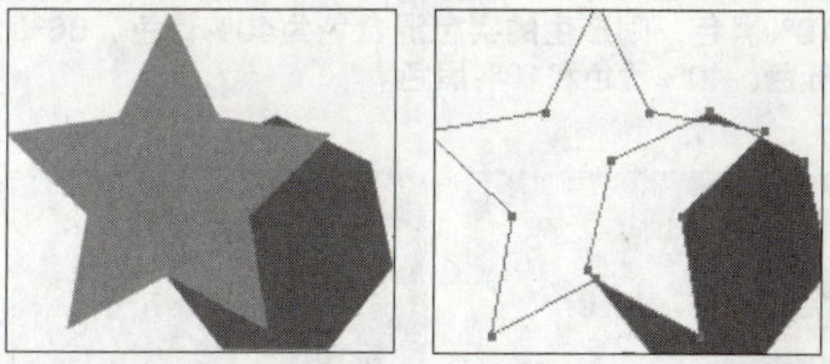

相减
从最后面的对象中减去最前面的对象。应用此命令，您可以通过调整堆栈顺序来删除插图中的某些区域。

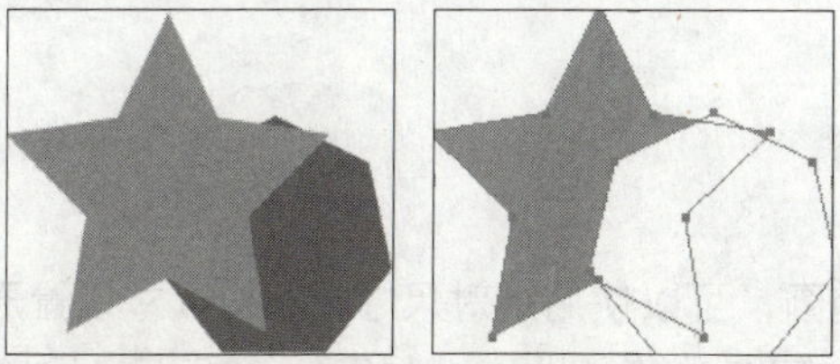

减去后方对象
从最前面的对象中减去后面的对象。应用此命令，您可以通过调整堆栈顺序来删除插图中的某些区域。

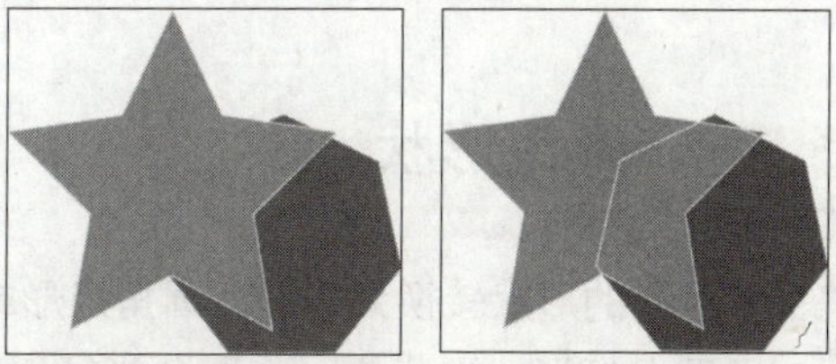

分割
将一份图稿分割为作为其构成成分的填充表面（表面是未被线段分割的区域）。

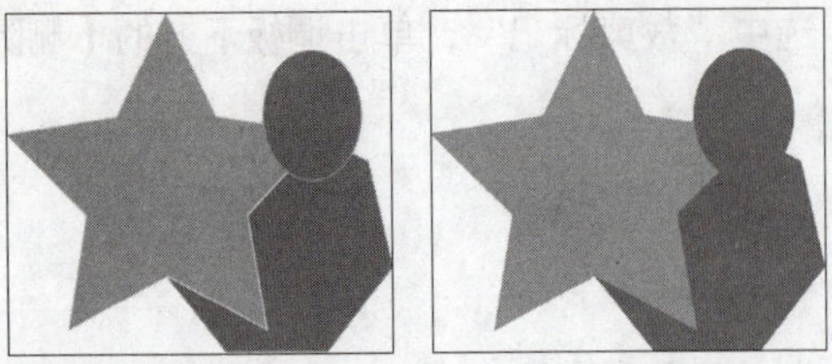

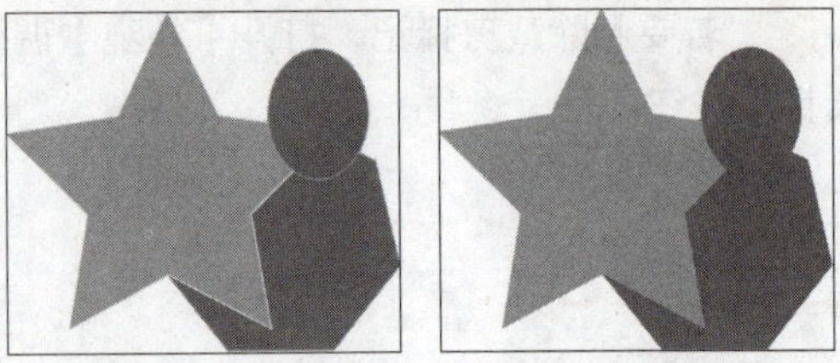

修边
删除已填充对象中被隐藏的部分。它会删除所有描边，且不会合并相同颜色的对象。

合并
删除已填充对象中被隐藏的部分。它会删除所有描边，会合并具有相同颜色的相邻或重叠的对象。

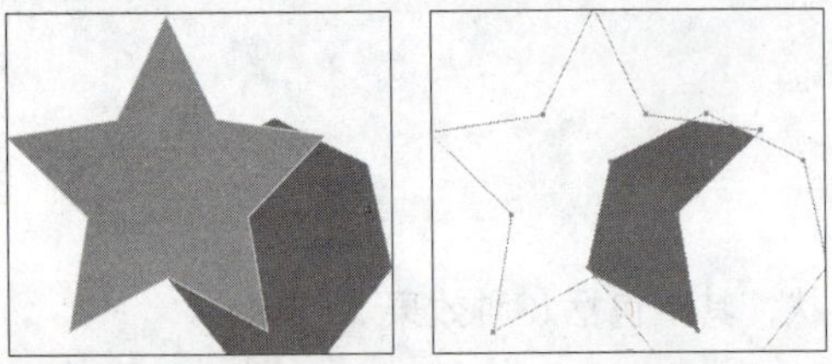

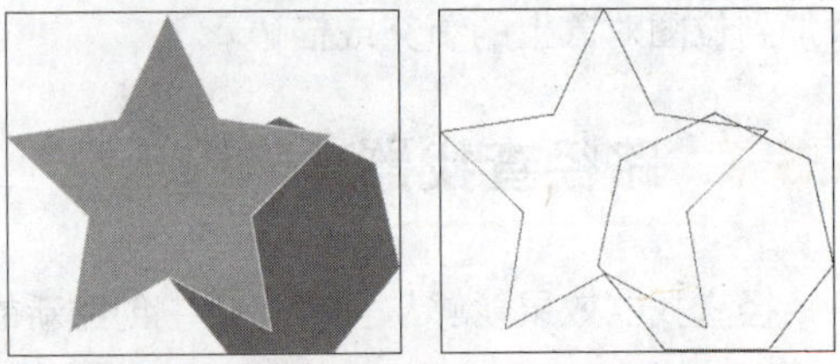

裁剪
将图稿分割为作为其构成成分的填充表面，然后删除图稿中所有落在最上方对象边界之外的部分。此操作还会删除所有描边。

轮廓
将对象分割为其组件线段或边缘。准备需要对叠印对象进行陷印的图稿时，此命令非常有用。

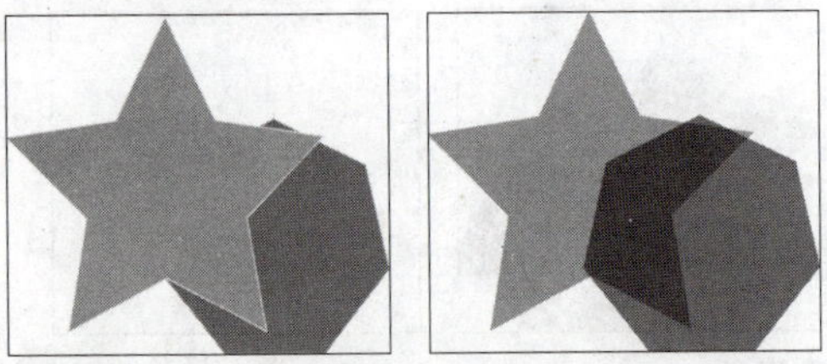

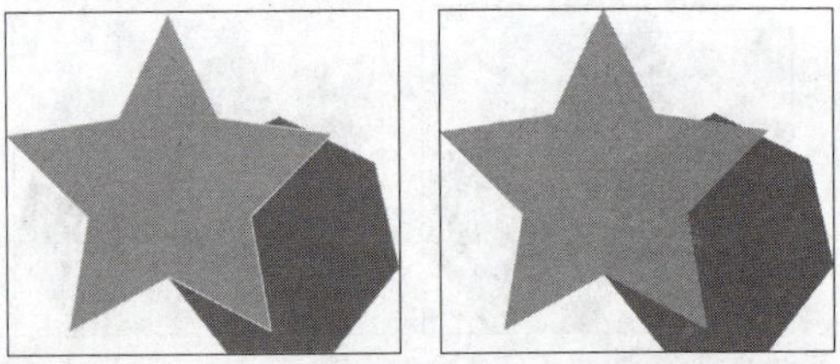

实色混合
通过选择每个颜色组件的最高值来组合颜色。例如，如果颜色1为20%青色、66%洋红色、40%黄色和0%黑色；而颜色2为40%青色、20%洋红色、30%黄色和10%黑色，则产生的实色混合色为40%青色、66%洋红色、40%黄色和10%黑色。

透明混合
使底层颜色透过重叠的图稿可见，然后将图像划分为其构成部分的表面。设计师可以指定在重叠颜色中的可视性百分比。

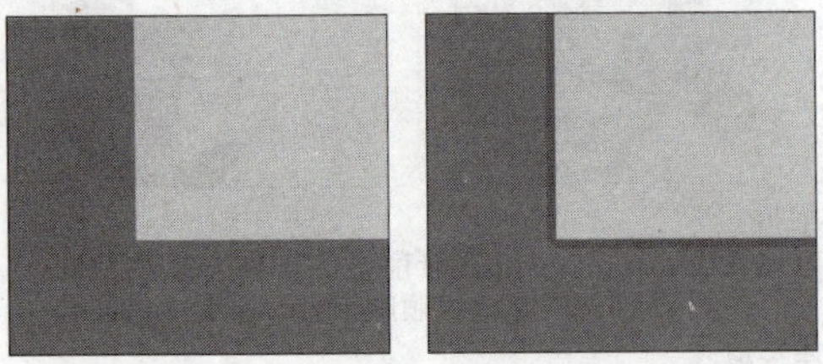

陷印
通过在两个相邻颜色之间创建一个小重叠区域（称为陷印）来补偿图稿中各颜色之间潜在的间隙。

图8-33

8.3.8 转换为形状

将矢量对象的形状转换为矩形、圆角矩形或椭圆，可以使用绝对尺寸或相对尺寸设置形状的尺寸。对于圆角矩形，要指定一个圆角半径以确定圆角边缘的曲率。如图8-34所示为一个图形的转换。

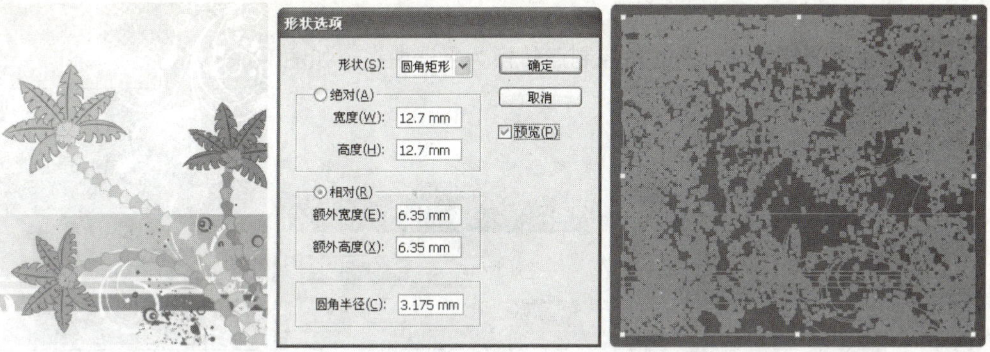

图8-34

8.3.9 风格化（上半部分）

【风格化】效果组可以为图形创建一些特殊效果，该效果组包括内发光、圆角、外发光和投影等。

1. 内发光和外发光

内发光和外发光命令可以使对象产生内向或外向的发光。选中对象，执行【效果】→【风格化】→【内发光/外发光】命令，设置其选项，如图8-35所示为原图，图8-36所示为内发光效果，如图8-37所示为外发光效果。

图8-35

图8-36

图8-37

- 【模式】：指定发光的混合模式。
- 【不透明度】：指定所需发光的不透明度百分比。
- 【模糊】：指定要进行模糊处理之处到选区中心或选区边缘的距离。
- 【中心】：（仅适用于内发光）从选区中心向外发散的发光效果。
- 【边缘】：（仅适用于内发光）从选区内部边缘向外发散的发光效果。

提 示

当对使用内发光效果的对象进行扩展时，内发光本身会呈现为一个不透明蒙版；若对使用外发光的对象进行扩展，外发光会变成一个透明的栅格对象。

2. 圆角

圆角效果会将矢量对象的角控制点转换为平滑曲线，如图8-38所示。

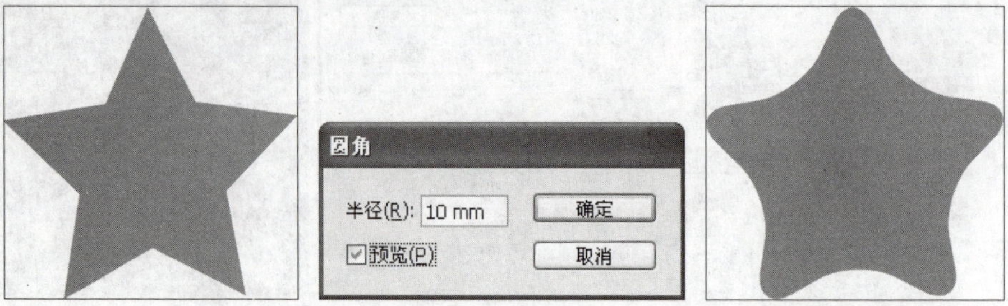

图8-38

3. 投影

投影命令可以为对象添加投影，创建立体效果，图8-39所示为原图。图8-40所示为参数设置，图8-41所示为设置好的投影效果。

图8-39

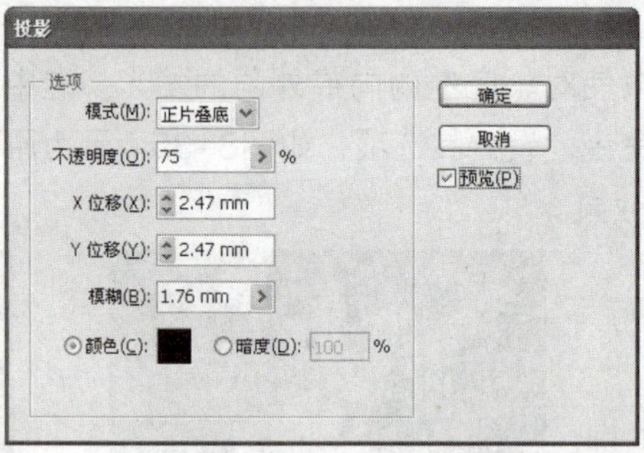

图8-40

图8-41

- 【模式】：指定投影的混合模式。
- 【不透明度】：指定所需的投影不透明度百分比。
- 【X位移】和【Y位移】：指定希望投影偏离对象的距离。
- 【模糊】：指定要进行模糊处理之处距离阴影边缘的距离。Illustrator 会创建一个透明栅格对象来模拟模糊效果。
- 【颜色】：指定阴影的颜色。
- 【暗度】：指定希望为投影添加的黑色深度百分比。在CMYK模式文档中，如果将此值定为100%，并与包含除黑色以外的其他填色或描边的所选对象一起使用，则会生成一种混合色黑影。如果将此值定为100%，并与仅包含黑色填色或描边颜色的所选对象一起使用，会创建一种100% 的纯黑阴影。如果将此值定为0%，会创建一种与所选对象颜色相同的投影。

4. 涂抹

涂抹命令可以为图形创建涂鸦等效果，首先要选中对象，然后执行【效果】→【风格化】→【涂抹】命令，若要使用预设的涂抹效果，从【设置】菜单中选择一种；若要创建一个自定涂抹效果，从任意一种预设开始，并在此基础上调整“涂抹”选项，图8-42所示为原图，图8-43所示为参数设置，图8-44所示为涂抹结果。

图8-42

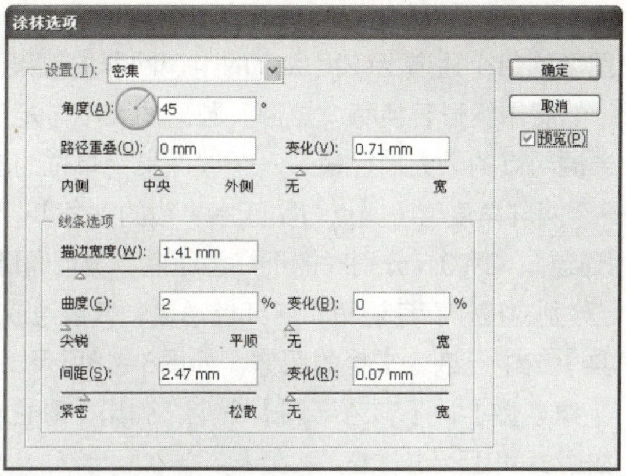

图8-43

图8-44

- 【角度】：用于控制涂抹线条的方向。可以单击角度图标中的任意点，围绕角度图标拖移角度线，或在框中输入一个-179～180之间的值（如果输入一个超出此范围的值，则该值将被转换为与其相当且处于此范围内的值）。
- 【路径重叠】：用于控制涂抹线条在路径边界内部距路径边界的量或在路径边界外距路径边界的量。负值将涂抹线条控制在路径边界内部，正值则将涂抹线条延伸至路径边界外部。
- 【变化】：用于控制涂抹线条彼此之间的相对长度差异。
- 【描边宽度】：用于控制涂抹线条的宽度。
- 【曲度】：用于控制涂抹曲线在改变方向之前的曲度。
- 【变化】：用于控制涂抹曲线彼此之间的相对曲度差异大小。
- 【间距】：用于控制涂抹线条之间的折叠间距量。
- 【变化】：用于控制涂抹线条之间的折叠间距差异量。

5. 羽化

羽化命令可以柔化对象的边缘，可以产生从内部到边缘逐渐透明的效果，如图8-45所示为原图，图8-46所示为设置参数，图8-47所示为羽化效果。

图8-45

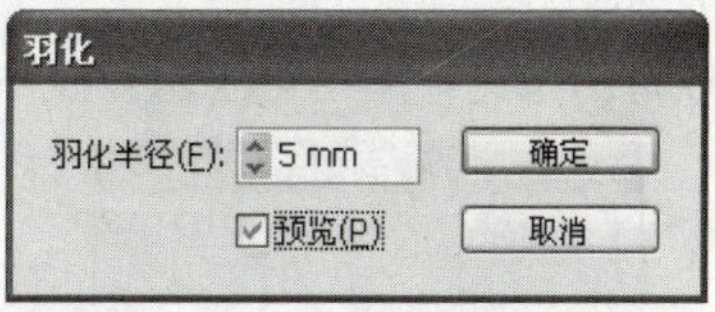

图8-46

图8-47

8.3.10 像素化

像素化效果是基于栅格的效果，无论什么时候对矢量对象应用这些效果，都将使用文档的栅格效果设置。

1. 彩色半调

彩色半调就是模拟在图像的每个通道上使用放大的半调网屏的效果。对于每个通道，效果都会将图像划分为多个矩形，然后用圆形替换每个矩形。圆形的大小与矩形的亮度成比例。

使用该效果时，要为半调网点的最大半径输入一个以像素为单位的值（介于4～127之间），再为一个或多个通道输入一个网屏角度值（网点与实际水平线的夹角）。对于灰度图像，只使用通道1。对于RGB图像，使用通道1、2和3，分别对应于红色通道、绿色通道与蓝色通道。对于CMYK图像，使用全部四个通道，分别对应于青色通道、洋红色通道、黄色通道以及黑色通道。

1 首先用【选择工具】选中已嵌入文档的图像，如图8-48所示。

2 执行【滤镜】→【像素化】→【彩色半调】命令，弹出【彩色半调】对话框，在【最大半径】数值框中输入15，如图8-49所示。

在【彩色半调】滤镜对话框中，可以设置图像像素化的像素点半径，也可设置通道的网线角度。晶格化滤镜可将颜色集结成块，形成多边形。

3 单击【确定】按钮，则完成将图像进行彩色半调的滤镜操作，如图8-50所示。

图8-48

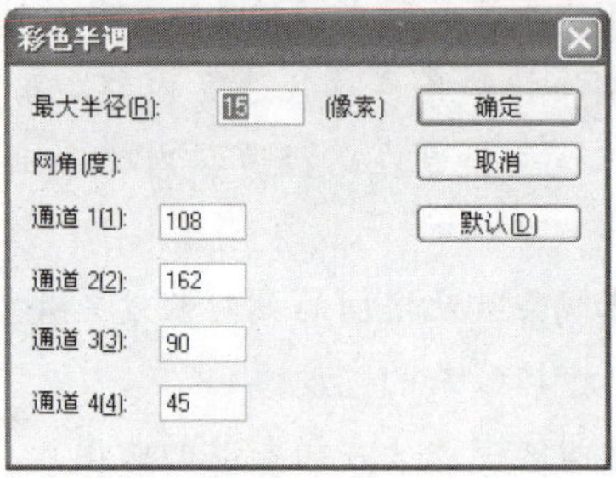

图8-49

图8-50

提 示

如果命令显示为灰色，可以将文档设置为RGB颜色模式，或者将图像嵌入，而非链接图像。

2. 晶格化

【晶格化】就是将颜色集结成块，形成多边形。

1 首先用【选择工具】选中已嵌入文档的图像，如图8-51所示。

2 执行【滤镜】→【像素化】→【晶格化】命令，弹出【晶格化】对话框，在【单元格大小】数值框中输入29，如图8-52所示。

3 单击【确定】按钮，完成将图像进行晶格化的滤镜操作，如图8-53所示。

图8-51

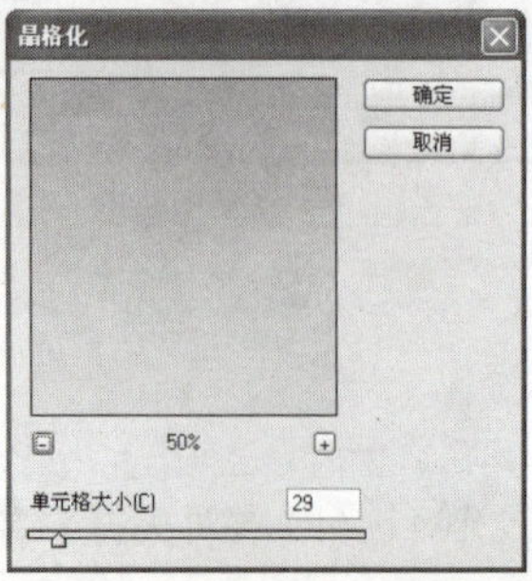

图8-52

图8-53

3. 点状化

【点状化】是将图像中的颜色分解为随机分布的网点，如同点状化绘画一样，并使用背景色作为网点之间的画布区域。

1 首先用【选择工具】选中已嵌入文档的图像，如图8-54所示。

2 执行【滤镜】→【像素化】→【点状化】命令，弹出【点状化】对话框，在【单元格大小】数值框中输入30，如图8-55所示。

【点状化】滤镜可将图像中的颜色分解为随机分布的网点，如同点状化绘画一样，并使用背景色作为网点之间的画布区域。

3 单击【确定】按钮，完成将图像进行点状化的滤镜操作，如图8-56所示。

图8-54

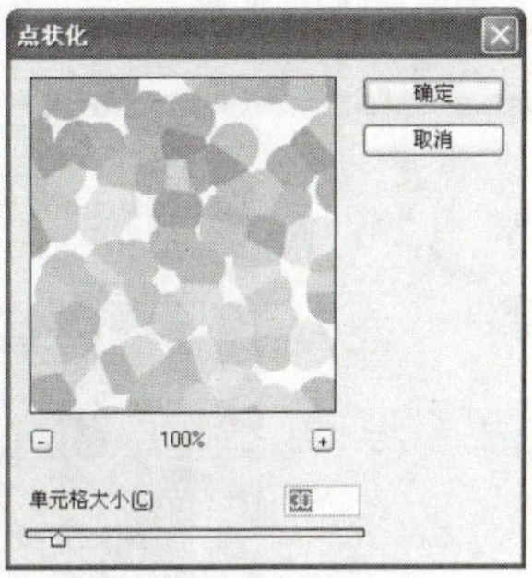

图8-55

图8-56

4. 铜版雕刻

铜版雕刻是将图像转换为黑白区域的随机图案或彩色图像中完全饱和颜色的随机图案。若要使用此效果，请从【铜版雕刻】对话框的【类型】弹出式菜单中选择一种网点图案。

1 首先用【选择工具】选中已嵌入文档的图像，如图8-57所示。

2 执行【滤镜】→【像素化】→【铜版雕刻】命令，弹出【铜版雕刻】对话框，在【类型】下拉文本框中选择“粒状点”，如图8-58所示。

【铜版雕刻】滤镜可将图像转换为黑白区域的随机图案或彩色图像中完全饱和颜色的随机图案。

3 单击【确定】按钮，完成将图像进行铜版雕刻的滤镜操作，如图8-59所示。

图8-57

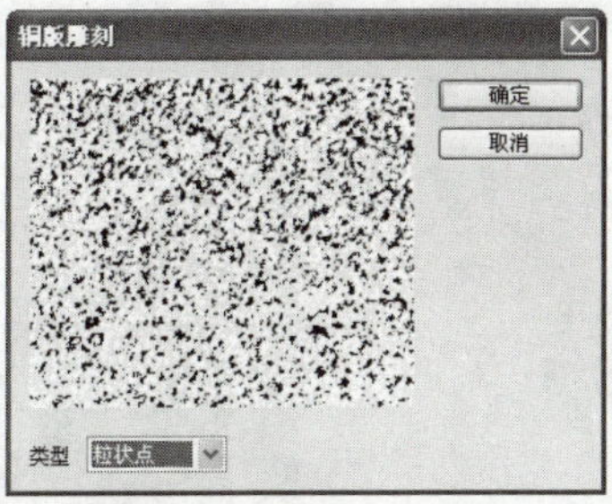

图8-58

图8-59

8.3.11 扭曲

扭曲命令可能会占用大量内存。这些效果是基于栅格的效果，无论何时对矢量对象应用这些效果，都将使用文档的栅格效果设置。

1. 扩散亮光

扩散亮光命令是将图像渲染成像，是透过一个柔和的扩散滤镜来观看的。此效果将透明的白杂色添加到图像中，并从选区的中心向外渐隐亮光。

1 首先用【选择工具】选中已嵌入文档的图像，且图像的色彩模式为RGB，如图8-60所示。

2 执行【滤镜】→【扭曲】→【扩散亮光】命令，弹出【扩散亮光】对话框，在【粒度】数值框中输入9，分别在【发光量】数值框中输入12，【清除数量】数值框中输入15，如图8-61所示。

3 单击【确定】按钮，完成将图像进行扩散亮光的滤镜操作，如图8-62所示。

图8-60

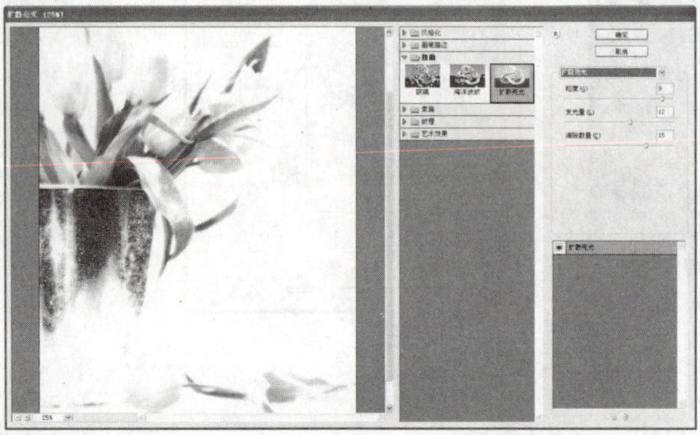

图8-61

图8-62

2. 海洋波纹

海洋波纹命令是将随机分隔的波纹添加到图稿中，使图稿看上去像在水中。

1 首先用【选择工具】选中已嵌入文档的图像，且图像的色彩模式为RGB，如图8-63所示。

2 执行【滤镜】→【扭曲】→【海洋波纹】命令，弹出【海洋波纹】对话框，分别在【波纹大小】和【波纹幅度】数值框中输入12，如图8-64所示。

3 单击【确定】按钮，完成将图像进行海洋波纹的滤镜操作，如图8-65所示。

图8-63

图8-64

图8-65

3. 玻璃

玻璃命令是使图像显得像是透过不同类型的玻璃来观看的。可以选择一种预设的玻璃效果，也可以使用 Photoshop 文件创建自己的玻璃面。还可以调整缩放、扭曲和平滑度设置，以及纹理选项。

1 首先用【选择工具】选中已嵌入文档的图像，且图像的色彩模式为RGB，如图8-66所示。

2 执行【滤镜】→【扭曲】→【玻璃】命令，弹出【玻璃】对话框，在【扭曲度】数值框中输入10，在【平滑度】数值框中输入8，在【纹理】下拉文本框中选择“画布”，最后在【缩放】数值框中输入148，如图8-67所示。

3 单击【确定】按钮，完成将图像进行玻璃的滤镜操作，如图8-68所示。

图8-66

图8-67

图8-68

8.3.12 模糊

模糊命令可在图像中对指定线条和阴影区域的轮廓边线旁的像素进行平衡，从而润色图像，使过渡显得更柔和。

1. 径向模糊

径向模糊命令模拟对相机进行缩放或旋转而产生的柔和模糊。

1 用【选择工具】选中已嵌入文档的图像，如图8-69所示。

2 执行【滤镜】→【模糊】→【径向模糊】命令，弹出【径向模糊】对话框，选中【旋转】单选钮，可沿同心圆环线模糊，效果如图8-70所示；选中【缩放】单选钮，对图像进行放大或缩小，并可指定缩放值，效果如图8-71所示。在对话框中还可通过拖曳【中心模糊】框中的图案，指定模糊的原点。

图8-69

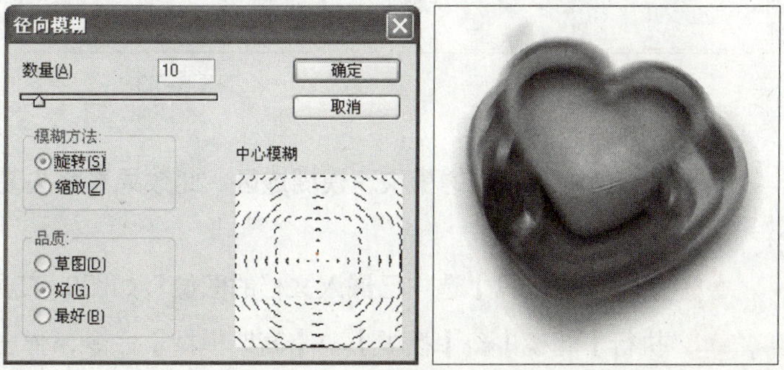

图8-70

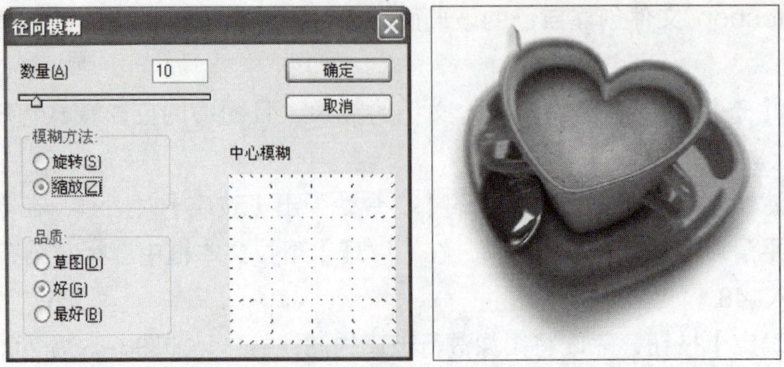

图8-71

模糊品质包括“草图”、“好”和“最好”。“草图”的速度最快，但结果往往会颗粒化，选择“好”和“最好”都可以产生较为平滑的结果，如果不是选择一个较大范围的选区，后两者之间的效果差别并不明显。

2. 特殊模糊

特殊模糊命令可以精确地模糊图像。可以指定半径、阈值和模糊品质。半径值确定搜索不同像素的区域大小。阈值确定像素具有多大差异后才会受到影响。也可以为整个选区设置模式（正常），或为颜色转变的边缘设置模式（“仅限边缘”和“叠加”）。在对比度显著的地方，“仅限边缘”应用黑白混合的边缘，而“叠加边缘”应用白色的边缘。

1 用【选择工具】选中已嵌入文档的图像，如图8-72所示。

2 执行【滤镜】→【模糊】→【特殊模糊】命令，弹出【特殊模糊】对话框，在对话框中可设置模糊的半径及阈值，如图8-73所示。

3 单击【确定】按钮，可看到设置特殊模糊的效果，如图8-74所示。

图8-72

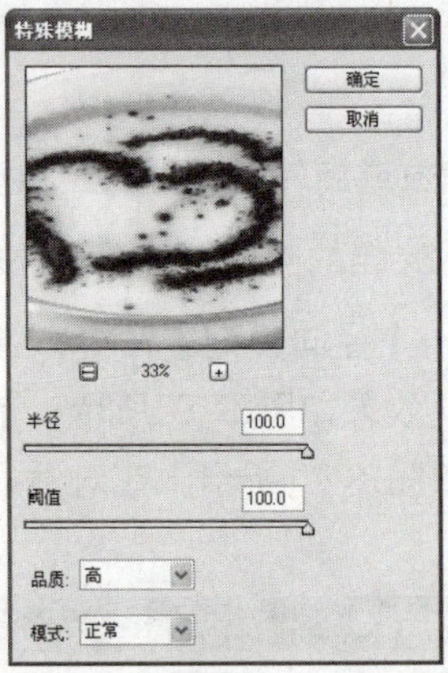

图8-73

图8-74

3. 高斯模糊

高斯模糊命令以可调的量快速模糊选区。此效果将移去高频出现的细节，并产生一种朦胧的效果。

1 用【选择工具】选中已嵌入文档的图像，如图8-75所示。

2 执行【滤镜】→【模糊】→【高斯模糊】命令，弹出【高斯模糊】对话框，在对话框中可设置高斯模糊的半径，如图8-76所示。

3 单击【确定】按钮，则完成高斯模糊的操作，如图8-77所示。

图8-75

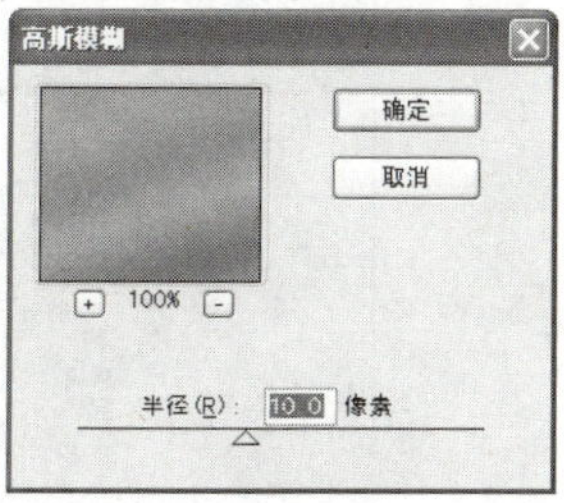

图8-76

图8-77

8.3.13 画笔描边

使用不同的画笔和油墨描边效果创建绘画效果或美术效果。

1. 喷溅

喷溅滤镜可模拟喷枪喷溅的效果。

1 用【选择工具】选中已嵌入文档的图像，且图像的颜色模式为RGB，如图8-78所示。

2 执行【滤镜】→【画笔描边】→【喷溅】命令，弹出【喷溅】对话框，在【喷溅】对话框中设置【喷溅半径】为20，【平滑度】为5，如图8-79所示。设计者也可在对话框中选择其他滤镜，并在左侧可以看到图像经过滤镜命令后的预览视图。

图8-78

图8-79

3 单击【确定】按钮，则完成喷溅的操作，如图8-80所示。

图8-80

2. 喷色描边

喷色描边滤镜是使用图像的主导色，用成角的、喷溅的颜色线条重新绘画图像。

1 用【选择工具】选中已嵌入文档的图像，且确保图像颜色模式为RGB模式，如图8-81所示。

2 执行【滤镜】→【画笔描边】→【喷色描边】命令，弹出【喷色描边】对话框，在【喷色描边】对话框中设置【描边长度】为12，【喷色半径】为16，【描边方向】为“右对角线”，在左侧可以看到图像经过滤镜命令后的预览视图，如图8-82所示。

图8-81

图8-82

3 单击【确定】按钮，完成喷色描边的操作，如图8-83所示。

图8-83

3. 墨水轮廓

墨水轮廓滤镜以钢笔画的风格，用纤细的线条在原细节上重绘图像。

1 用【选择工具】选中已嵌入文档的图像，且图像的颜色模式为RGB模式，如图8-84所示。

2 执行【滤镜】→【画笔描边】→【墨水轮廓】命令，弹出【墨水轮廓】对话框，在【墨水轮廓】对话框中设置【描边长度】为4，【深色强度】为20，【光照强度】为10，在左侧可以看到图像经过滤镜命令后的预览视图，如图8-85所示。

3 单击【确定】按钮，完成墨水轮廓滤镜的操作，如图8-86所示。

图8-84

图8-85

图8-86

4. 强化的边缘

强化的边缘滤镜可在设置高的边缘亮度控制值时，强化效果类似于白色粉笔；设置低的边缘亮度控制值时，强化效果类似于黑色油墨。

1 用【选择工具】选中已嵌入文档的图像，且图像的颜色模式为RGB，如图8-87所示。

❷ 执行【滤镜】→【画笔描边】→【强化的边缘】命令，弹出【强化的边缘】对话框，在【强化的边缘】对话框中，设置【边缘宽度】为2，【边缘亮度】为35，【平滑度】为4，在左侧可以看到图像经过滤镜命令后的预览视图，如图8-88所示。

❸ 单击【确定】按钮，完成强化边缘滤镜的操作，如图8-89所示。

图8-87

图8-88

图8-89

5. 成角的线条

成角的线条滤镜使用对角描边重新绘制图像。用一个方向的线条绘制图像的亮区，用相反方向的线条绘制暗区。

❶ 用【选择工具】选中已嵌入文档的图像，且图像的颜色模式为RGB，如图8-90所示。

❷ 执行【滤镜】→【画笔描边】→【成角的线条】命令，弹出【成角的线条】对话框，在【成角的线条】对话框中设置【方向平衡】为20，【描边长度】为36，【锐化程度】为4，在左侧可以看到图像经过滤镜命令后的预览视图，如图8-91所示。

❸ 单击【确定】按钮，完成成角线条滤镜的操作，如图8-92所示。

图8-90

图8-91

图8-92

6. 深色线条

深色线条滤镜用短线条绘制图像中接近黑色的暗区；用长的白色线条绘制图像中的亮区。

1 用【选择工具】选中已嵌入文档的图像，且图像的颜色模式为RGB，如图8-93所示。

2 执行【滤镜】→【画笔描边】→【深色线条】命令，弹出【深色线条】对话框，在【深色线条】对话框中设置【平衡】为5，【黑色强度】为6，【白色强度】为2，在左侧可以看到图像经过滤镜命令后的预览视图，如图8-94所示。

3 单击【确定】按钮，完成深色线条滤镜的操作，如图8-95所示。

图8-93

图8-94

图8-95

7. 烟灰墨

烟灰墨滤镜是以日本画的风格绘画图像，看起来像是用蘸满黑色油墨的湿画笔在宣纸上绘画。效果是非常黑的柔化模糊边缘。

图8-96

1 用【选择工具】选中已嵌入文档的图像，且图像的颜色模式为RGB，如图8-96所示。

2 执行【滤镜】→【画笔描边】→【烟灰墨】命令，弹出【烟灰墨】对话框，在【烟灰墨】对话框中设置【描边宽度】为10，【描边压力】为2，【对比度】为16，在左侧可以看到图像经过滤镜命令后的预览视图，如图8-97所示。

3 单击【确定】按钮，完成烟灰墨滤镜的操作，如图8-98所示。

图8-97

图8-98

8. 阴影线

阴影线滤镜可保留阴影线在原稿图像的细节和特征，同时使用模拟的铅笔阴影线添加纹理，并使图像中彩色区域的边缘变粗糙。

1 用【选择工具】选中已嵌入文档的图像，且图像的颜色模式为RGB，如图8-99所示。

2 执行【滤镜】→【画笔描边】→【阴影线】命令，弹出【阴影线】对话框，在【阴影线】对话框中设置【描边长度】为20，【锐化程度】为10，【对比度】为1，在左侧可以看到图像经过滤镜命令后的预览视图，如图8-100所示。

3 单击【确定】按钮，完成阴影线滤镜的操作，如图8-101所示。

图8-99

图8-100

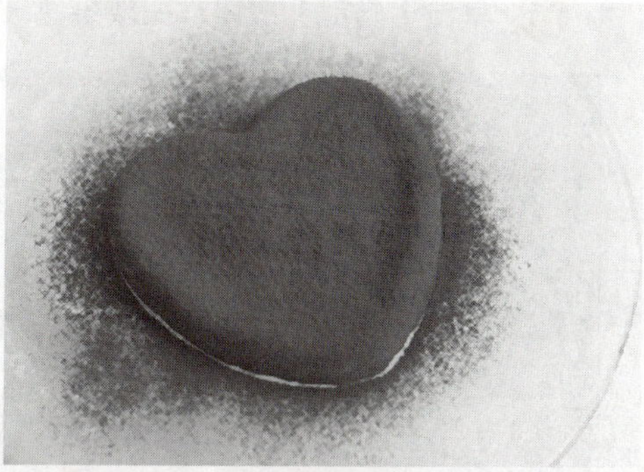

图8-101

8.3.14 纹理

应用纹理滤镜可以使图像表面具有深度感或质地感，或者是为其赋予有机风格。

1. 拼缀图

拼缀图滤镜可将图像分解为由若干方形图块组成的效果，图块的颜色由该区域的主色决定。

1 用【选择工具】选中已嵌入文档的图像，且图像的颜色模式为RGB，如图8-102所示。

2 执行【滤镜】→【纹理】→【拼缀图】命令，弹出【拼缀图】对话框。在【拼缀图】对话框中设置【方形大小】为4，【凸现】为8，在左侧可以看到图像经过滤镜命令后的预览视图，如图8-103所示。

3 单击【确定】按钮，完成拼缀图滤镜的操作，如图8-104所示。

图8-102

图8-103

图8-104

2. 染色玻璃

染色玻璃滤镜可将图像重新绘制成许多相邻的单色单元格效果，边框由前景色填充。

图8-105

1 用【选择工具】选中已嵌入文档的图像，且图像的颜色模式为RGB，如图8-105所示。

2 执行【滤镜】→【纹理】→【染色玻璃】命令，弹出【染色玻璃】对话框。在【染色玻璃】对话框中设置【单元格大小】为10，【边框粗细】为4，【光照强度】为3，在左侧可以看到图像经过滤镜命令后的预览视图，如图8-106所示。

3 单击【确定】按钮，完成染色玻璃滤镜的操作，如图8-107所示。

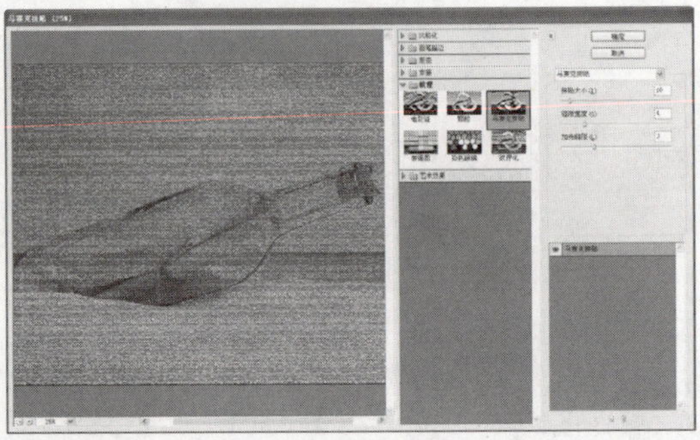

图8-106

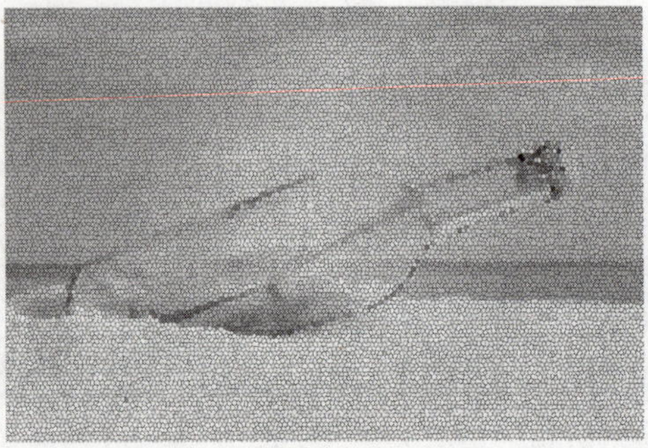

图8-107

3. 纹理化

纹理化滤镜将所选择或创建的纹理应用于图像。

1 用【选择工具】选中已嵌入文档的图像，且图像的颜色模式为RGB，如图8-108所示。

2 执行【滤镜】→【纹理】→【纹理化】命令，弹出【纹理化】对话框。在【纹理化】对话框中设置【纹理】为“画布”，【缩放】为100，【凸现】为10，【光照】为“上”，在左侧可以看到图像经过滤镜命令后的预览视图，如图8-109所示。

3 单击【确定】按钮，则完成纹理化滤镜的操作，如图8-110所示。

图8-108

图8-109

图8-110

4. 颗粒

颗粒滤镜可通过模拟不同种类的颗粒（常规、柔和、喷洒、结块、强反差、扩大、点刻、水平、垂直或斑点），对图像添加纹理。

1 用【选择工具】选中已嵌入文档的图像，且图像的颜色模式为RGB，如图8-111所示。

2 执行【滤镜】→【纹理】→【颗粒】命令，弹出【颗粒】对话框。在【颗粒】对话框中设置【强度】为60，【对比度】为65，【颗粒类型】为“常规”，在左侧可以看到图像经过滤镜命令后的预览视图，如图8-112所示。

3 单击【确定】按钮，完成颗粒滤镜的操作，如图8-113所示。

图8-111

图8-112

图8-113

5. 马赛克拼贴

马赛克拼贴滤镜可绘制图像，使它看起来像是由小的碎片或拼贴组成，然后在拼贴之间添加缝隙。

1 用【选择工具】选中已嵌入文档的图像，且图像的颜色模式为RGB，如图8-114所示。

2 执行【滤镜】→【纹理】→【马赛克拼贴】命令，弹出【马赛克拼贴】对话框。在【马赛克拼贴】对话框中设置【拼贴大小】为30，【缝隙宽度】为5，【加亮缝隙】为9，在左侧可以看到图像经过滤镜命令后的预览视图，如图8-115所示。

图8-114

3 单击【确定】按钮，完成马赛克拼贴滤镜的操作，如图8-116所示。

图8-115

图8-116

6. 龟裂缝

龟裂缝滤镜可将图像绘制在一个高处凸现的模型表面上，以循着图像等高线生成精细的网状裂缝。

1 用【选择工具】选中已嵌入文档的图像，且图像的颜色模式为RGB，如图8-117所示。

2 执行【滤镜】→【纹理】→【龟裂缝】命令，弹出【龟裂缝】对话框。在【龟裂缝】对话框中设置【单元格大小】为15，【边框粗细】为5，【光照强度】为3，在左侧可以看到图像经过滤镜命令后的预览视图，如图8-118所示。

3 单击【确定】按钮，完成龟裂缝滤镜的操作，如图8-119所示。

图8-117

图8-118

图8-119

8.3.15 风格化

照亮边缘滤镜可以标识颜色的边缘，并向其添加类似霓虹灯的光亮。

图8-120

1 用【选择工具】选中已嵌入文档的图像，且图像的颜色模式为RGB，如图8-120所示。

2 执行【滤镜】→【风格化】→【照亮边缘】滤镜，弹出【照亮边缘】对话框，在【照亮边缘】对话框中设置【边缘宽度】为1，【边缘亮度】为20，【平滑度】为5，在左侧可以看到图像经过滤镜命令后的预览视图，如图8-121所示。

3 单击【确定】按钮，则完成照亮边缘的操作，如图8-122所示。

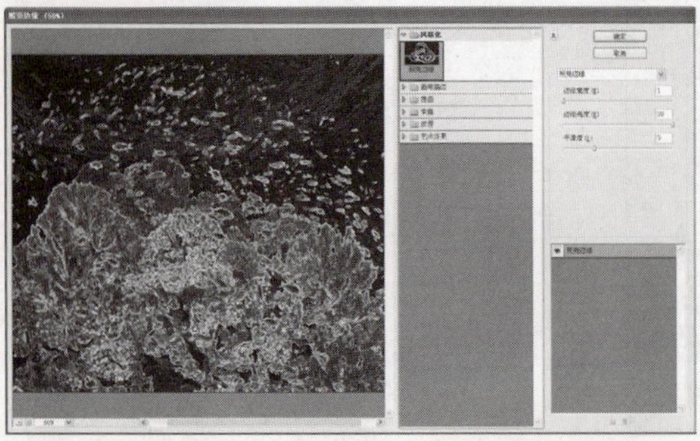
图8-121

图8-122

8.4 小结

通过对图形各种特殊效果功能的应用，使设计者可以做到按需所绘，根据所要求的效果，准确迅速的应用合适的操作。

8.5 习题

1. 填空题

（1）滤镜分别（　　　　）和（　　　　）

（2）收缩和膨胀滤镜是在将线段向内（　　　　）时，向外拉出矢量对象的锚点；或在将线段向外（　　　　）时，向内拉入锚点。

2. 问答题

效果与滤镜的区别?

3. 操作题

（1）练习矢量图的转化。

（2）练习风格化滤镜。

读书笔记

第9章
图表

本章主要介绍图表的创建及编辑方法。使设计师了解并掌握图表的种类、特点及自定义图表的方法。

设计要点

- 图表的种类
- 创建图表

印刷要点

- 改变图表的表现形式
- 自定义图表

9.1 图表的种类

为了获得更加精确、直观的效果，在对各种数据进行统计和比较时，经常会运用图表的方式。Illustrator软件中提供了丰富的图表类型和强大的图表功能，使设计师在运用图表进行数据统计和比较时更加方便、快捷。本章就利用图表工具进行各种类型图表的制作练习。

在Illustrator CS5中，包含9种图表工具，分别为柱形图工具、堆积柱形图工具、条形图工具、堆积条形图工具、折线图工具、面积图工具、散点图工具、饼图工具和雷达图工具，每种图表工具可创建一种不同的图表类型，下面分别对每种图表类型的特点进行简单的概述，如图9-1所示。

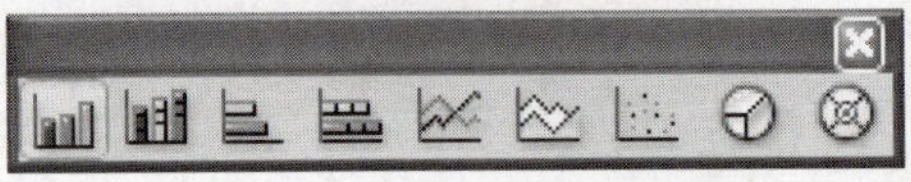

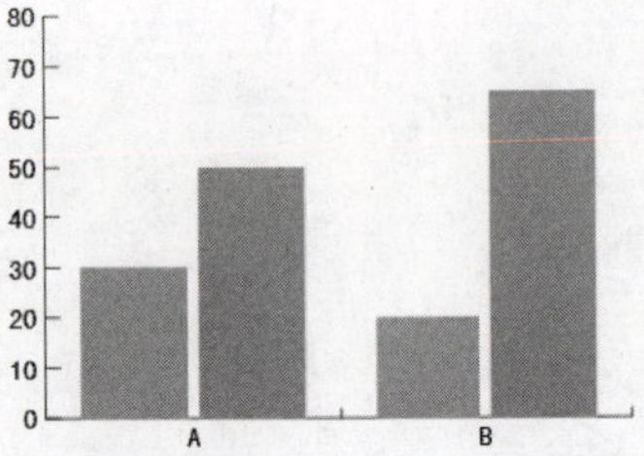

【柱形图工具】创建的图表可用垂直柱形来比较数值。可以直接读出不同形式的统计数值。

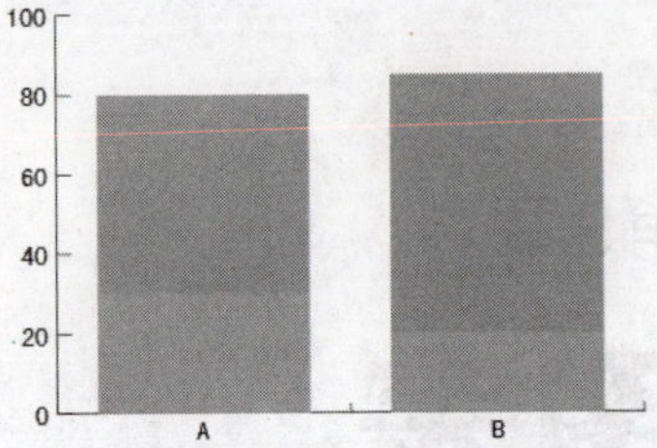

【堆积柱形图工具】创建的图表与柱形图类似，但是它将柱形堆积起来，而不是互相并列。这种图表类型可用于表示部分和总体的关系。

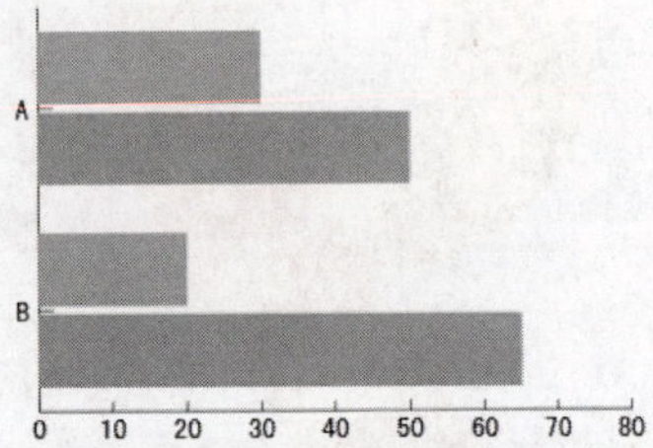

【条形图工具】创建的图表与柱形图类似，但是水平放置的是条形，而不是垂直放置柱形。

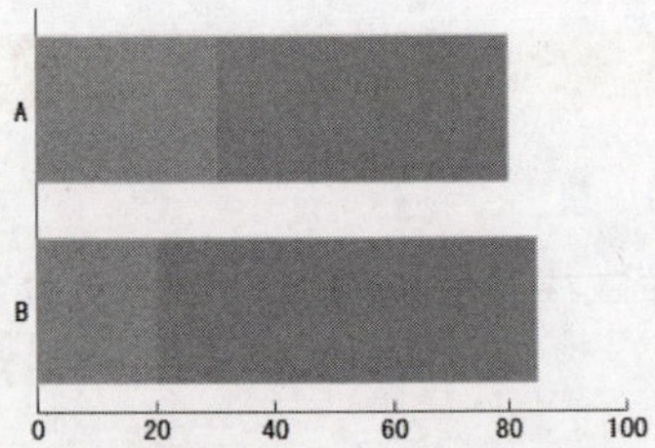

【堆积条形图工具】创建的图表与堆积柱形图类似，但是条形是水平堆积，而不是垂直堆积。

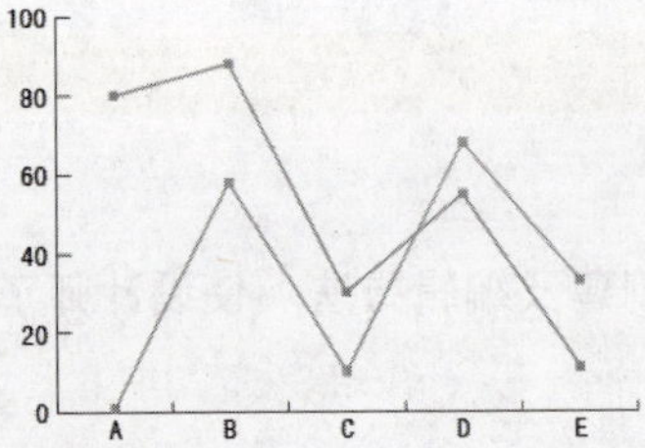

【折线图工具】使用点来表示一组或多组数值，并且对每组中的点都采用不同的线段来连接。这种图表类型通常用于表示在一段时间内一个或多个主题的趋势。

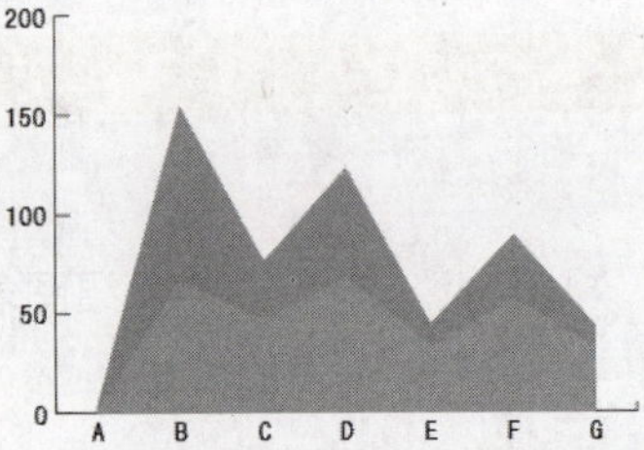

【面积图工具】创建的图表与折线图类似，但是它强调数值的整体和变化情况。

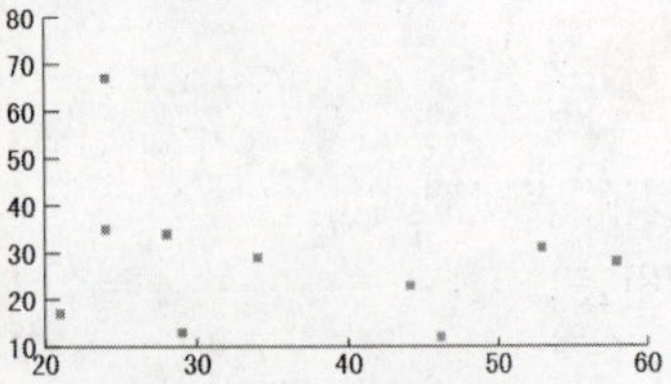

【散点图工具】创建的图表沿x轴和y轴将数据点作为成对的坐标组进行绘制。散点图可用于识别数据中的图案或趋势。它们还可表示变量是否相互影响。

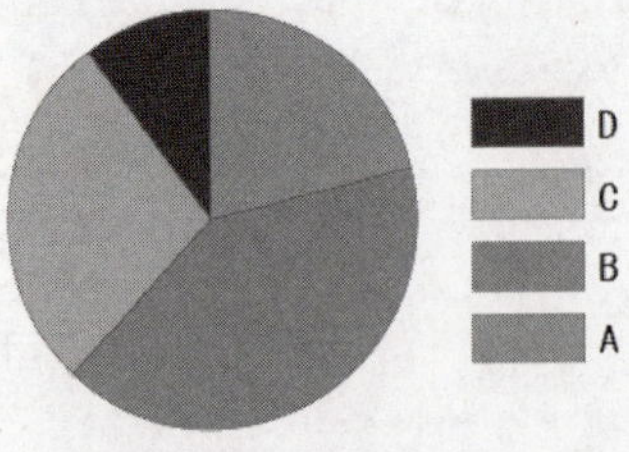

【饼图工具】可创建圆形图表，它的楔形表示所比较的数值的相对比例。

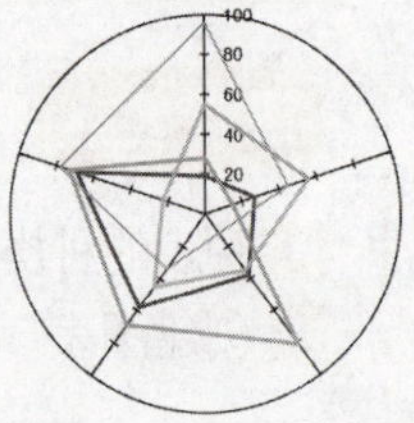

【雷达图工具】创建的图表可在某一特定时间点或特定类别上比较数值组，适合表现一些变换悬殊的数据，并以圆形格式表示。这种图表类型也称为网状图。

图9-1

9.2 图表的创建

9.2.1 设定图表的大小

创建图表时，首先要确定图表的大小。

在工具箱中选择【柱形图工具】，在空白页面处单击鼠标左键，弹出【图表】对话框，可精确设置图表的大小，本案例设置【宽度】为150mm，【高度】为100mm，如图9-2所示。

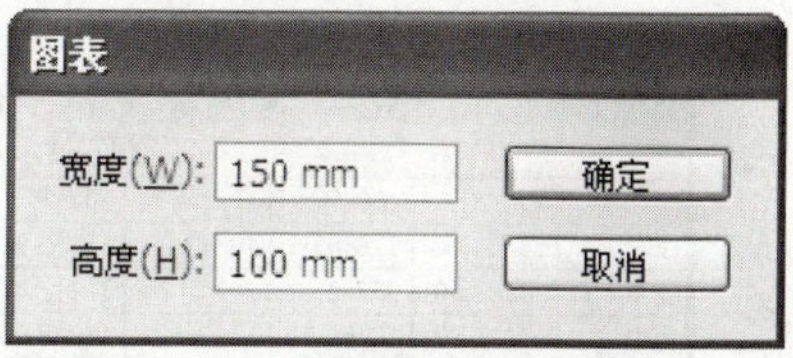

图9-2

9.2.2 图表数据输入框

单击【确定】按钮后，出现设置好的图表和图表数据输入框，如图9-3所示。

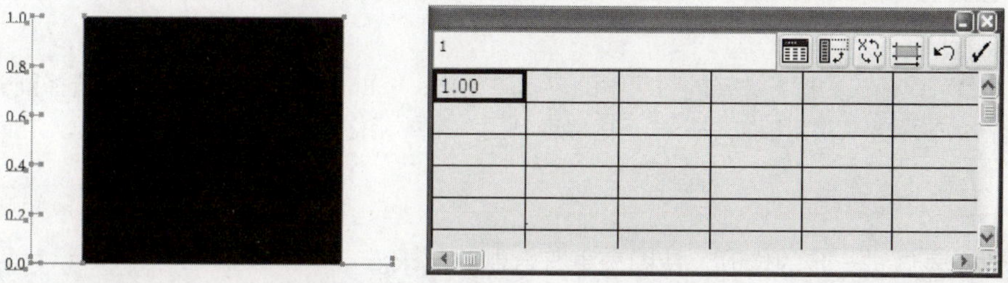

图9-3

下面介绍图表数据输入框中各选项的作用，第一排选项按钮依次为输入文本框、【导入数据】按钮、【换位行/列】按钮、【切换X/Y】按钮、【单元格样式】按钮、【恢复】按钮和【应用】按钮，如图9-4所示。

- 【导入数据】：可导入其他软件产生的数据。
- 【换位行/列】：可转换横向和纵向的数据。
- 【切换X/Y】：可切换X轴和Y轴的位置。
- 【单元格样式】：单击该按钮，弹出【单元格样式】对话框，如图9-5所示，可调节数据格的大小和小数点位数。
- 【恢复】：可使数据输入框中的数据恢复到初始状态。
- 【应用】：将设定的数据应用于表格。

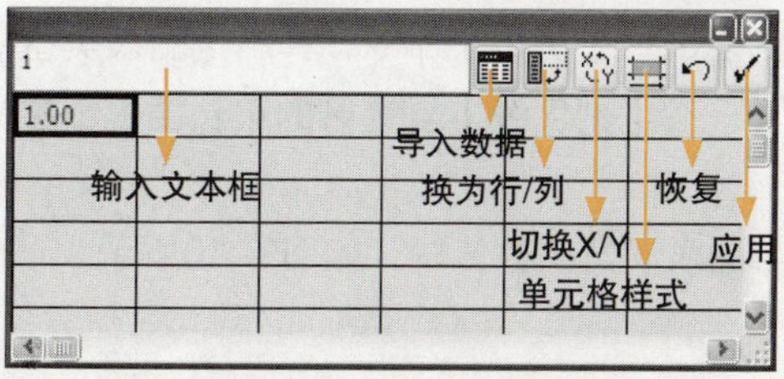

图9-4

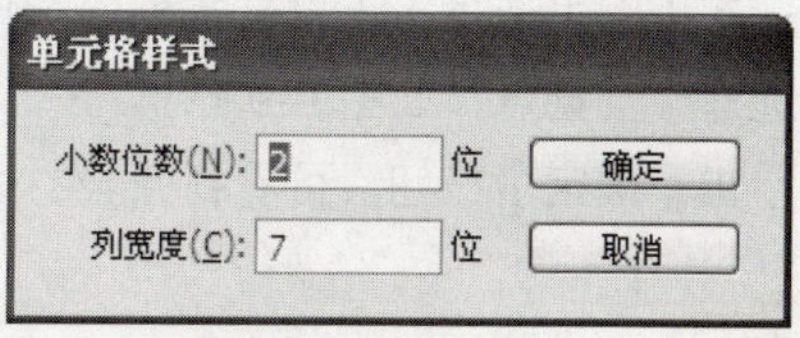

图9-5

了解图表数据输入框中各选项的作用后，下面根据提供的数据在【输入文本框】中依次输入数据。

图表数据输入框默认在第一个数据格中的数据为1.00，可以按Delete键去掉，然后从第一行第二列依次输入数据“2001年、2002年……”，输入数据时只要选中需要输入的单元格，然后在【输入文本框】中输入数据即可；将第一行的数据输入完后，从第二行第一列依次输入数据“小学、54772、52840……”，如图9-6所示。

数据输入完毕后，单击【应用】按钮，图表的基本样子就绘制完成了，如图9-7所示。

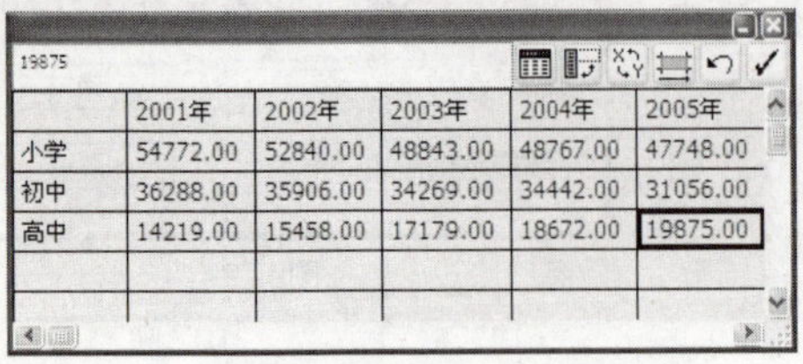

19875

	2001年	2002年	2003年	2004年	2005年
小学	54772.00	52840.00	48843.00	48767.00	47748.00
初中	36288.00	35906.00	34269.00	34442.00	31056.00
高中	14219.00	15458.00	17179.00	18672.00	19875.00

图9-6

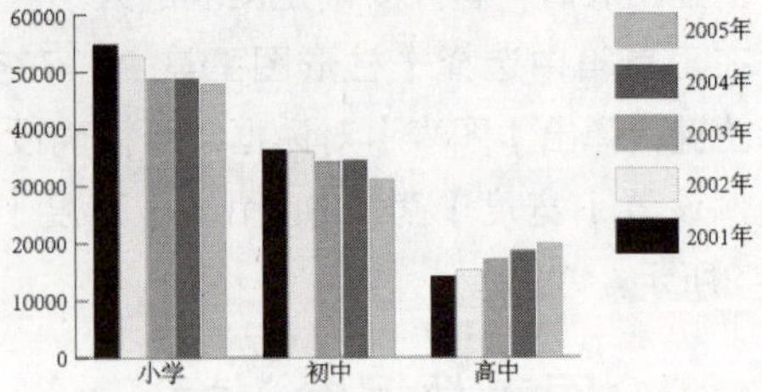

图9-7

提 示

选择数据单元格的方法：

按Tab键可以输入数据并选择同一行中的下一单元格；按Enter键可以输入数据并选择同一列中的下一单元格；使用箭头键可以从一个单元格移动到另一个单元格；或者只需单击另一单元格即可将其选定。

下面对图表做进一步的修改，使图表更符合制作要求。

用【选择工具】选择图表，然后执行【对象】→【图表】→【数据】命令，弹出图表数据输入框。单击【换位行/列】按钮，将行与列进行转换，再单击【应用】按钮，图表修改后的效果如图9-8所示。

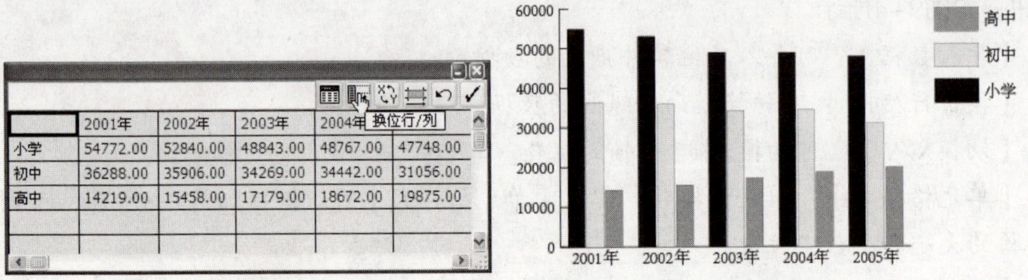

	2001年	2002年	2003年	2004年	2005年
小学	54772.00	52840.00	48843.00	48767.00	47748.00
初中	36288.00	35906.00	34269.00	34442.00	31056.00
高中	14219.00	15458.00	17179.00	18672.00	19875.00

图9-8

在修改后的图表中还缺少测量单位的数值轴，下面为图表添加数值轴。

用【选择工具】选择图表，执行【对象】→【图表】→【类型】命令，弹出【图表类型】对话框；在【图表选项】下拉文本框中选择“数值轴”，在【刻度线】复选区的【长度】下拉文本框中选择“全宽”，如图9-9所示。

单击【确定】按钮，可看到图表的横向添加了与图表同宽的数值轴，如图9-10所示。

提 示

使用图表工具时，会自动显示图表数据窗口，除非将其关闭，否则此窗口将一直保持打开状态。

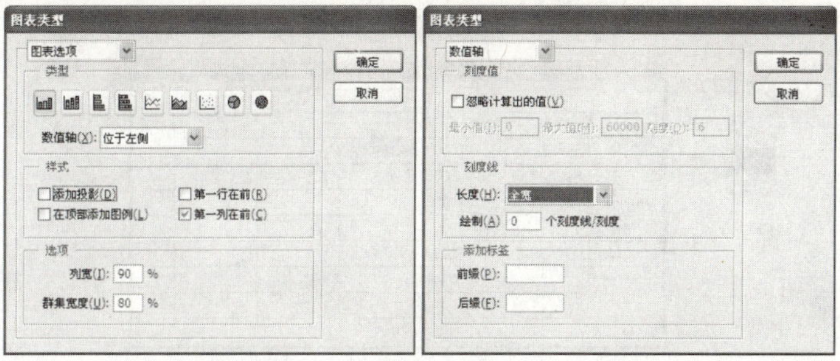

图9-9

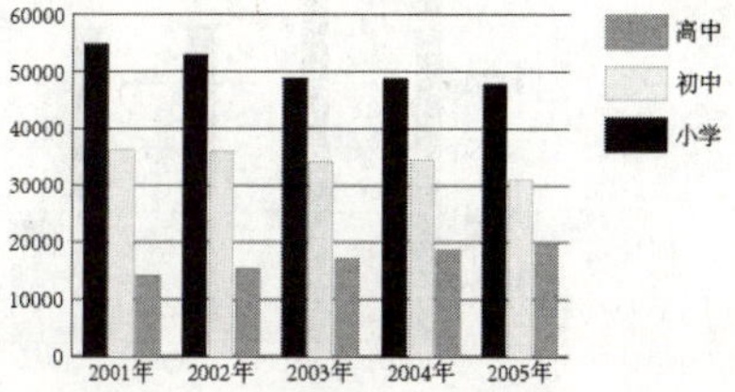

图9-10

接着为图表添加纵向数值轴。

用【选择工具】选择图表，执行【对象】→【图表】→【类型】命令，弹出【图表类型】对话框。在【图表类型】下拉文本框中选择“类别轴”，在【刻度线】复选区的【长度】下拉文本框中选择“短”，如图9-11所示。

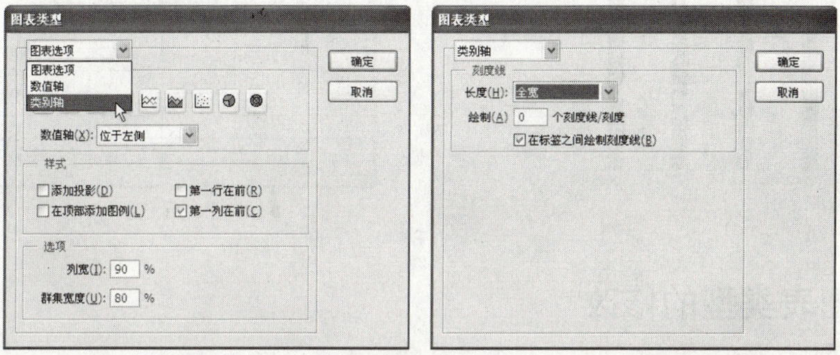

图9-11

提 示

除了执行【对象】→【图表】→【类型】命令来打开【图表选项】对话框以外，还可以通过双击【图表工具】来打开【图表选项】对话框。

单击【确定】按钮，可以看到图表的纵向添加了数值轴，如图9-12所示。

图表的制作就完成了。

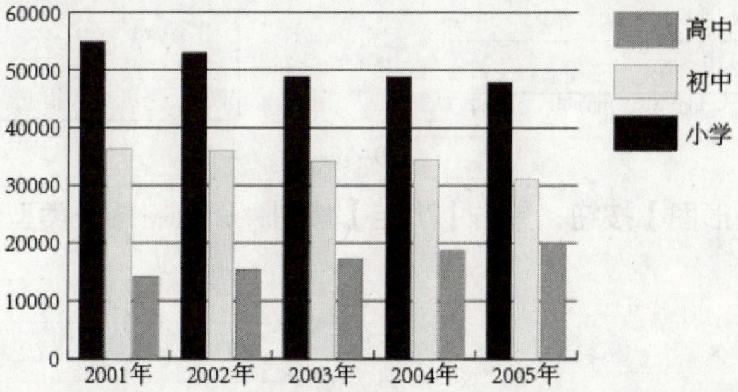

图9-12

9.2.3 图表数据的修改

用【选择工具】选中创建好的图表，执行【对象】→【图表】→【数据】命令，弹出图表数据输入框，如图9-13所示。

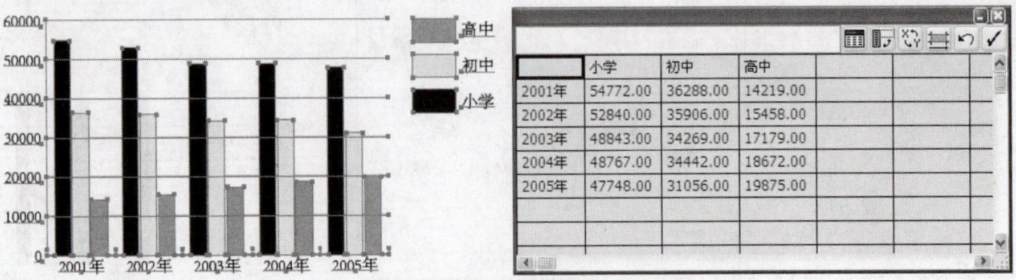

图9-13

在数据输入框中选中要修改的数据格，然后在输入文本框中修改数据，如图9-14所示。最后单击【应用】按钮，图表即可修改完成，如图9-15所示。

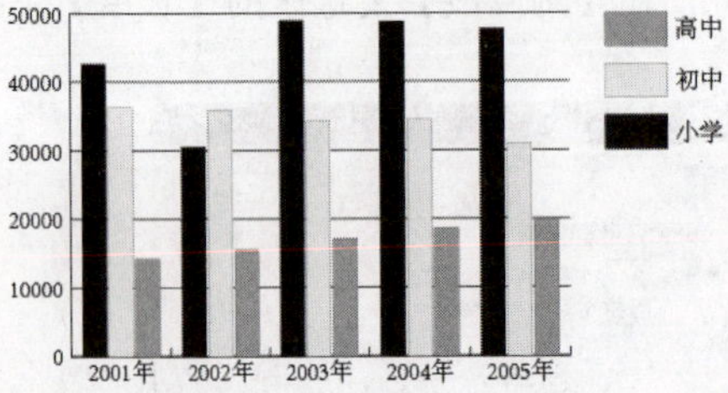

图9-14

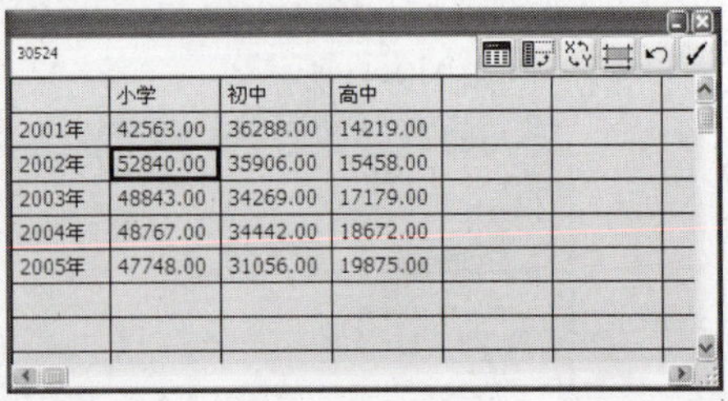

图9-15

9.2.4 图表类型的修改

用【选择工具】选中创建好的图表，执行【对象】→【图表】→【类型】命令，弹出【图表类型】对话框，如图9-16所示。

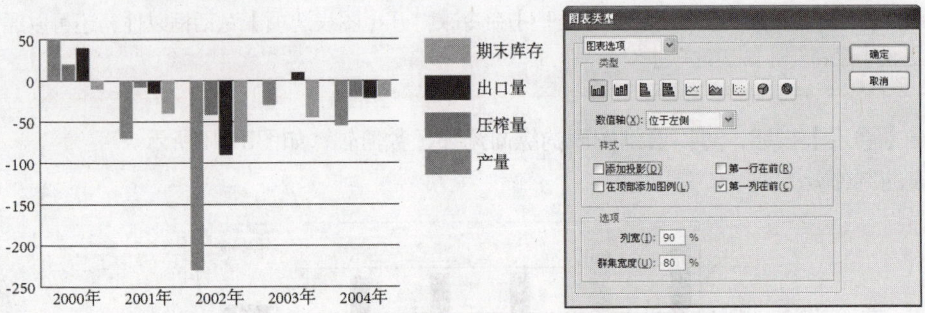

图9-16

在类型中选中【条形图】按钮，单击【确定】按钮，即可将图表类型修改为“条形图”，如图9-17所示。

提 示

一旦使用渐变方式对图表对象进行上色，更改图表类型就会导致意外的结果。为了防止不需要的结果，需等到图表结束再应用渐变，或使用【直接选择工具】选择渐变上色的对象，并用印刷色上色这些对象，然后重新应用原始渐变。

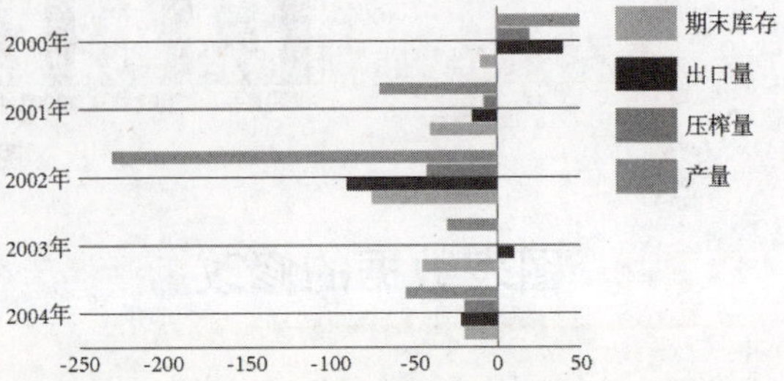

图9-17

9.3 改变图表的表现形式

9.3.1 图表选项

在【图表类型】对话框中，除了图表类型选项外，还有其他几个选项控制着图表的一些表现形式。本小节以条形图为例，介绍图表选项。

用【选择工具】选中条形图，执行【对象】→【图表】→【类型】命令，弹出【图表类型】对话框。在【数值轴】下拉文本框中，包含【位于上侧】、【位于下侧】和【位于两侧】3个选项，如图9-18所示。分别选择这3个数值轴选项，可以看到数值轴位于图表的不同位置，如图9-19所示。

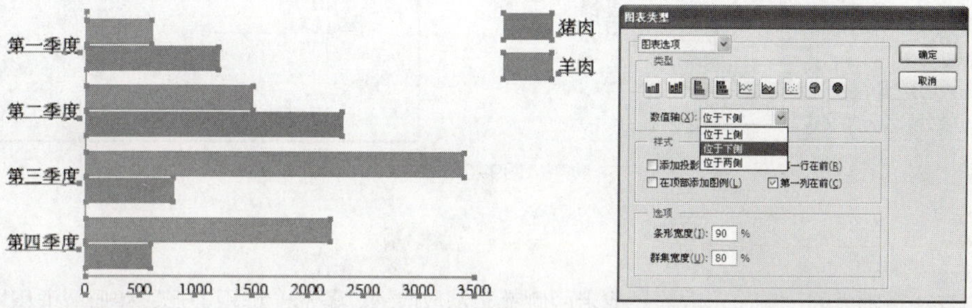

图9-18

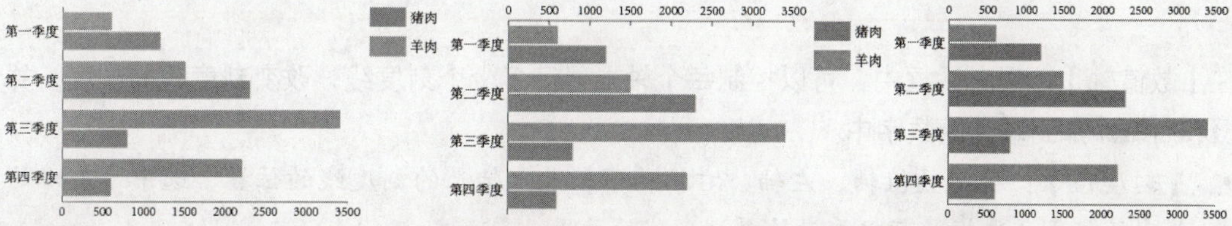

位于下侧　　位于上侧　　位于两侧

图9-19

在【图表类型】对话框中，选中【添加投影】复选框可为图表添加投影，但添加的投影不可调节不透明度、颜色、大小等选项，选中【在顶部添加图例】复选框，可以在图表顶部显示图例，如图9-20所示。

单击【确定】按钮，完成图表类型的修改，如图9-21所示。

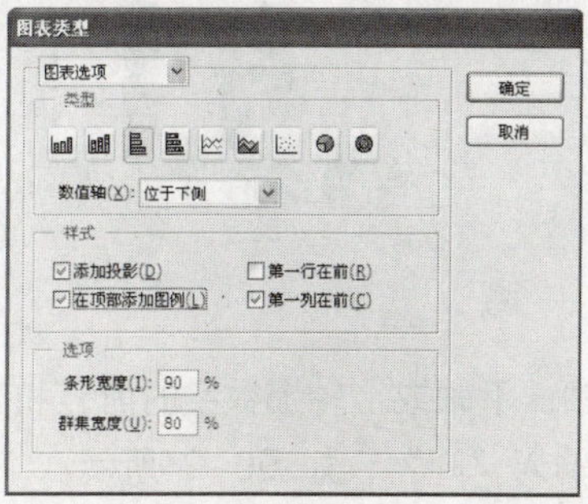

图9-20

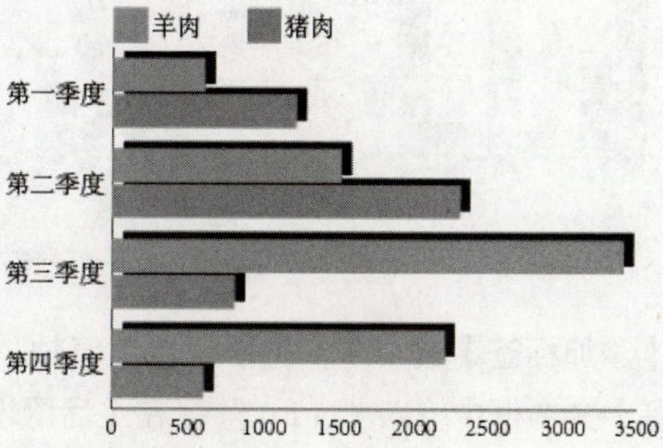

图9-21

9.3.2 数值轴

除了饼图之外，所有的图表都有显示图表测量单位的数值轴。要更改数值轴的位置，可以在【图表类型】对话框中进行更改。

用【选择工具】选中已创建好的图表，执行【对象】→【图表】→【类型】命令，弹出【图表类型】对话框。在【图表选项】下拉文本框中选择“数值轴”，如图9-22所示。

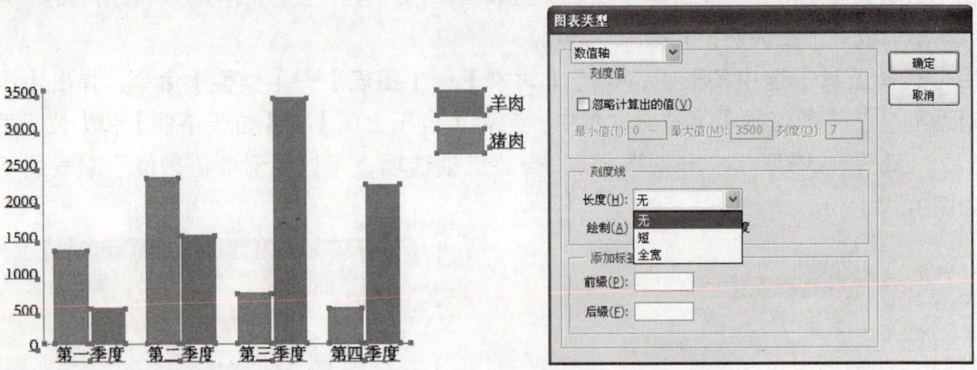

图9-22

提 示

可以选择在图表的一侧显示数值轴或者两侧都显示数值轴。条形、堆积条形、柱形、堆积柱形、折线和面积图也有在图表中定义数据类别的类别轴。

在【数值轴】选项对话框中，可以控制每个轴上显示多少个刻度线，改变刻度线的长度，并将前缀和后缀添加到轴上的数字中。

- 【刻度值】：确定数值轴、左轴、右轴、下轴或上轴上的刻度线的位置。选中【忽略计算出的值】复选框，可以手动计算刻度线的位置。
- 【刻度线】：确定刻度线的长度和各刻度线/刻度的数量。在【长度】下拉文本框中包含【无】、【短】、【全宽】3个选项，如图9-22所示。分别选择这3种长度的刻度线，可以看到刻度线在图表中的不同效果，如图9-23所示。

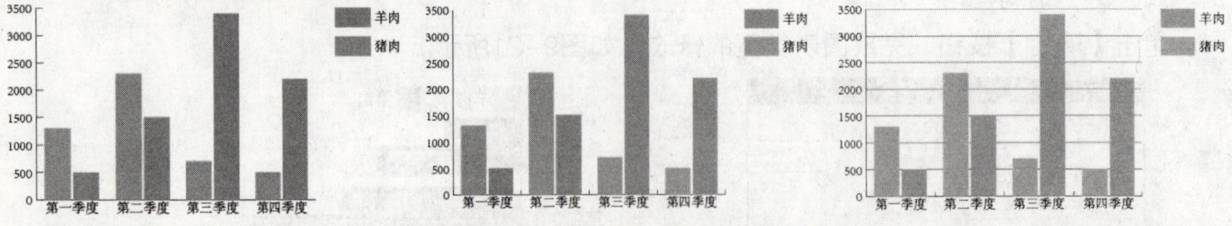

无　　短　　全宽

图9-23

在【添加标签】选项中，可以确定数值轴、左轴、右轴、下轴或上轴上数字的前缀和后缀，在【前缀】文本框中输入“Num.”，在【后缀】文本框中输入“吨”，如图9-24所示。

单击【确定】按钮，则完成数值轴的操作，如图9-25所示。

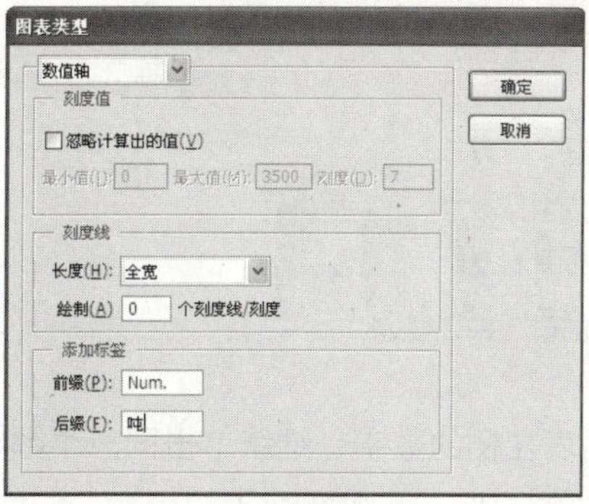

图9-24

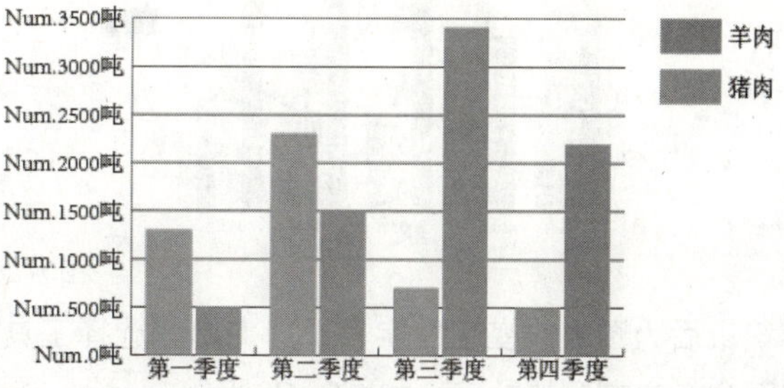

图9-25

9.4 自定义图表

9.4.1 修改图表部分显示

以9.2.2小节制作好的图表为例，进行修改图表部分显示的介绍。

图表在默认情况下都是以黑色和不同程度的灰色为图表颜色，下面为图表更改颜色。

选择工具箱中的【编组选择工具】，单击图表中的浅灰色柱形，如图9-26（a）所示；继续单击同一个柱形，以选择包含所选对象的其他相同对象，即将其他柱形都选中，如图9-26（b）所示；再次单击同一个柱形，则将右边图例中的浅灰色块选中，如图9-26（c）所示。

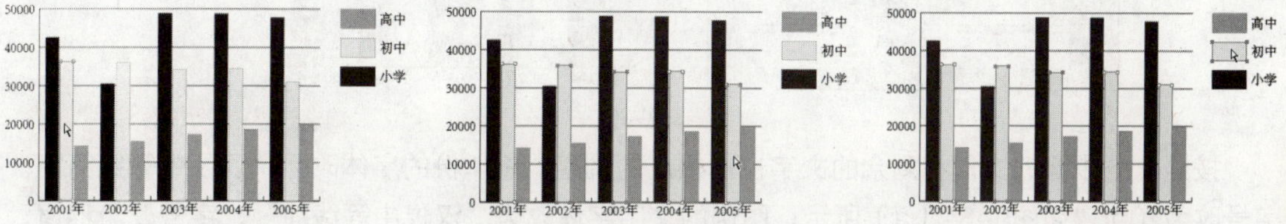

（a）（b）（c）

图9-26

打开【色板】调板，单击调板中的任意一种颜色，则选中的柱形被填充颜色。单击工具箱中的【描边】按钮，将它置于前面，然后再单击【无】按钮，将描边去掉，如图9-27所示。

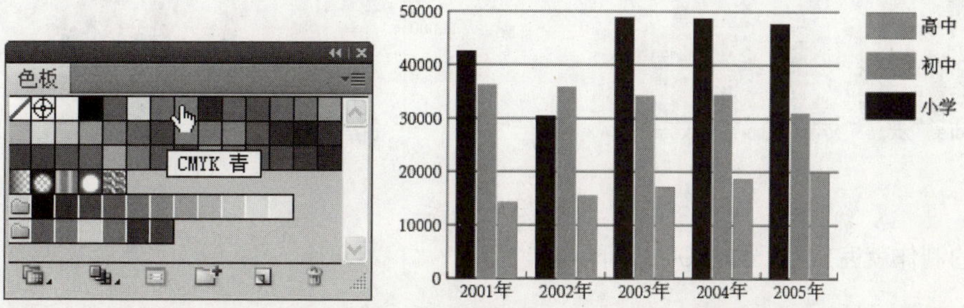

图9-27

按照第一、二步的操作为剩下的柱形填充颜色，如图9-28所示。

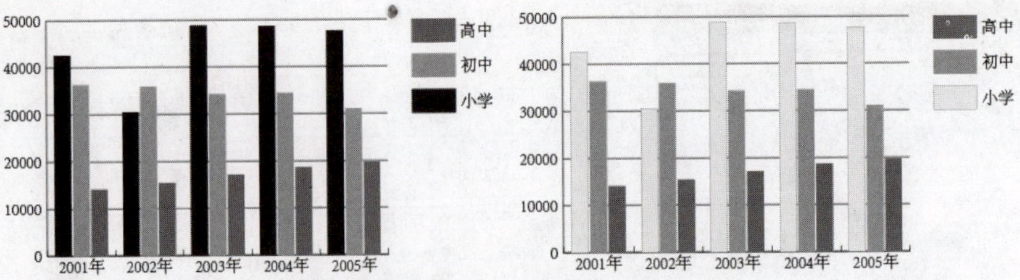

图9-28

最后为图表改变字体字号。用【编组选择工具】单击图表左侧的数字，继续单击同一个数字则完全选中左侧的数字，如图9-29所示。

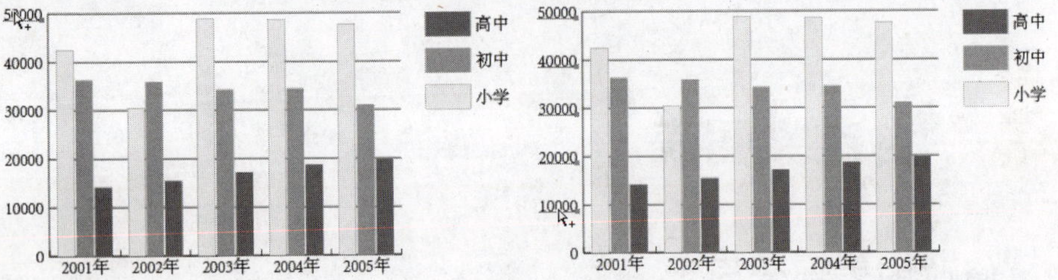

图9-29

按Ctrl+T快捷键打开【字符】调板，在【字体】下拉文本框中选择Arial，在【字体大小】下拉文本框中选择20pt，可以看到图表设置了字体字号后的效果，如图9-30所示。

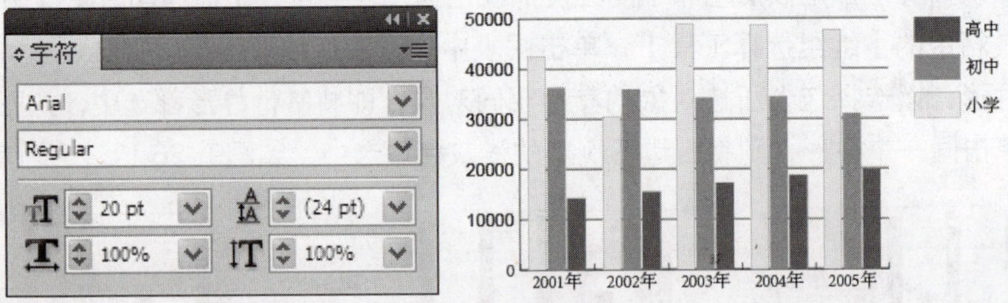

图9-30

按照上一步骤的操作将剩余的文字也作相应的调整。将年份的字体改为“汉仪中等线简”，字号改为20pt，如图9-31（a）所示；图例的文字字体改为“汉仪中等线简”，字号改为24pt，如图9-31（b）所示。

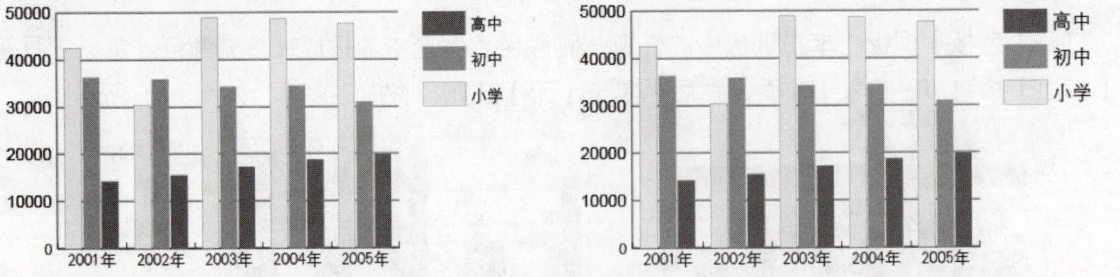

（a）　　（b）

图9-31

图表的制作就完成了，如图9-32所示。

提 示

使用【编组工具】选择文字时，单击一次选中要更改的文字基线，单击两次选中所有的文字。

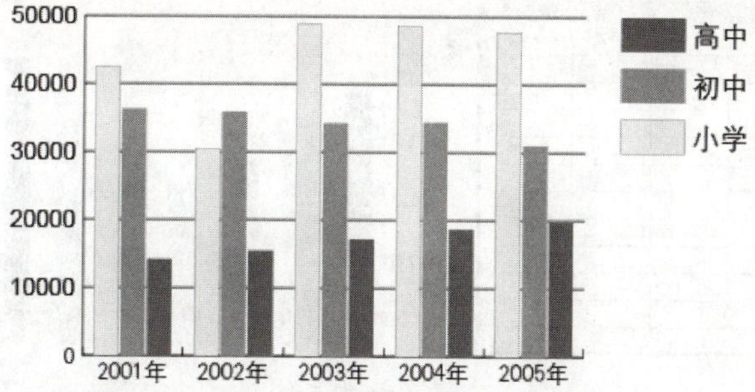

图9-32

9.4.2 同一图表显示不同图表类型

本小节主要介绍在图表中显示不同的图表类型。例如，可以让一组数据显示为柱形图，而其他数据组显示为折线图。除了散点图之外，可以将任何类型的图表与其他图表组合。散点图不能与其他任何图表类型组合。

在工具箱中选择【柱形图工具】，在空白页面处单击鼠标左键，弹出【图表】对话框，可精确设置图表的大小，本案例设置【宽度】为150mm，【高度】为100mm，如图9-33所示。

单击【确定】按钮后，出现设置好大小的图表和图表数据输入框，如图9-34所示。

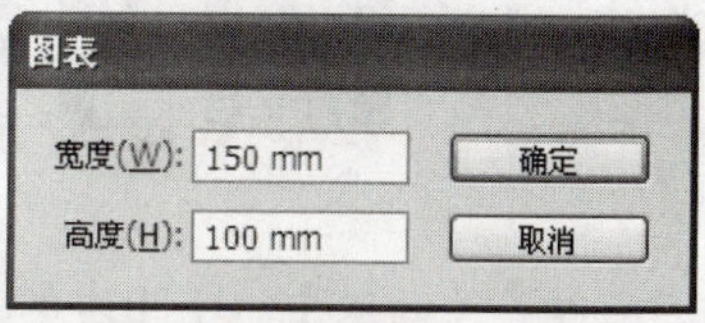

图9-33

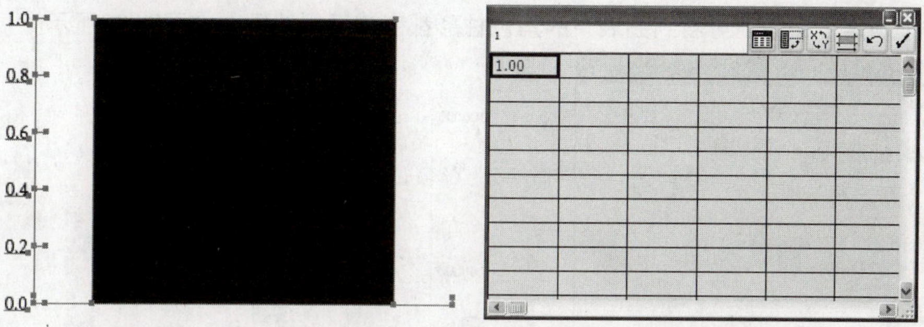

图9-34

根据下面提供的数据在【输入文本框】中依次输入数据，如图9-35所示。

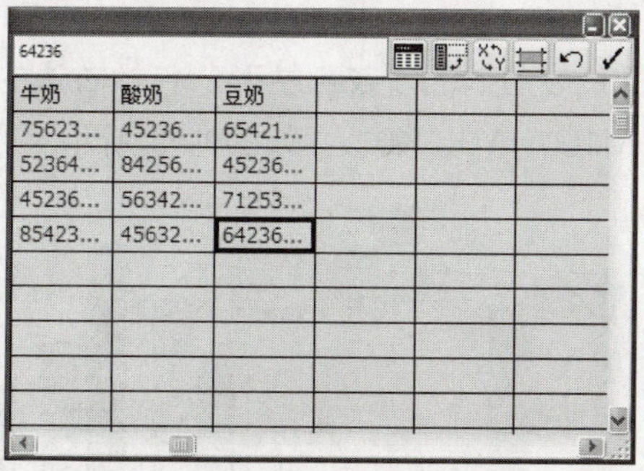

图9-35

单击【应用】按钮，将数据应用到图表中，如图9-36所示。

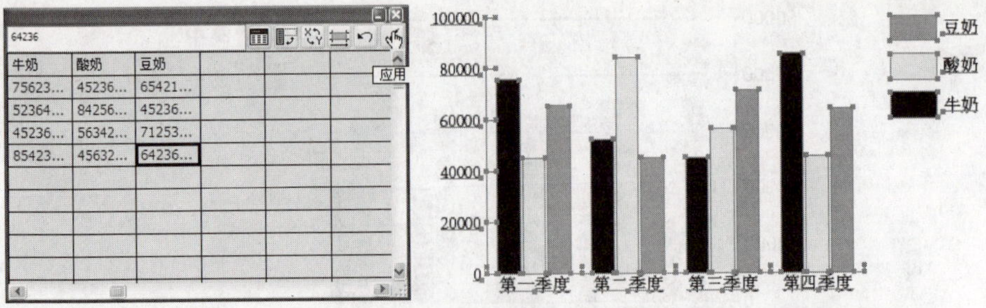

图9-36

单击图表数据输入框右上角的【关闭】按钮，将对话框关闭。

用【编组选择工具】单击代表牛奶的黑色柱形，继续单击鼠标，将其他相同颜色的柱形和图例中的黑色块都选中，如图9-37所示。

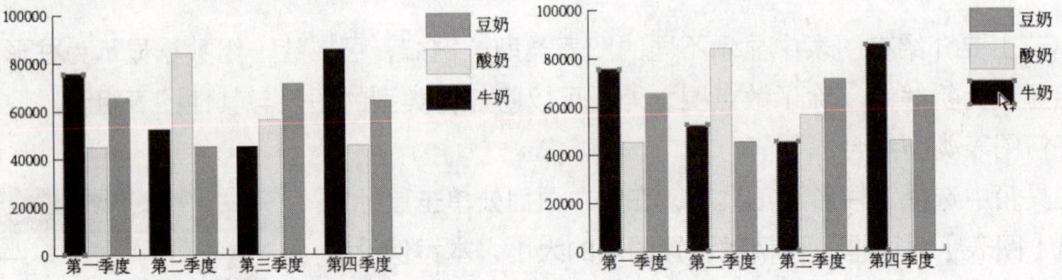

图9-37

执行【对象】→【图表】→【类型】命令，弹出【图表类型】对话框。在【类型】复选区中单击【折线图】按钮，如图9-38所示。

单击【确定】按钮，可看到图表中的黑色柱形都变成了折线图，如图9-39所示。

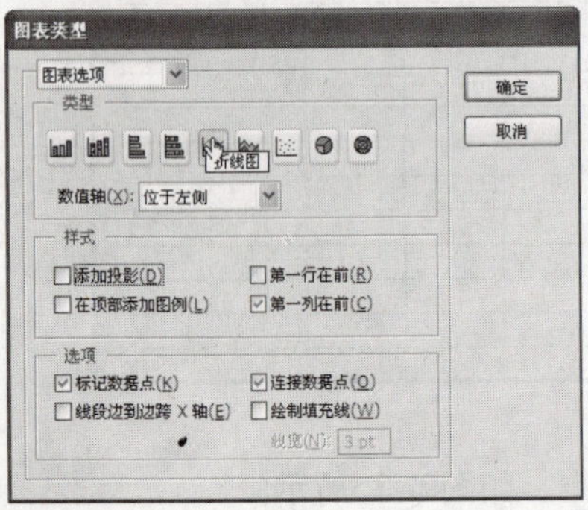

图9-38

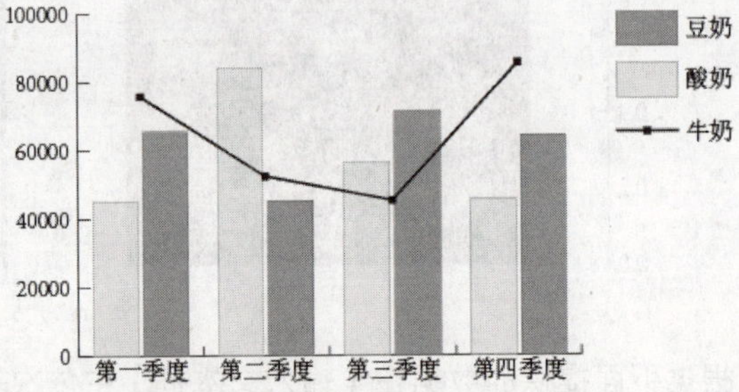

图9-39

用【编组选择工具】选择代表酸奶的浅灰色柱形，包括右边的图例，然后打开【色板】调板，为柱形填充颜色“C75，M100，Y0，K0”，如图9-40所示。

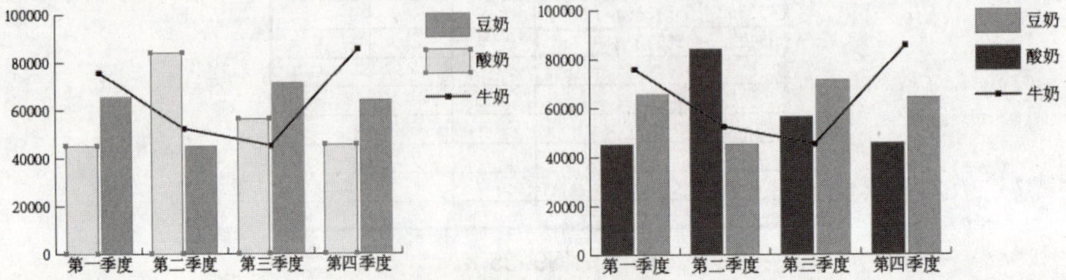

图9-40

用【编组选择工具】选择代表豆奶的灰色柱形，包括右边的图例，然后打开【色板】调板，为柱形填充颜色“C75，M0，Y100，K0”，如图9-41所示。

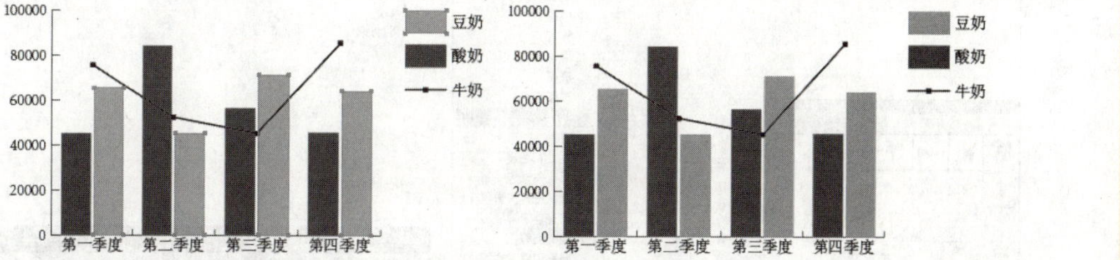

图9-41

用【编组选择工具】选择代表牛奶的黑色折线，包括右边的图例，然后打开【色板】调板，为柱形填充颜色“C10，M100，Y50，K0”描边色，如图9-42所示。

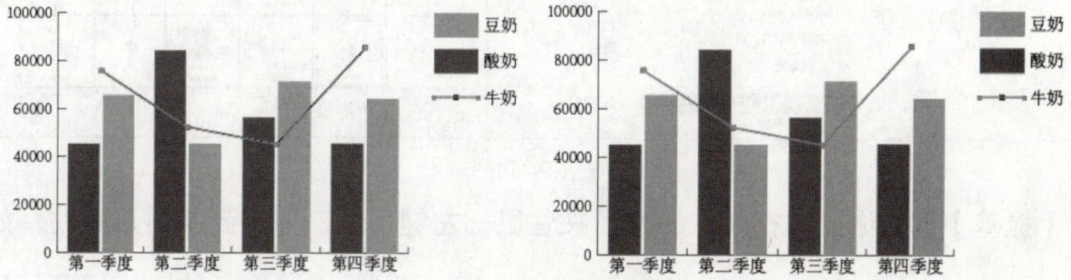

图9-42

将柱形图和折线图结合在同一个图表中的操作就完成了，如图9-43所示。

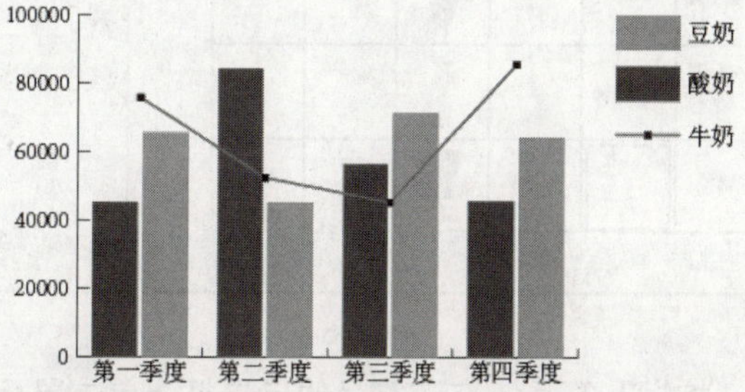

图9-43

提 示

如果和其他图表类型一起使用堆积柱形图，则应确保对于由堆积柱形图表示的所有数据组都使用相同的轴。如果有的数据组使用右轴，而其他数据组使用左轴，则柱形的高度可能会令人误解或发生重叠。

9.4.3 定义图表图案

本小节主要介绍如何利用【符号】调板中的符号进行图表设计，使原本单一的柱形变换为更丰富的图案。

打开【符号】调板，单击调板右上角的黑色三角按钮，在弹出的下拉菜单中选择【打开符号库】→【提基】命令，出现【提基】调板，如图9-44所示。

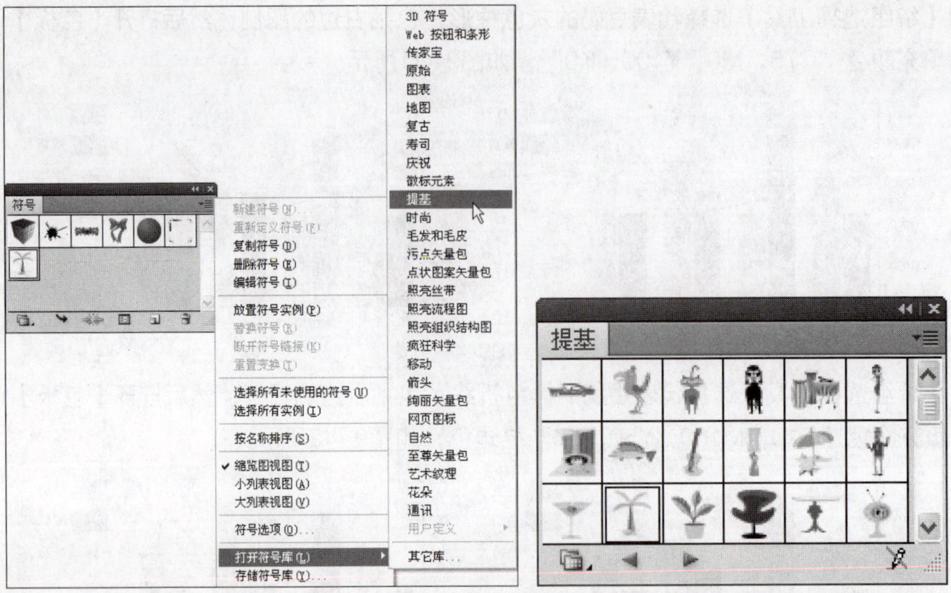

图9-44

选择【提基】调板中的“棕榈”，然后按住鼠标左键不放，拖曳到空白页面处，如图9-45所示。

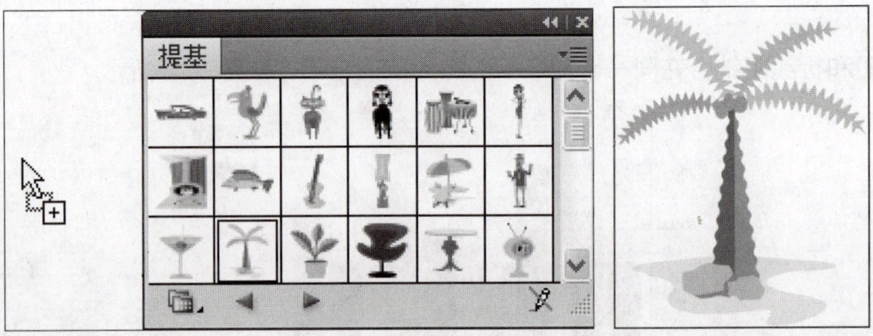

图9-45

用【选择工具】选择“棕榈”符号，在该符号的定界框上单击鼠标右键，在弹出的下拉菜单中选择【断开符号连接】命令，使符号变为一个图形，如图9-46所示。

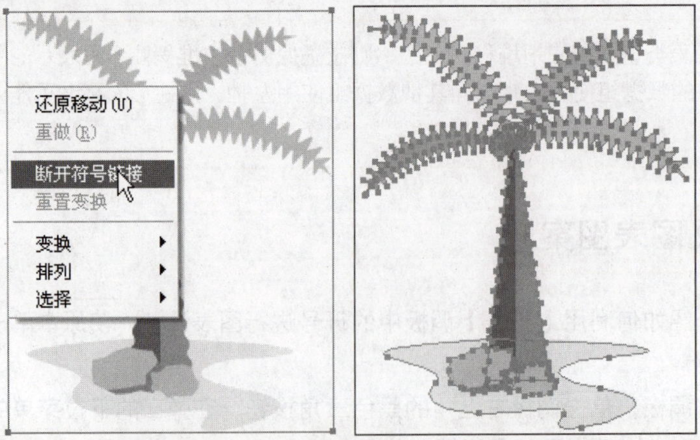

图9-46

用【矩形工具】绘制一个同图形大小的矩形框，作为图形的边界，并将矩形框的填充和描边设为“无”，如图9-47所示。

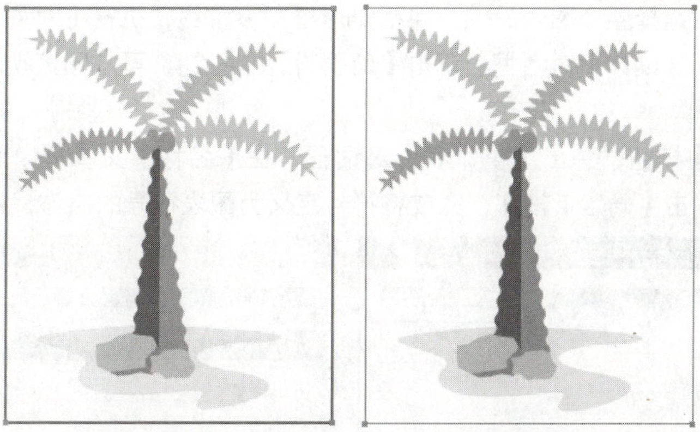

图9-47

用【钢笔工具】绘制一条水平线段，作为伸展或压缩图表设计的位置，如图9-48所示。

用【选择工具】选择图表设计的所有部分，包括矩形框和线段，然后在图形的范围内单击鼠标右键，在弹出的下拉菜单中选择【编组】命令，如图9-49所示。

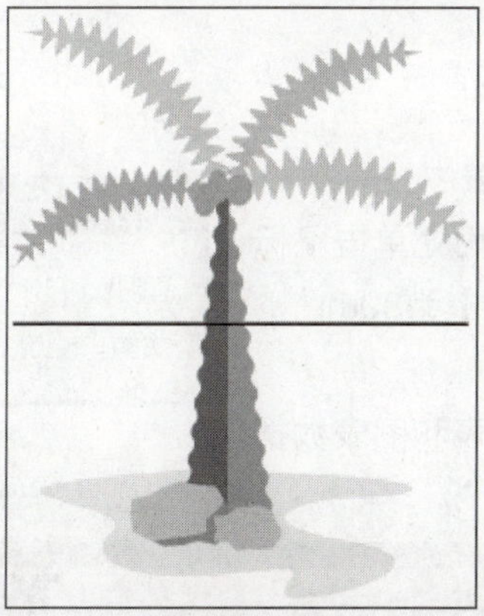

图9-48

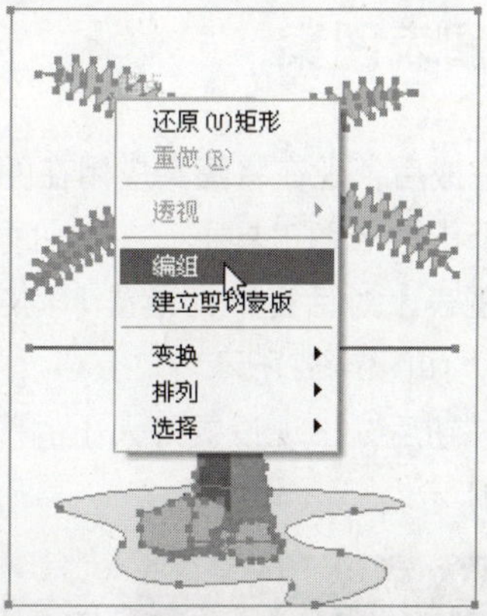

图9-49

用【直接选择工具】单独选择水平线段，执行【视图】→【参考线】→【建立参考线】命令，将水平线段转换为参考线，如图9-50所示。

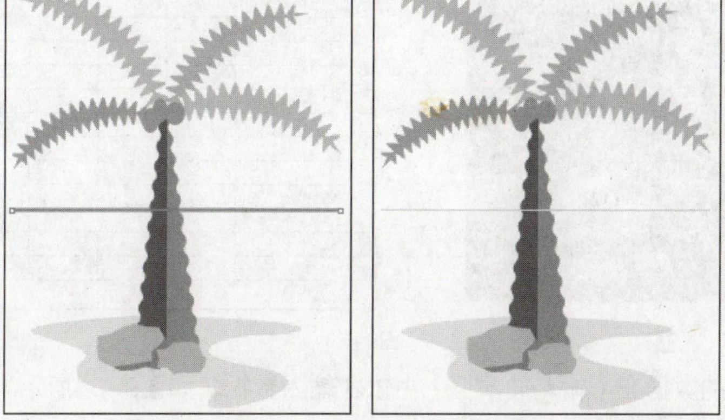

图9-50

执行【视图】→【参考线】→【锁定参考线】命令，删除【锁定】旁边的勾选标记，这样可以解锁参考线，以确保移动图案时参考线和设计能一起移动。

用【选择工具】选择整个图表设计，包括矩形框和参考线，执行【对象】→【图表】→【设计】命令，弹出【图表设计】对话框，单击【新建设计】按钮，可从预览视图中看到前面设置的图案。

单击【重命名】按钮，弹出【重命名】对话框，在【名称】文本框中输入“棕榈”，单击【确定】按钮，再单击【确定】按钮，完成将符号定义为图表符号的操作，如图9-51所示。

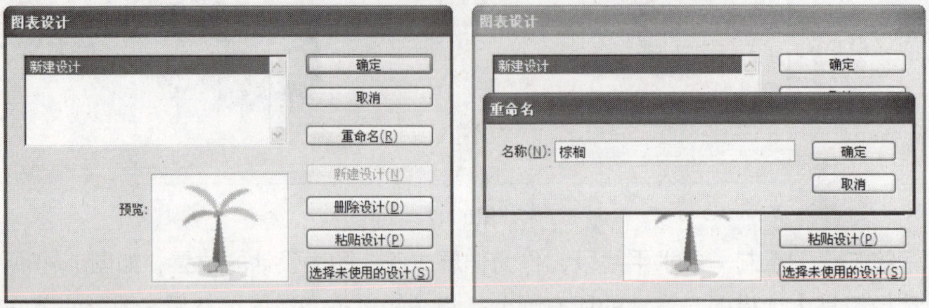

图9-51

9.4.4 应用图表图案

图表图案定义完成后，现在将图案应用在图表中。

在工具箱中选择【柱形图工具】，在空白页面处单击鼠标左键，在弹出的【图表】对话框中，设置【宽度】为80mm，【高度】为100mm，如图9-52所示。

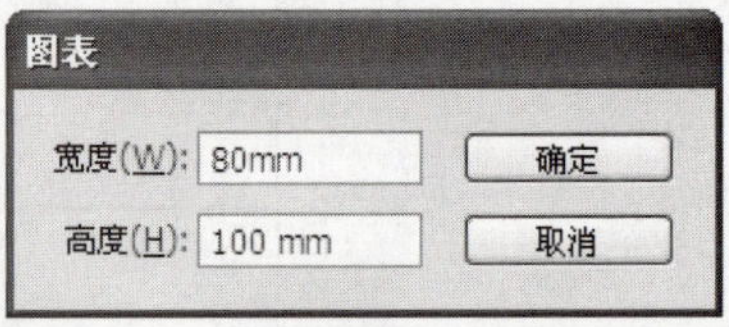

图9-52

单击【确定】按钮后，出现设置好大小的图表和图表数据输入框，如图9-53所示。

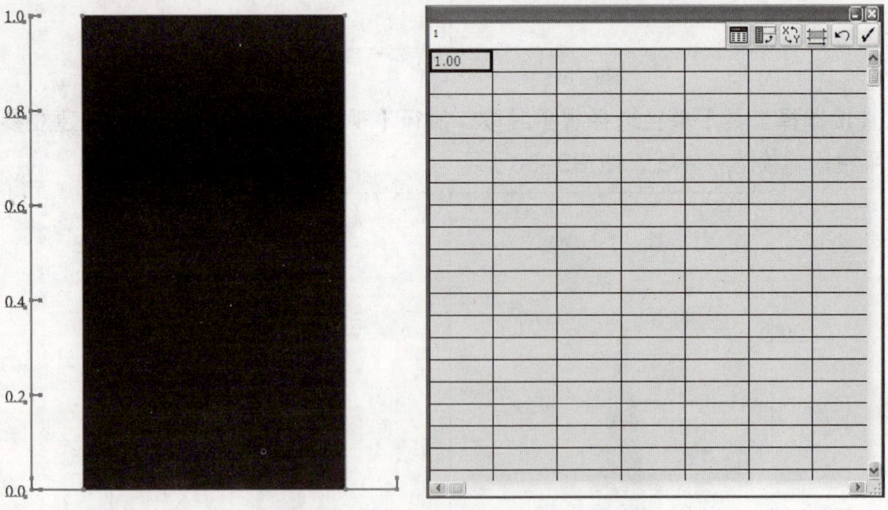

图9-53

下面根据提供的数据在【输入文本框】中依次输入数据，如图9-54所示。

单击【应用】按钮，将数据应用到图表中，如图9-55所示。

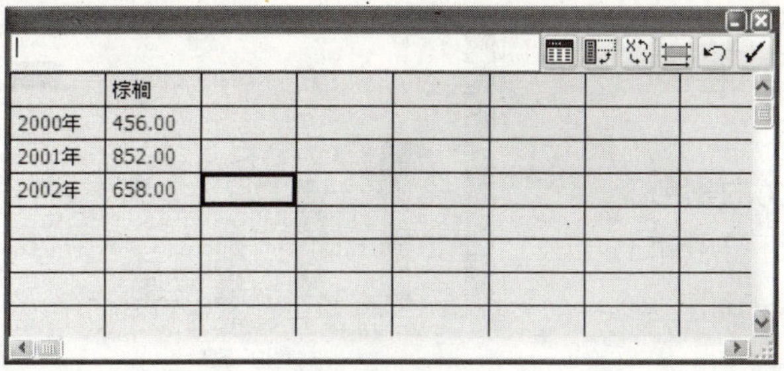

图9-54

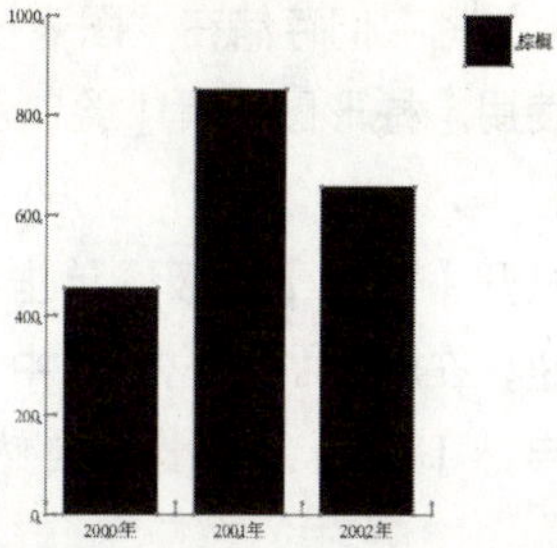

图9-55

用【选择工具】选择图表，执行【对象】→【图表】→【柱形图】命令，弹出【图表列】对话框，在【选取列设计】文本框中选择“棕榈”，在【列类型】下拉文本框中选择“局部缩放”，如图9-56所示。

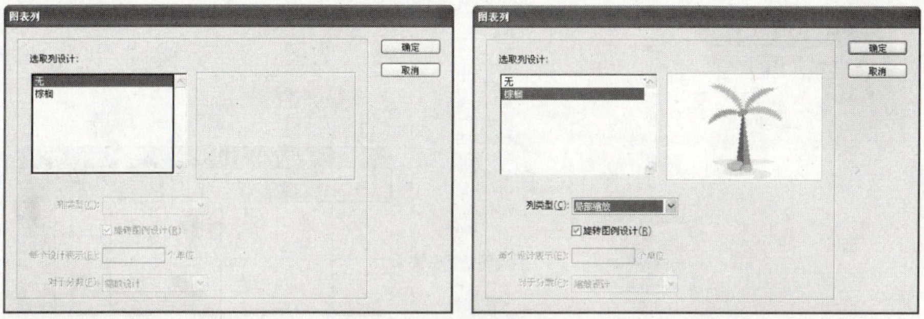

图9-56

单击【确定】按钮，得到的效果如图9-57所示。

用【编组选择工具】并按住Shift键选择图表中的参考线，然后按Delete键将其删除，用【柱形图工具】制作局部缩放柱形的设计就完成了，如图9-58所示。

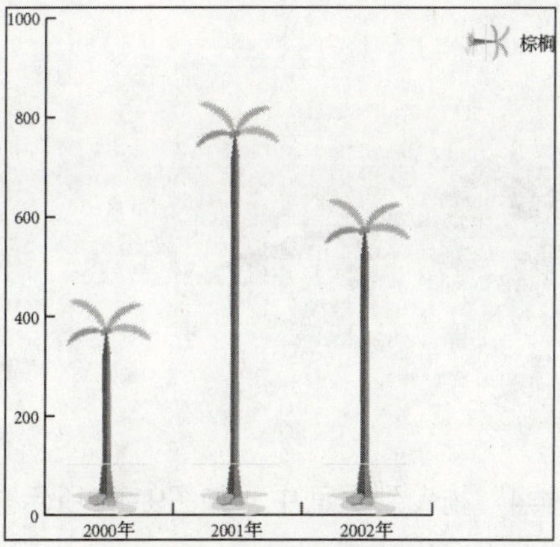

图9-57

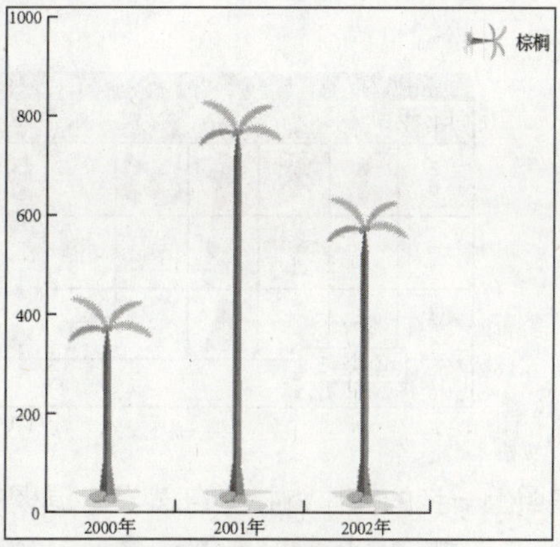

图9-58

9.4.5 实例

用图表设计选项制作带符号的图表

本案例主要介绍图表设计选项和图表柱形图选项的应用。图表设计可以是图表中表示值的简单绘图、徽标和其他符号；它们还可以是包含图案和参考线的复杂对象。此外，还可以创建新的图表设计，并将它们存储在“图表设计”对话框中。

使用【柱形图工具】绘制图表，效果如图9-59所示。

打开【符号】调板，单击调板右上角的黑色三角按钮，在弹出的下拉菜单中选择【打开符号库】→【自然】命令，弹出【自然】调板，如图9-60所示。

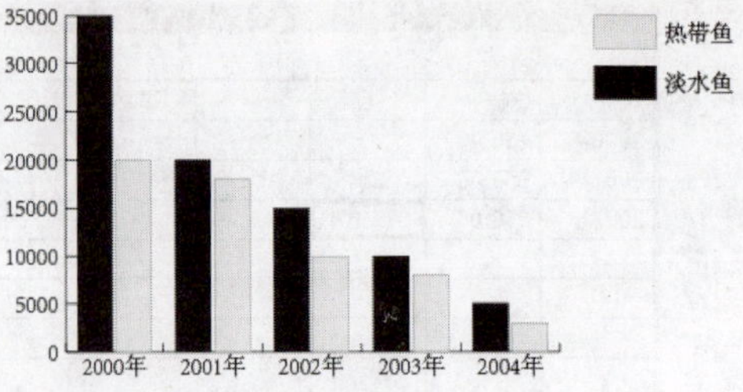

图9-59

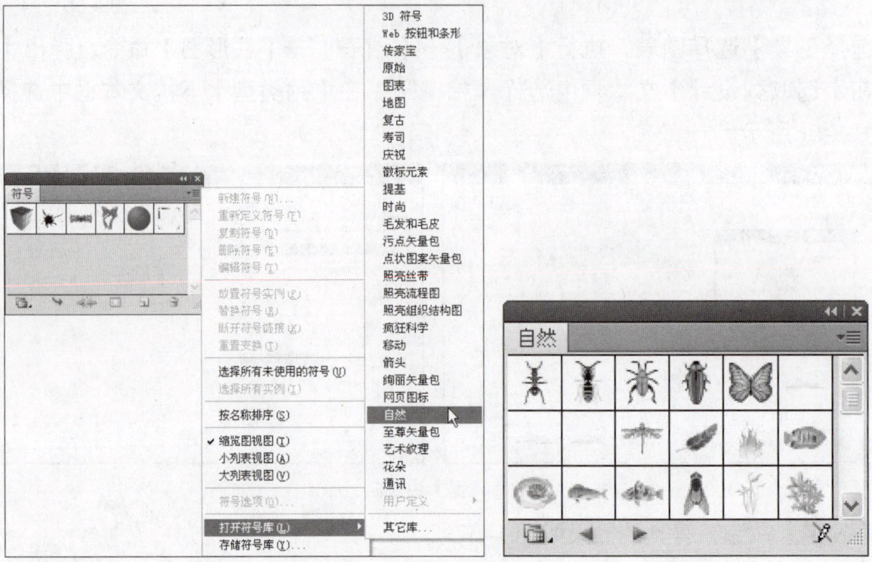

图9-60

选择【自然】调板中的“鱼类3”，然后按住鼠标左键不放，拖曳到空白页面处，如图9-61所示。

图9-61

按照上一步的操作，将【自然界】调板中的“鱼类4”拖曳到页面中，如图9-62所示。

图9-62

用【选择工具】选择“鱼类3”，然后执行【对象】→【图表】→【设计】命令，弹出【图表设计】对话框，如图9-63（a）所示。

单击【新建设计】按钮，可以看到预览视图中出现了前面选中的“鱼类3”。单击【重命名】按钮，弹出【重命名】对话框，在【名称】文本框中输入“淡水鱼”，如图9-63（b）所示，单击【确定】按钮，再单击【确定】按钮，完成将符号定义为图表符号的操作。

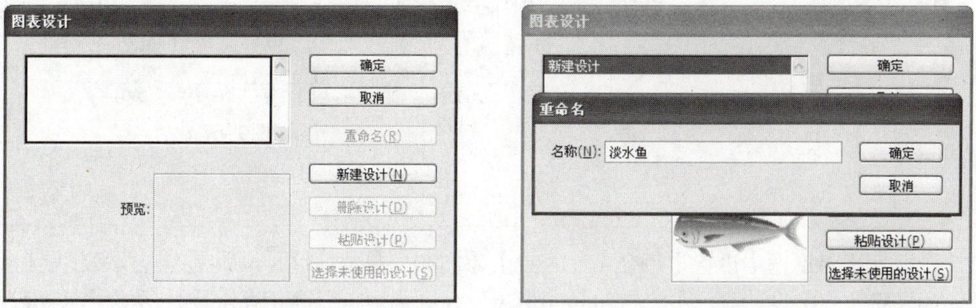

（a）　（b）

图9-63

用【选择工具】选择“鱼类4”，然后重复上一步骤的操作，将“鱼类4”添加到【图表设计】对话框中，【名称】命名为“热带鱼”，如图9-64所示。

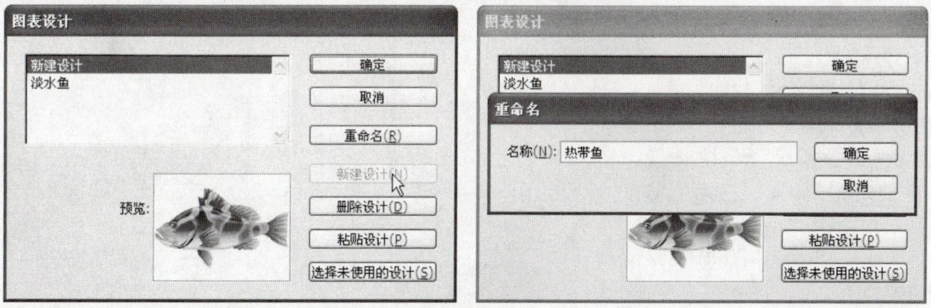

图9-64

单击【重命名】对话框中的【确定】按钮，再单击【图表设计】对话框中的【确定】按钮，完成将符号定义为图表符号的操作。

选择工具箱中的【编组选择工具】，单击图表中的黑色柱形，继续单击同一个柱形，直到将所有黑色柱形和图例的黑色块都选中，如图9-65所示。

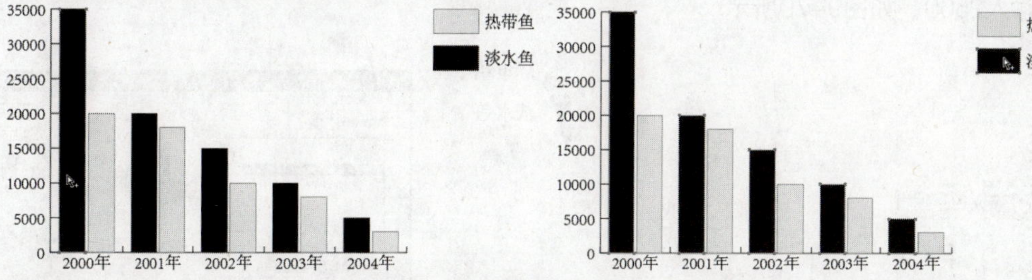

图9-65

执行【对象】→【图表】→【柱形图】命令，弹出【图表列】对话框，在【选取列设计】文本框中选择“淡水鱼”，在【列类型】下拉文本框中选择“重复堆叠”，在【每个设计表示】数值框中输入2500，如图9-66所示。

单击【确定】按钮，得到的效果如图9-67所示。

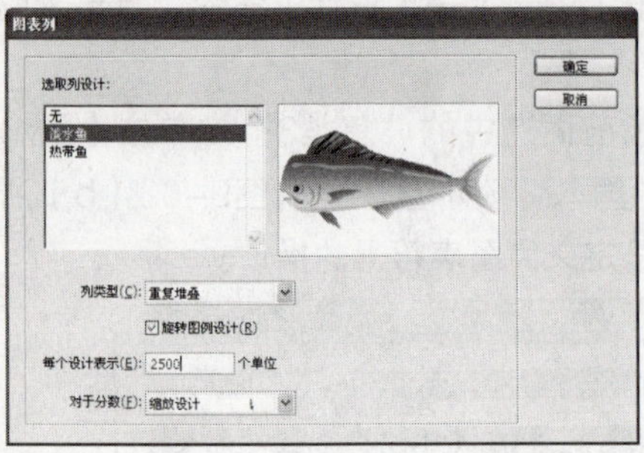

图9-66

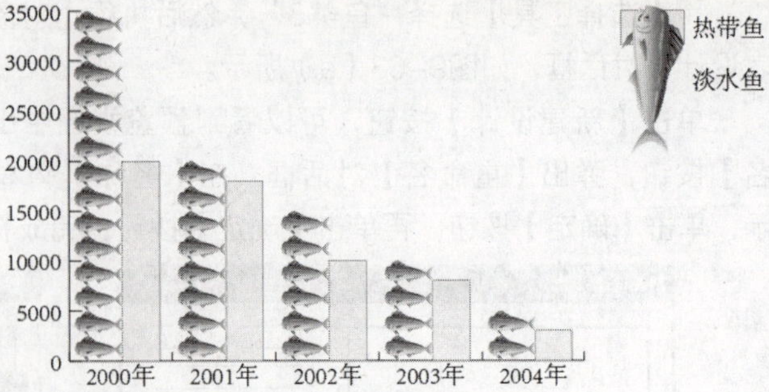

图9-67

提 示

在【图表例】对话框中设置【每个设计表示】为2500个单位，这种设置是经过反复试验得到的合适数据。如果将【每个设计表示】设置为5000个单位，则图表符号会相互重叠，不便于读者阅读，如图9-68（a）所示。如果将【每个设计表示】设置1000个单位，则图表符号重复堆叠得很密集，也不便于读者阅读，如图9-68（b）所示。

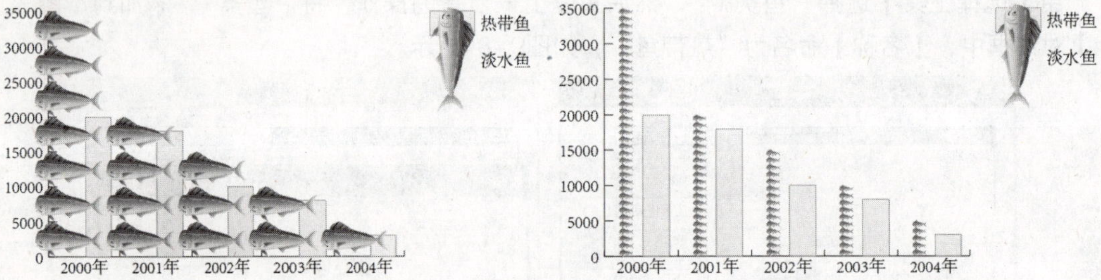

（a）　　（b）

图9-68

使用【编组选择工具】，单击图表中的灰色柱形，继续单击同一个柱形，直到将所有的灰色柱形和图例的灰色块都选中，如图9-69所示。

执行【对象】→【图表】→【柱形图】命令，弹出【图表列】对话框，在【选取列设计】文本框中选择“热带鱼”，在【列类型】下拉文本框中选择“重复堆叠”，在【每个设计表示】数值框中输入2500，如图9-70所示。

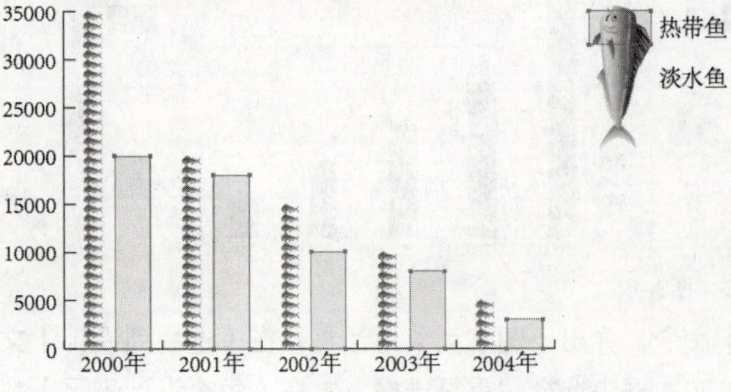

图9-69

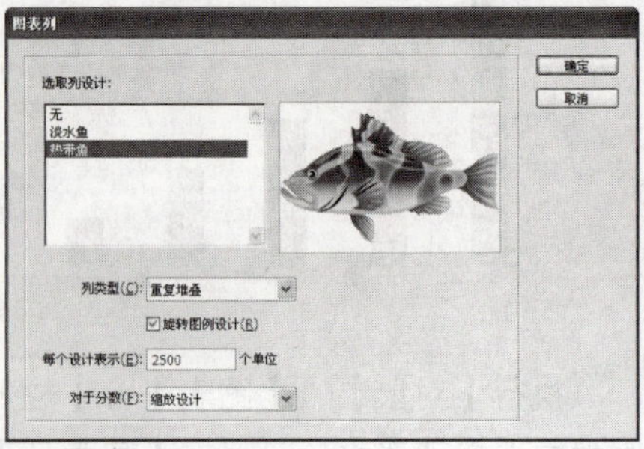

图9-70

单击【确定】按钮，得到的效果如图9-71所示。

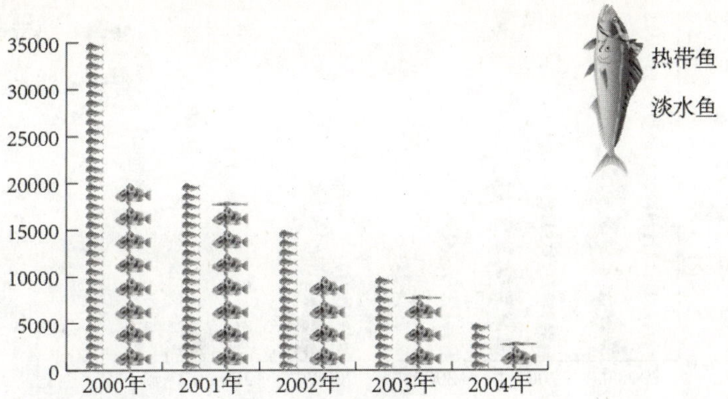

图9-71

从图9-71中可看到图表左侧的图例，鱼是垂直方向摆放的，下面用【旋转工具】将它调整为水平方向的。

用【编组选择工具】选择“淡水鱼”图案，然后单击工具箱中的【旋转工具】，将它逆时针旋转90°，双击【比例缩放工具】，在弹出的【比例缩放】对话框中，设置【比例缩放】为50，如图9-72所示。

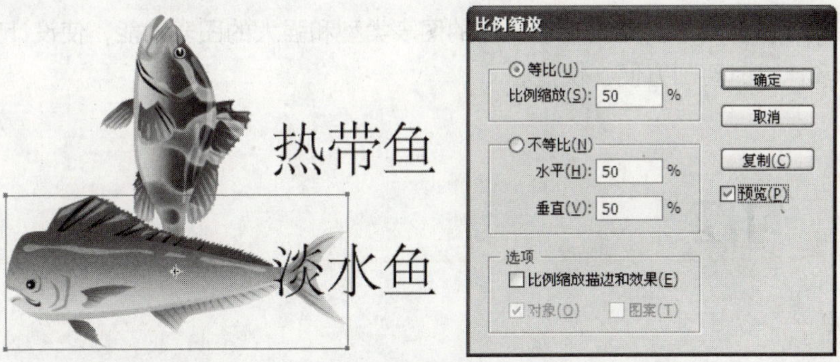

图9-72

单击【确定】按钮，完成将图例旋转并缩放的操作，如图9-73所示。

用【编组选择工具】选择“热带鱼”图案，然后用【旋转工具】逆时针旋转90°，再双击【比例缩放工具】，在【比例缩放】对话框中设置【比例缩放】为50，单击【确定】按钮，得到的效果如图9-74所示。

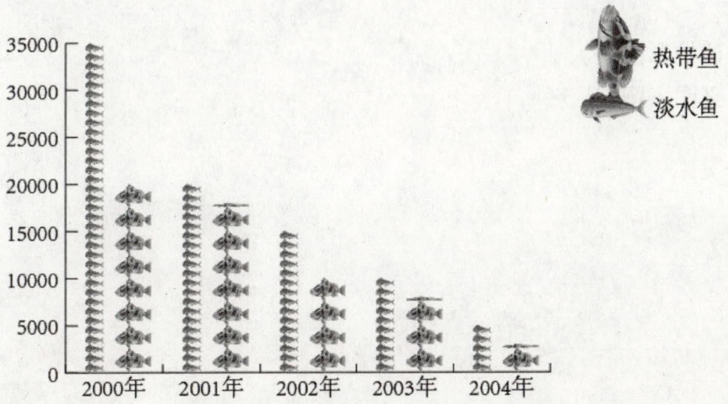

图9-73

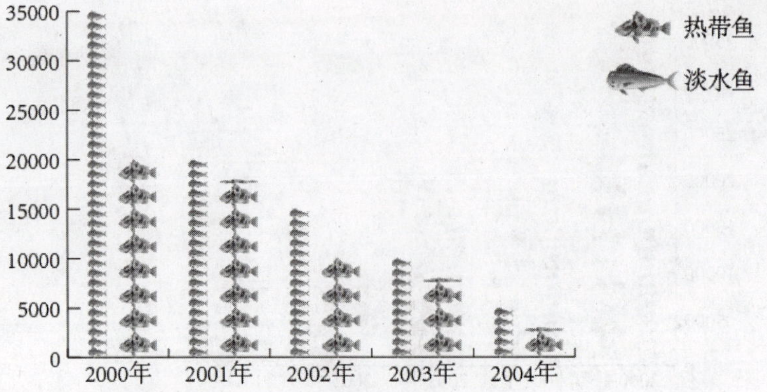

图9-74

用【图表设计】命令制作带符号的图表就完成了。

9.5 小结

本章介绍了Illustrator软件中提供的丰富的图表类型和强大的图表功能，使设计师在运用图表进行数据统计和比较时更加方便、快捷。

9.6 习题

1. 填空题

（1）在Illustrator CS5中包含9种图表工具，分别为（　　　）、（　　　）、（　　　）、（　　　）、（　　　）、（　　　）、（　　　）、（　　　）和（　　　）。

（2）柱形图创建的图表可用（　　）柱形来比较数值，能直接读出不同形式的统计数值。

2. 问答题

柱形图表与条形图表的区别是什么?

3. 操作题

（1）练习创建柱形图表。

（2）练习定义图表图案。

10

第10章

实战案例

本章通过一个完整的实例（宣传折页）操作，介绍从设计、制作、打数码样、输出印刷胶片，到印刷、印后工艺，以及装订的流程，让读者真实地体验实际工作的各个环节。从而掌握一些必备的常识与经验。

按照工作流程的3个阶段（前期设计制作、出片打样与后期印刷）进行介绍。

设计要点

- 滤镜和效果的区别
- 矢量图形的转换
- 效果菜单的介绍

10.1 前期设计制作

前期设计制作的流程如图10-1所示。案例讲解也将按照此流程进行。

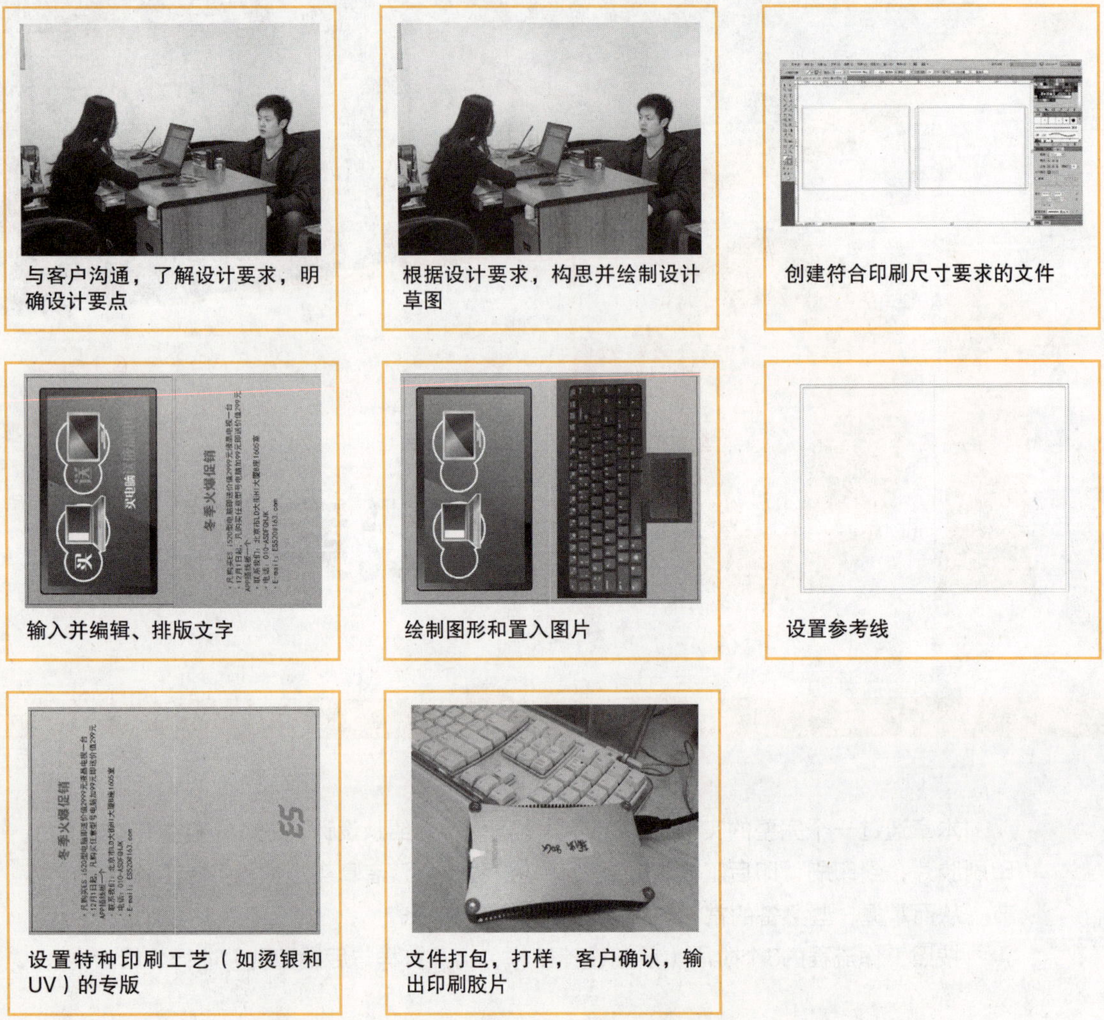

图10-1

10.1.1 折页设计

学习目的：规范操作，掌握创建页面、折线以及特殊工艺的制作。

知识要点：

- 正确设置页面尺寸
- 烫银和模切的制作

1. 与客户沟通

在开始设计之前，我们一般要进行两次沟通，第一次听取客户对任务设计的基本构想，如整体风格、尺寸等基本要求，第二次双方协商确认设计要点。

2. 设计要点

本部分包括风格要点、具体参数两部分内容。

（1）风格要点

- 构图：构图简练，表达内容全面，并且能够突出特色。
- 配色：色彩尽量单纯，不必太复杂。
- 传达重点：电脑屏幕应该作为重点突出，且要真实性高。
- 工艺选用：尽量选用两种目前最常用的特种工艺，以便帮助读者了解特种工艺的制版方法。
- 电脑外观：放置品牌名称。

（2）具体参数

- 尺寸：折页成品尺寸为140mm×210mm。
- 印刷色数：正背四色印刷（青品黄黑／CMYK），一个烫银工艺和一个模切工艺。

3. 草图设计

在设计之初，最好先根据客户的要求及自己的整体构思绘制一张效果图，或者在心中打一个腹稿，有助于合理安排版面，如图10-2所示，完成效果的平面展开图如图10-3所示。

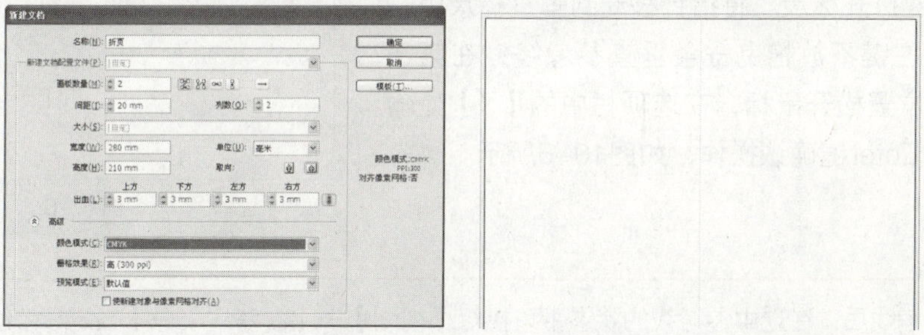

图10-2

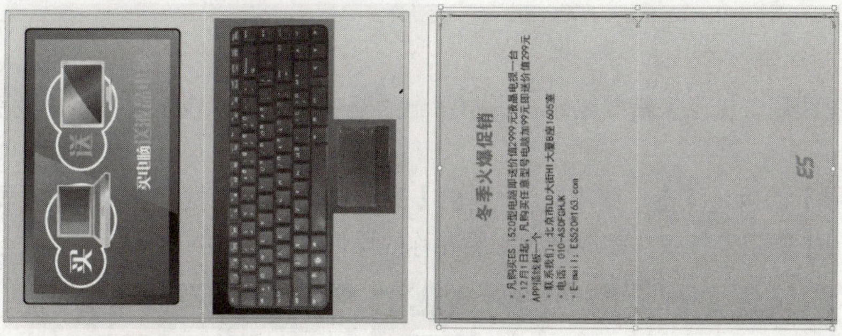

图10-3

4. 创建符合印刷尺寸要求的文件

本次设计的宣传折页由2部分组成：封面和内页，设计之前最关键的是要确认好尺寸，包括封面、封底的宽、高数值，通常这个数值由客户提供。

（1） 宣传折页的成品尺寸客户已经确定。宽度为140mm，高度为210mm，因此宣传册的展开的宽和高应该是（140×2）mm×210mm。

（2）创建页面。根据计算好的宽高尺寸数据来创建页面。

执行【文件】→【新建】命令，弹出【新建文档】对话框，设置【名称】为折页，【画板数量】为2，【宽度】为280mm，【高度】为210mm，【出血】均为3mm，【颜色模式】为CMYK，如图10-4所示。

单击【确定】按钮，完成新建文档的操作，新建的文档出现在页面中，如图10-5所示。

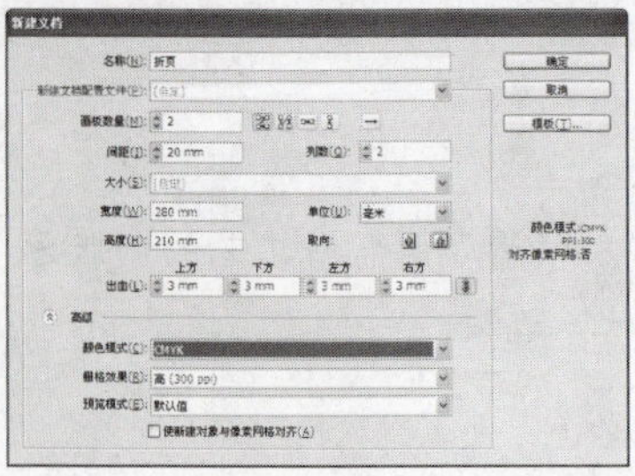

图10-4

图10-5

5. 设置参考线

设置参考线是为了设计方便，在设计页面中添加的参考线，可用来定位和分区。在本例中，需要设置的参考线是中心线，即根据折页的宽度设置参考线。

按Ctrl+R键打开标尺。将指针移动到垂直标尺中，然后按住鼠标左键不放拖曳一条垂直参考线，在第一个页面的任意位置松开鼠标，在选项栏中的【X】处输入140mm，按Enter键确认操作，如图10-6所示。

图10-6

提 示

设置完参考线后，在选中参考线的状态下可执行【视图】→【参考线】→【锁定参考线】命令，勾选【锁定参考线】选项，参考线为锁定状态，在选择对象的时候不会连参考线一起选中。

6. 绘制图形和置入图片

设置完参考线后，接下来需要绘制折页中用到的渐变颜色块，以及将素材中的图片置入到页面中。

打开【图层】调板，双击“图层1”，弹出【图层选项】对话框，在【名称】文本框中输入“底图”，单击【确定】按钮，完成修改图层名称的操作，如图10-7所示。

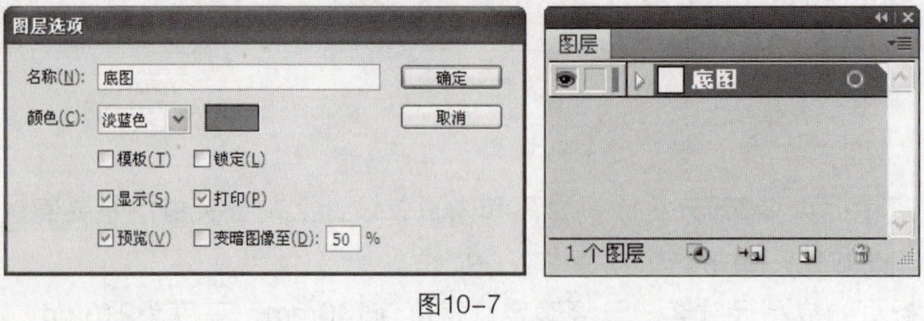

图10-7

选择工具箱中的【矩形工具】，在第一个页面左上角的两个出血线交点位置单击并拖曳鼠标，直到右下角两个出血线的交点位置，打开【渐变】调板，在渐变色条上单击鼠标左键，使其显示出渐变滑块，如图10-8所示；设置角度为“90”，如图10-9所示。

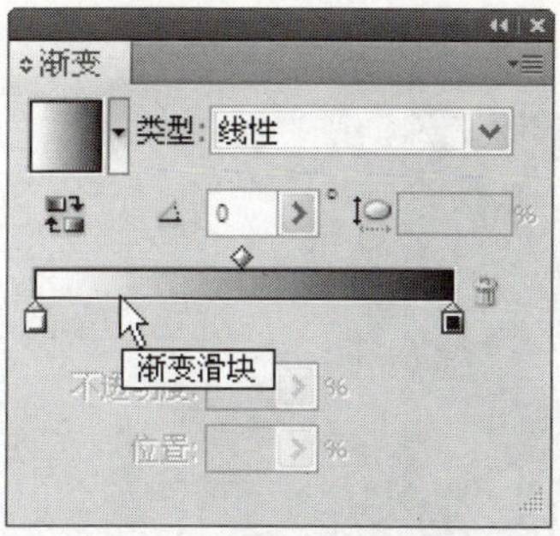

图10-8

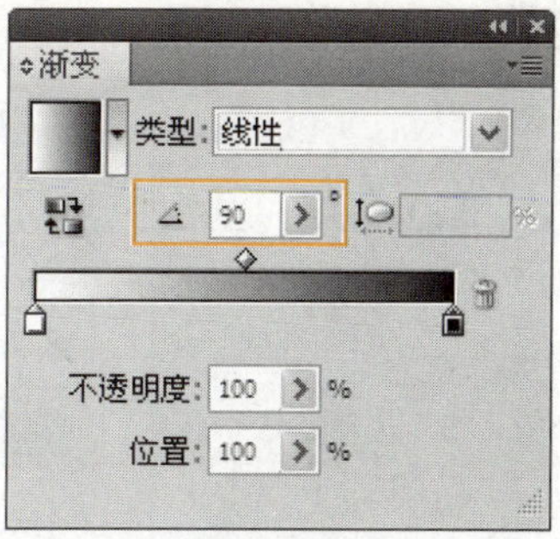

图10-9

用鼠标左键双击左侧的渐变滑块，弹出【设置】调板，单击右侧下拉三角按钮，在弹出的下拉菜单中选择“CMYK”，并设置数值为“C35、M25、Y15、K0”，使用同样的方法设置右侧的滑块，设置数值为“C20、M15、Y5、K0”，如图10-10所示。

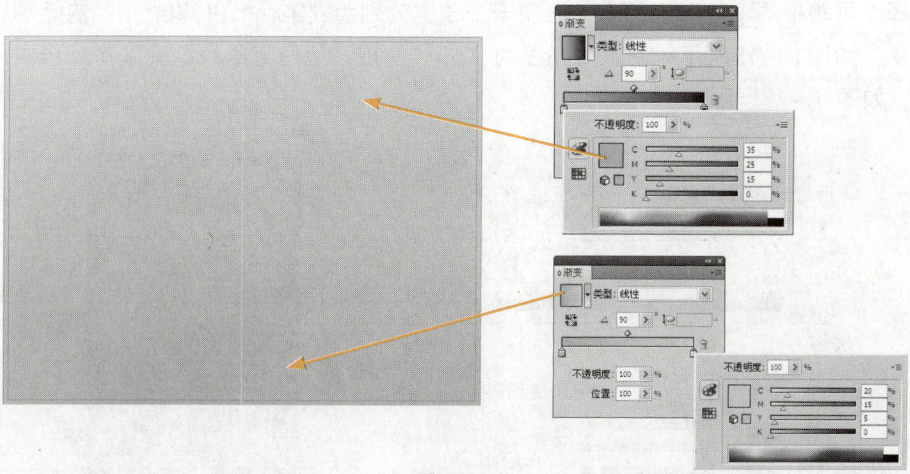

图10-10

打开【图层】调板，新建图层，并且将其命名为“屏幕”，选择工具箱中的【圆角矩形工具】，在页面中单击鼠标左键，弹出【圆角矩形】对话框，设置宽度为“110mm”，高度为“190mm”，圆角半径为“3mm”，如图10-11所示。

利用第三步的方法设置渐变，设置左侧滑块的数值为“C90、M88、Y85、K75”，设置右侧滑块的数值为“C58、M40、Y30、K0”，并设置角度为“65”，如图10-12所示。

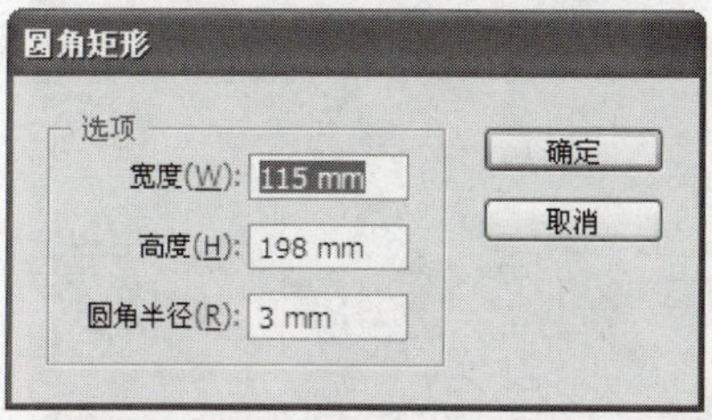

图10-11

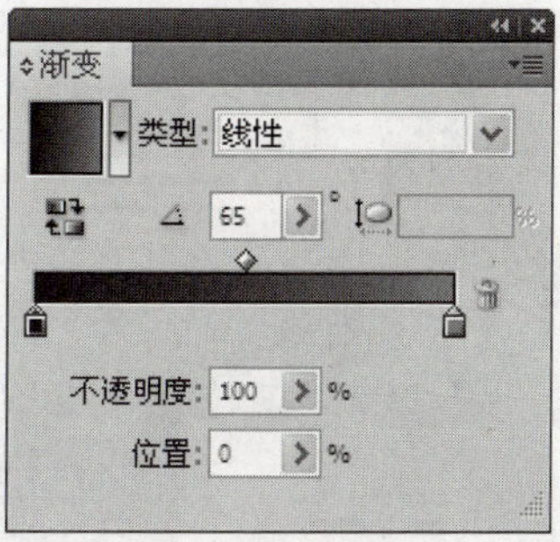

图10-12

在工具箱中设置描边色为“黑色”，打开【描边】调板，设置粗细为“4pt”，如图10-13所示，选择工具箱中的【选择工具】，把该矩形放置到合适的位置，如图10-14所示。

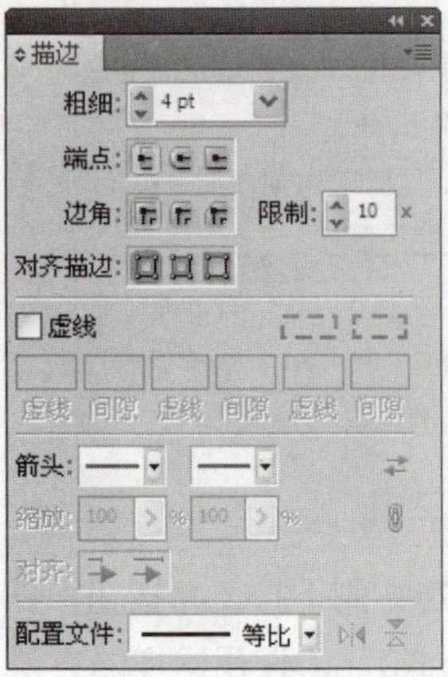

图10-13

图10-14

选择工具箱中的【矩形工具】，绘制一个长宽分别为“96mm和176mm”的矩形，为矩形设置渐变，如图10-15所示；并设置角度为“65”，把该矩形与黑色渐变圆角矩形水平垂直居中对齐，如图10-16所示。

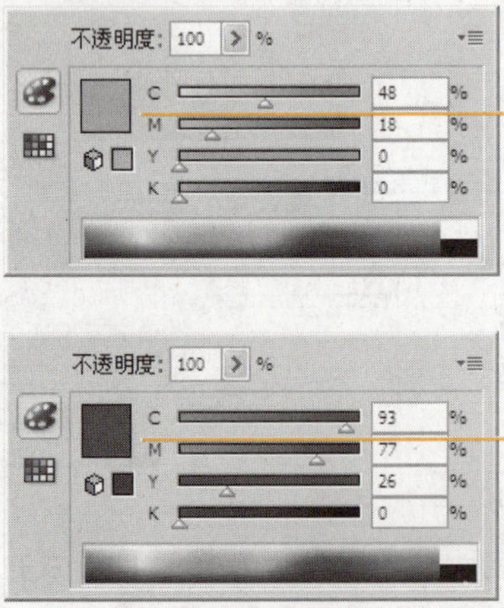

图10-15

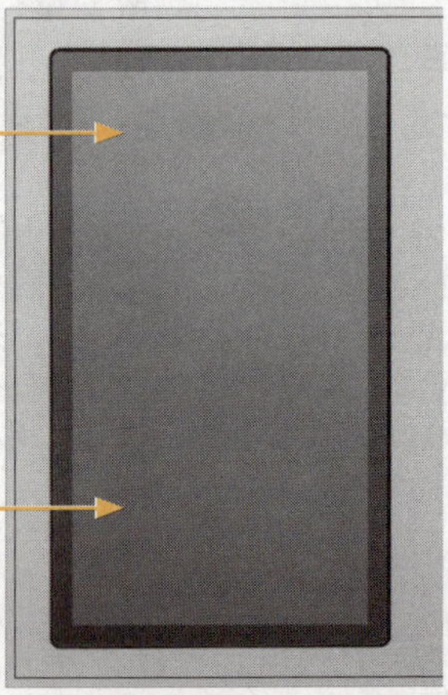

图10-16

选择工具箱中的【圆角矩形工具】，绘制一个长宽分别为“108.6mm和110mm”的矩形，并为其设置渐变，设置角度为“-140”，如图10-17所示，选择工具箱中的【直接选择工具】，选中圆角矩形顶端的两个锚点，如图10-18所示，将其删除。

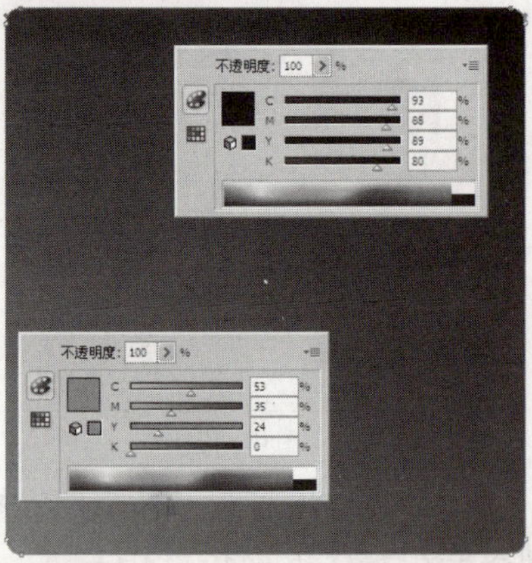

图10-17

图10-18

用【直接选择工具】，按住Shift键，将其右上角的锚点向下拖曳到合适的位置，如图10-19所示，将修改好的图形放到合适的位置，如图10-20所示。

图10-19

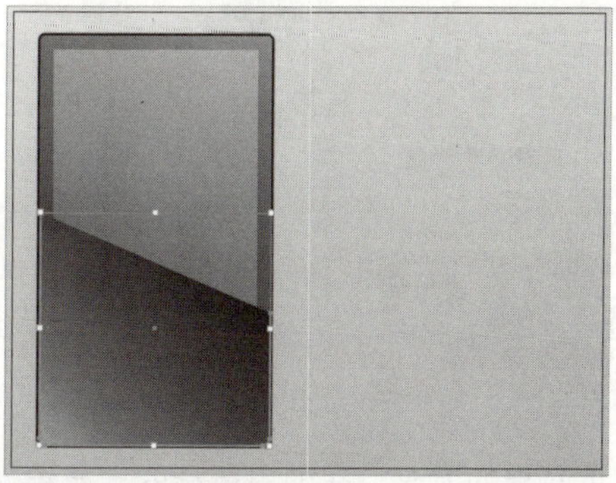
图10-20

选择工具箱中的【钢笔工具】，绘制一个不规则的四边形，如图10-21所示，并为其设置渐变效果，角度为“-70”，具体数值如图10-22所示。

图10-21

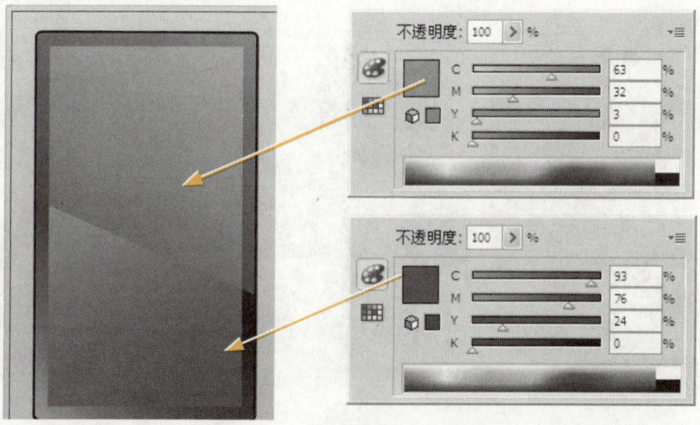

图10-22

新建图层并命名为“键盘”，执行【文件】→【置入】命令，弹出【置入】对话框，将素材“第十章键盘”置入到文档中，选择工具箱中的【选择工具】，将鼠标放到图像定界框的右下角，旋转图像至合适的方向，调节好大小后放在合适位置，如图10-23所示；使用同样的方法将素材“第十章鼠标”放置到文件的合适位置，如图10-24所示。

图10-23

图10-24

选择工具箱中的【矩形工具】，在文档中的键盘位置绘制一个矩形，比键盘稍大，填充渐变“C0、M0、Y0、K65，C0、M0、Y0、K100”，角度为“-110”，如图10-25所示，并通过按

Ctrl+Shift]键将其移动到键盘下方，适当调整其大小，如图10-26所示。

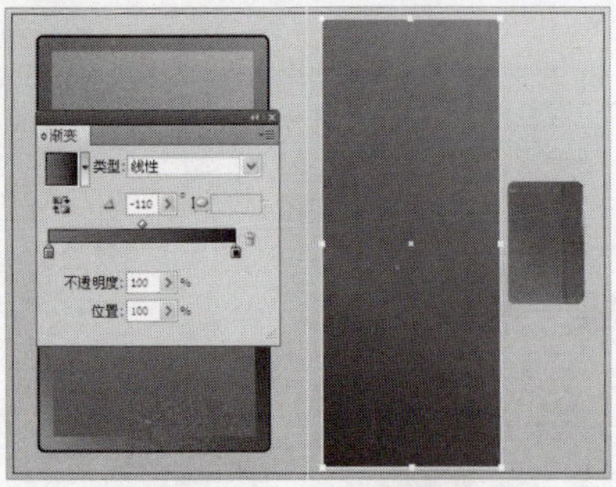

图10-25

图10-26

使用同样的方法，在触摸鼠标的地方绘制一个矩形，填上相同的渐变色，并移动到鼠标下方，如图10-27所示；执行【窗口】→【路径查找器】命令，打开【路径查找器】调板，选中刚绘制的矩形和键盘下方的渐变矩形，单击【路径查找器】调板上的【联集】按钮，如图10-28所示。

图10-27

图10-28

选择工具箱中的【椭圆工具】，在页面中绘制两个大小不一的正圆，使其交错放置，再选中两个圆形的情况下单击【路径查找器】中的【联集】按钮，如图10-29所示；将其旋转放置在合适的位置，并设置填充色为“无”，描边色为“白色”，粗细为“5pt”，如图10-30所示。

图10-29

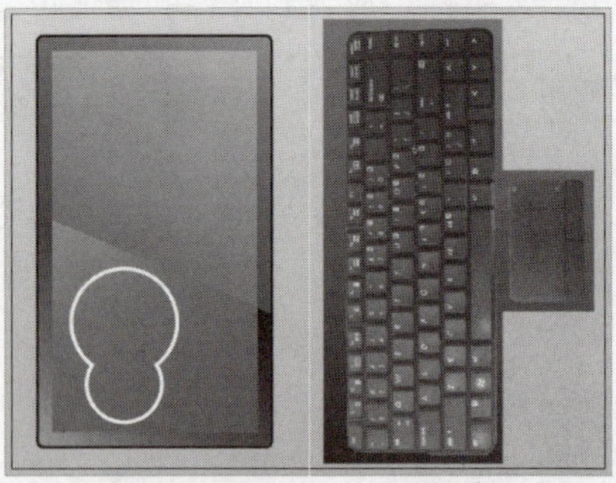
图10-30

将刚绘制的图形复制一个，并放在合适的位置，如图10-31所示；打开素材“第十章电器”，将文档中的电脑和电视复制粘贴到“折页”文档中，并调节的大小和位置，如图10-32所示。

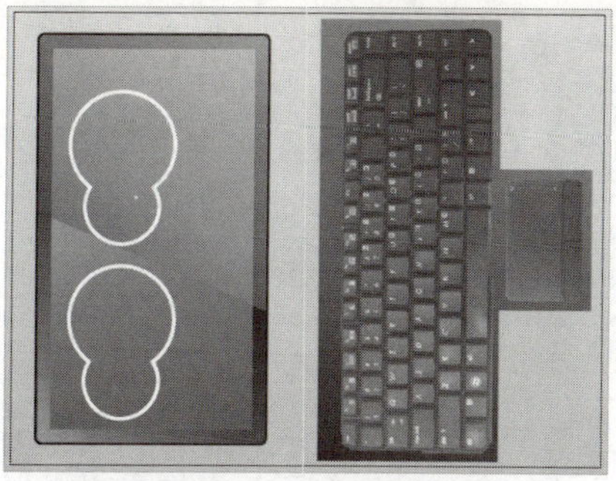

图10-31

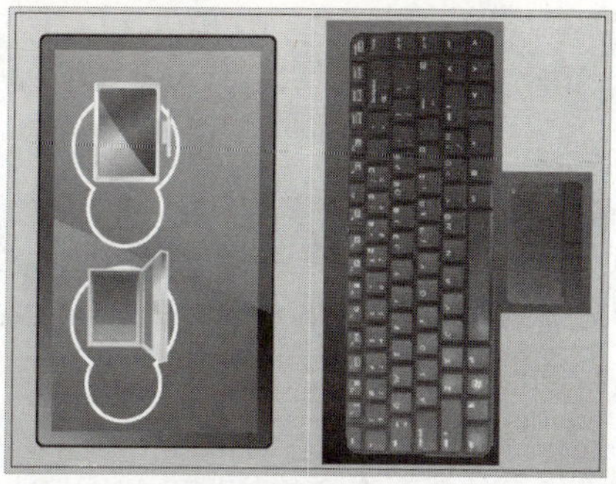

图10-32

新建图层并命名为“外部”，选择工具箱中的【选择工具】，选中灰色底图，将其复制到右侧页面上，并放置到合适的位置，如图10-33所示，拖曳出一条参考线，位于X=140mm处，如图10-34所示，并锁定参考线。

图10-33

图10-34

7. 排版文字

图形和图片排版好后，接下来是设置字体、字号、颜色以及摆放位置。

新建图层并命名为“文字”，选择工具箱中的【文字工具】，在左侧页面中拖曳出一个文本框，输入文字并设置字体字号，如图10-35所示；使用同样的方法在设置另外一个字，如图10-36所示。

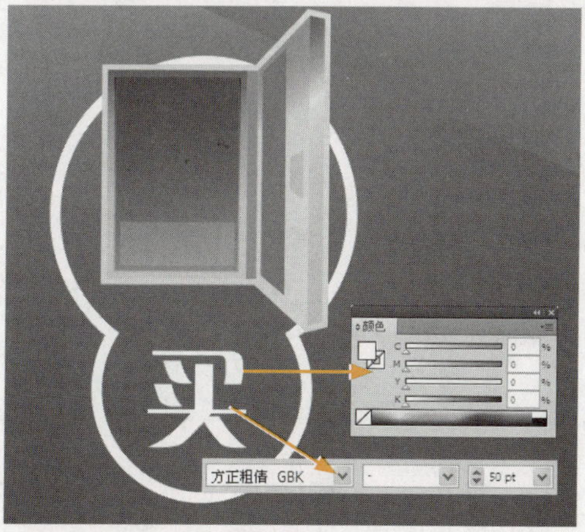

图10-35

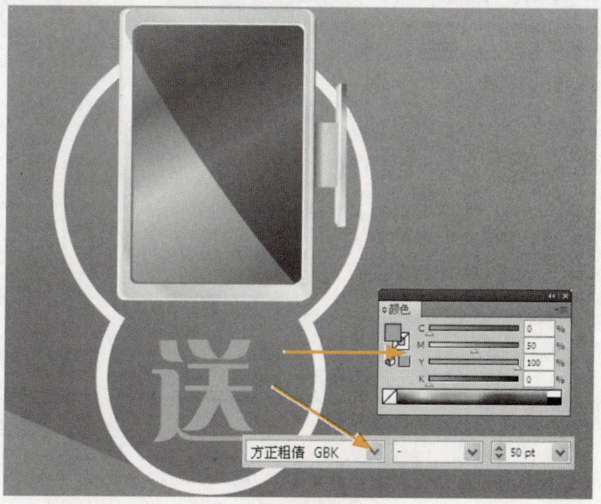

图10-36

使用【选择工具】选中文字“买”，选择工具箱中的【旋转工具】，将其旋转并放在合适的位置，如图10-37所示；使用同样的方法将文字“送”旋转，如图10-38所示。

图10-37

图10-38

选择工具箱中的【文字工具】，在左侧的页面中拖曳出一个文本框，输入文字并设置字体字号，并将其旋转放在合适的位置，如图10-39所示；用同样的方法在右侧页面中拖曳文本框，输入文字并设置字体字号，如图10-40所示。

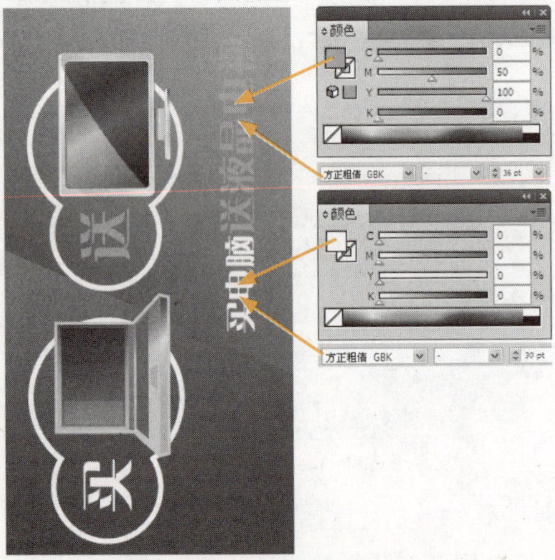

图10-39

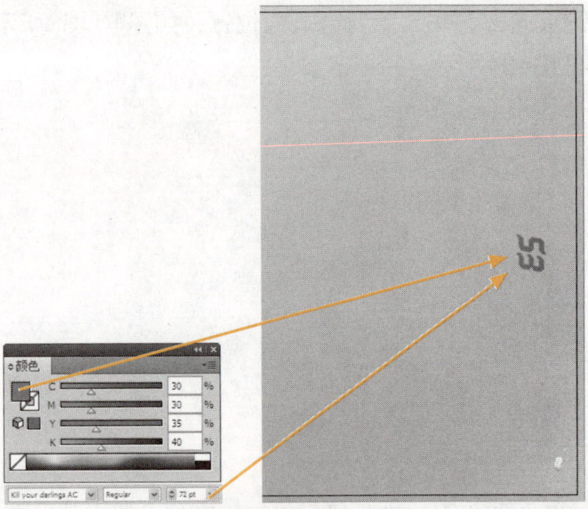

图10-40

执行【文件】→【置入】命令，弹出【置入】对话框，选择素材“第十章文字”，单击【置入】按钮，弹出【文本导入选项】对话框，单击【确定】按钮，如图10-41所示；置入的文字出现在文档中，如图10-42所示。

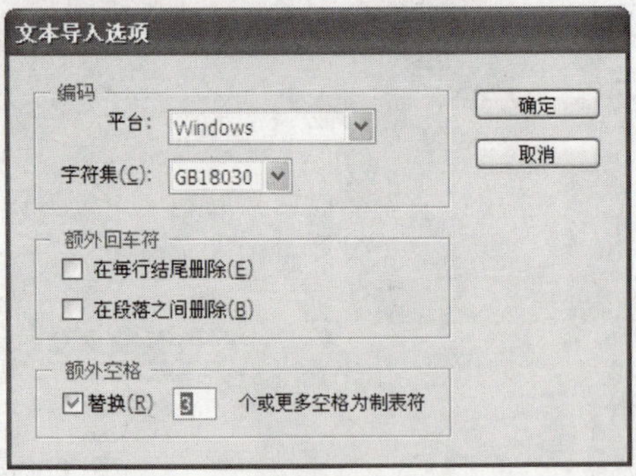

图10-41

图10-42

使用【文字工具】选中第一行文字，设置如图10-43所示；选中剩下的文字，设置如图10-44所示，设置完的效果如图10-45所示。

使用【文字工具】将光标插入到“凡”字前面，执行【文字】→【字形】命令，弹出【字形】对话框，双击如图10-46所示的“圆点”，插入该字形；并设置“圆点”字体为“方正超粗黑-GBK”，颜色为“C0、M100、Y100、K0”，以此方法设置下面的段落，如图10-47所示。

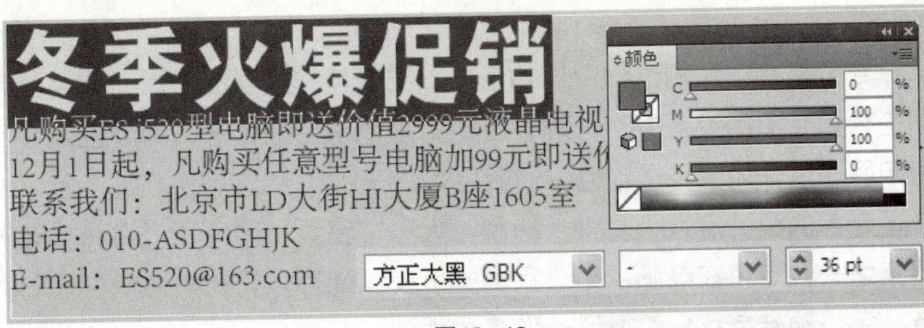

图10-43

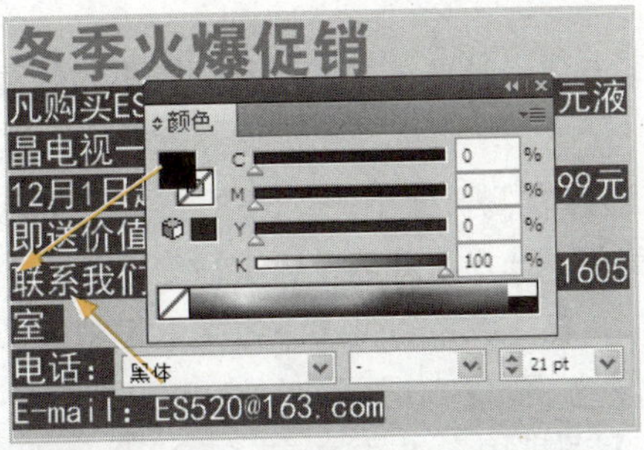

图10-44

图10-45

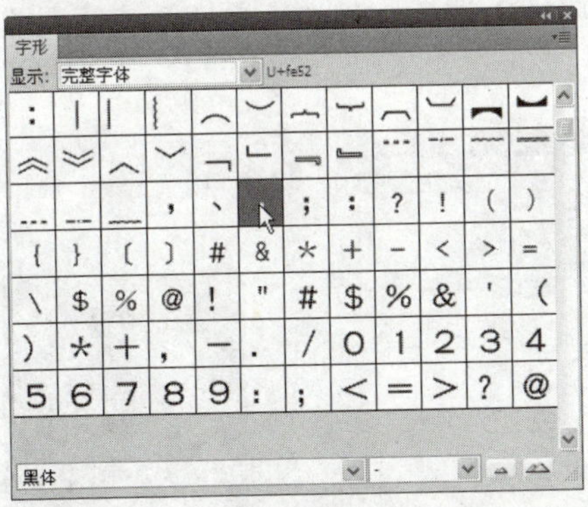

图10-46

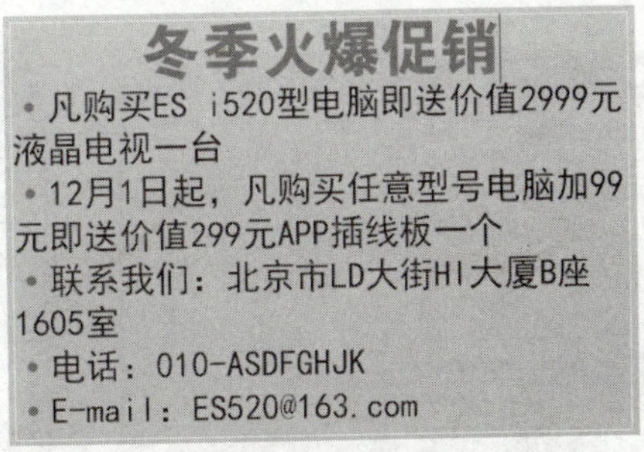

图10-47

选中第一行文字“冬季火爆促销”，单击选项栏中的【居中对齐】按钮，使其居中显示，如图10-48所示；使用【选择工具】选中文本框，选择工具箱中的【旋转工具】，将文本框旋转，调节行距和文本框的大小，使文字合理显示，如图10-49所示。

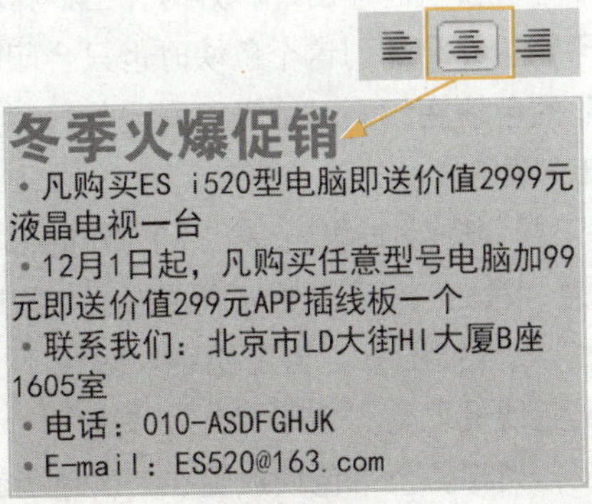

图10-48

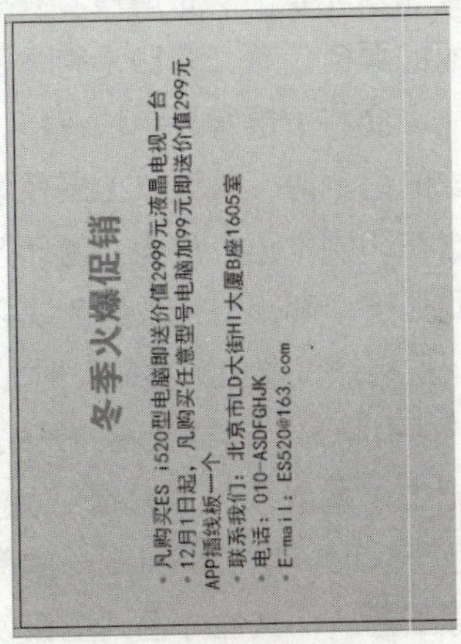

图10-49

8. 制作特殊工艺的专色版

专色是指在印刷过程中，基于成本或者特殊效果的考虑而使用的专门的油墨。由于印刷的后期工艺和专色的设置方法一样，因此本书也将后期工艺归为专色，并且将专色分为两种：一种称为印刷专色，如金色、银色、潘通色等；一种叫工艺专色，如烫金、烫银、模切等。

专色的设计有六大要素：形状、大小、位置、颜色、虚实和叠套等。颜色是设计专色重要的要素之一，专色在电脑中无法正确显示，设计师只需要为每一种专门的油墨或者工艺设置一种专色，每一种专色都只能得到一张菲林片。

下面介绍特殊工艺的制作。

在前面已设置好字体字号和文字的位置，则完成了专色设计要素中的形状、大小和位置的设置。接下来要设置专色六要素中的颜色。

新建图层，命名为“模切板”。用【文字工具】选择右侧页面中的“ES”，打开【色板】调板，单击调板右侧的黑色三角按钮，在弹出的下拉菜单中选择【新建色板】命令，弹出【新建色板】对话框，在【色板名称】文本框中输入“烫银”，在【颜色类型】下拉文本框中选择“专色”，设置颜色数值为“C=100，M=0，Y=0，K=0”，如图10-50所示。

单击【确定】按钮，设置的专色保存在【色板】调板中，选中文字“ES”，应用颜色“烫银”，执行【窗口】→【属性】命令，弹出【属性】调板，勾选【叠印填充】复选框，如图10-51所示。

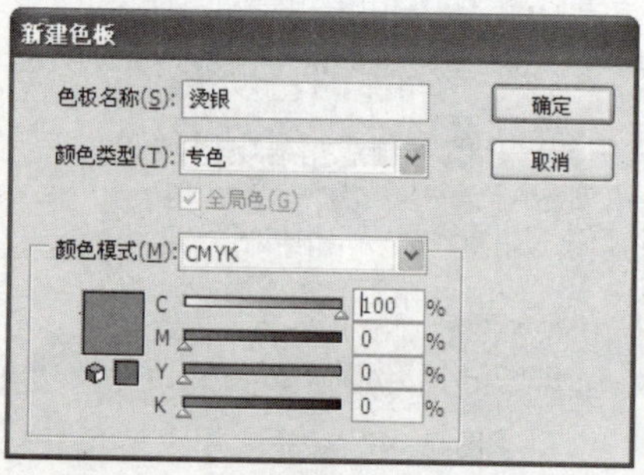

图10-50

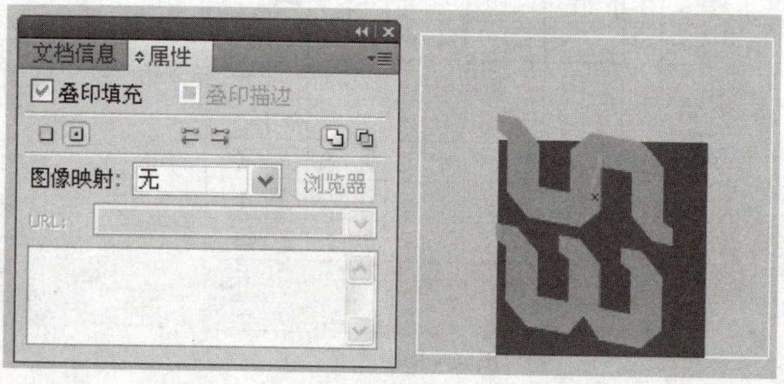

图10-51

在【透明度】调板中，要保证【不透明度】为100%，则为专色设计要素中的虚实。

设置叠印填充是为防止漏白。在专色设计要素中属于叠套，即上、下色块的叠套关系。叠印是保留下面的颜色信息，套印是将下面的颜色镂空。在通常情况下，当一个色块压在另一个背景色块之上时，会将下层背景色块遮挡，也就是遮挡的部分被镂空。输出菲林片时，当照排机读取到重叠色块的部分时，只读取上层色块的颜色信息。印刷机在印刷到这个色块时也只会印刷上层的颜色，这在印刷术语上称为“套印”，处于“套印”的色块在印刷时由于印刷误差很容易“漏白”，因此处于“套印”关系的色块之间应该做“陷印”设置。

当将上层色块设置为“叠印”时，上层色块不会将下层背景色块镂空，输出和印刷时都将保留下层颜色的所有信息，这样设置的好处是印刷时不会产生“露白”，因此也不需要设置“陷印”。

正确把握“叠套”关系是得到完美印刷品的关键，通常情况下，当上层色块颜色不会被下层背景颜色干扰时，能够保持本身的颜色，可以将上层色块设置为“叠印”，如“黑色”和后期“烫银”等工艺。而其他彩色则应该使用“套印”关系，如“黄色”色块放置在“青色”背景上时，使用“叠印”设置后，印刷这个色块将变成绿色。

选择工具箱中的【钢笔工具】，在左侧页面的左上角处打下第一个锚点，在拐角处绘制圆角，在其余地方绘制直线，直到形成闭合曲线，如图10-52所示；使用【选择工具】选中路径，打开【色板】调板，新建专色，命名为“模切板”，设置颜色为“C100、M0、Y100、K0”，如图10-53所示。

图10-52

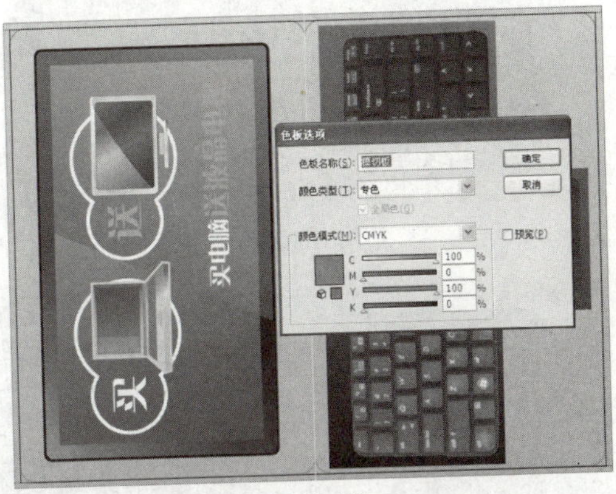
图10-53

在【色板】调板中，可以定义任意数值的颜色来转换成专色，这个颜色并不是真正专色的颜色，只是用于显示，最好设计师在设置专色时，建议使用与图形中用到的颜色有较大差异的颜色，以便于区别。

保持路径的选中状态，打开【描边】调板，在描边调板中设置粗细为“0.2pt”，如图10-54所示，打开【属性】调板，勾选【叠印描边】复选框，如图10-55所示。

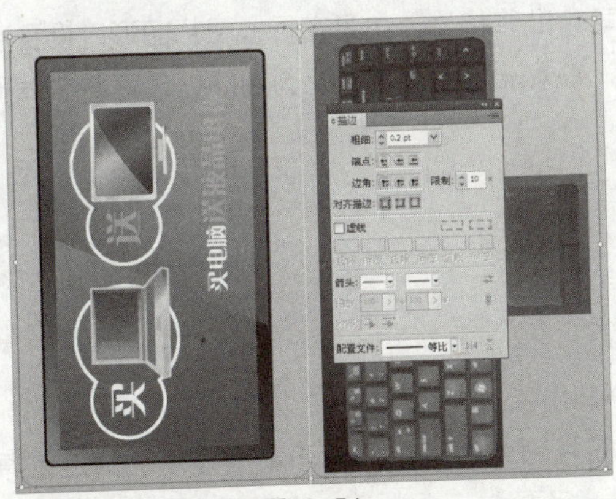
图10-54

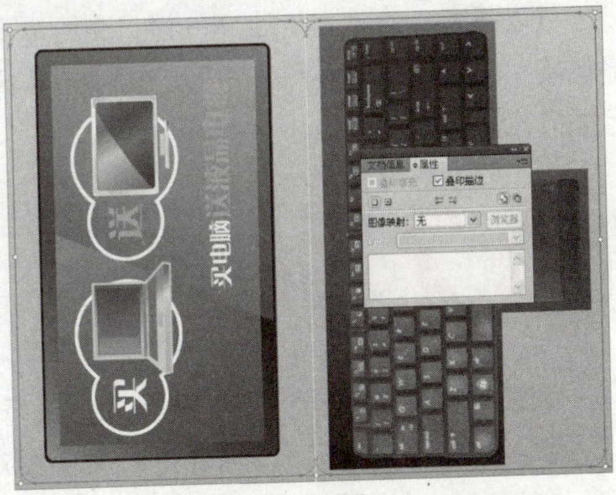
图10-55

选择工具箱中的【直线段工具】，按住Shift键在左侧页面中沿中间参考线位置绘制一条直线，选中该线段，应用颜色“模切板”，打开【描边】调板，设置粗细为“0.2pt”，勾选【虚线】复选框，如图10-56所示，打开【属性】调板，勾选【叠印描边】复选框，如图10-57所示。

使用【选择工具】选中绘制的矩形框和虚线，将其复制到右侧的页面中，并放到合适的位置，如图10-58所示。制作工艺部分介绍完毕。

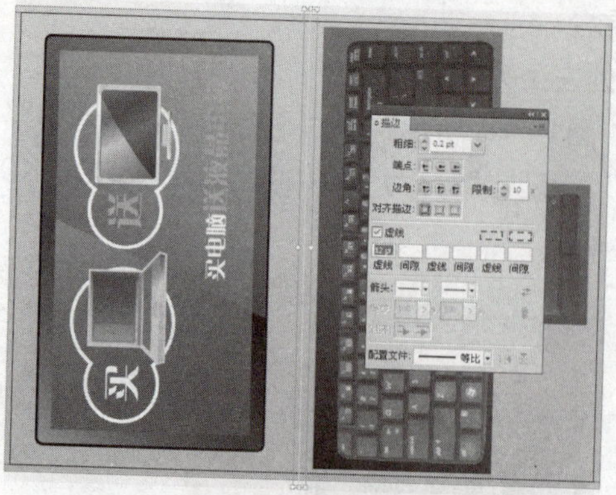

图10-56

图10-57

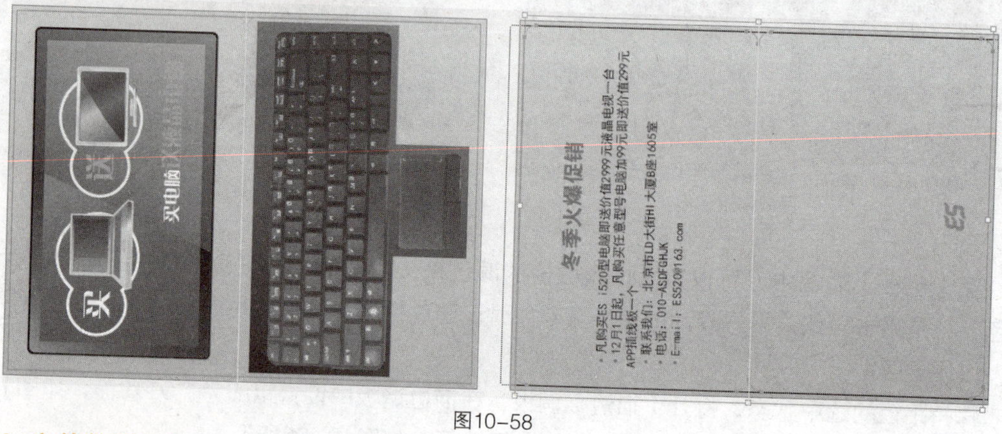

图10-58

9. 文件整理打包

可以将完成的Illustrator文件拷贝交给输出公司输出菲林片，如果在导入图片图形时设置了外部链接，一定要将这些图片图形的文件一并拷贝。如果没有将文字转化为曲线，最好将字体也一起拷贝，带到输出公司。

10.2 出片打样

将整理好的文件送至专业的输出中心进行打样与出片。

整个文件制作完成后，需要进行文字校对和图片颜色的确认。由于电脑显示器的成色原理（色光加色法）与印刷品的成色原理（色光减色法）不同，因此，同一个文件在显示器上的颜色往往会与其印刷品的颜色有所偏差，因此不能根据显示器确认颜色。由于数码样的颜色比较接近印刷品的颜色，所以一般情况下会打印数码样来确认整体设计的颜色。

1. 认识印刷信息

印刷出来没有裁切的纸张上包含着很多印刷信息，这些信息有助于设计师判断和监控印刷品的质量，如图10-59所示。

2. 客户审核确认

传统打样的作用有两个。一是在印刷前，让客户最终进行审核，并签字确认。经过客户签字确认的设计如果印刷后出现文字性错误以及设计风格问题，设计师不再承担责任。二是给印刷厂提供印刷颜色的参考依据。印刷品的颜色必须与打样的颜色一致，否则，设计师有权不接受或者让印刷厂重印。

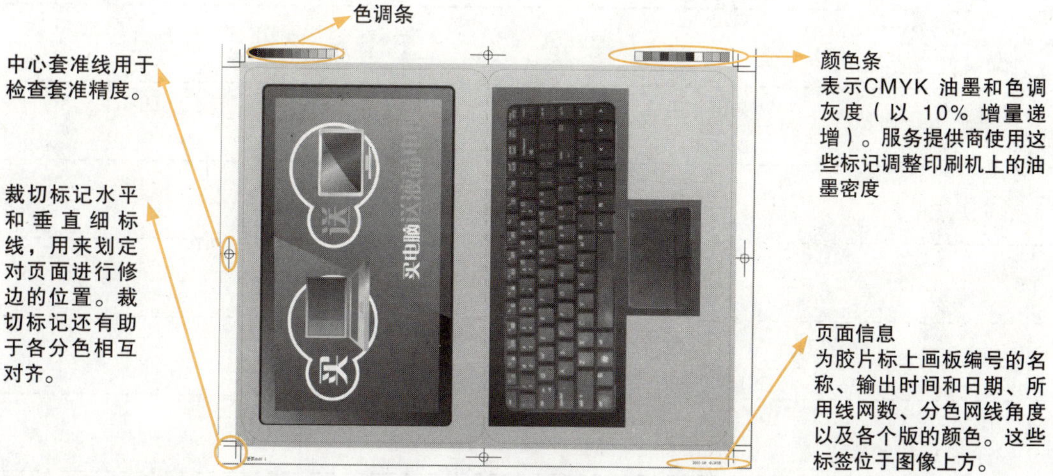

图10-59

10.3 后期印刷

客户对传统打样签字确认后，就可以将印刷胶片交到印刷厂印刷了。

后期印刷的流程如图10-60所示。案例讲解也将按照此流程进行。

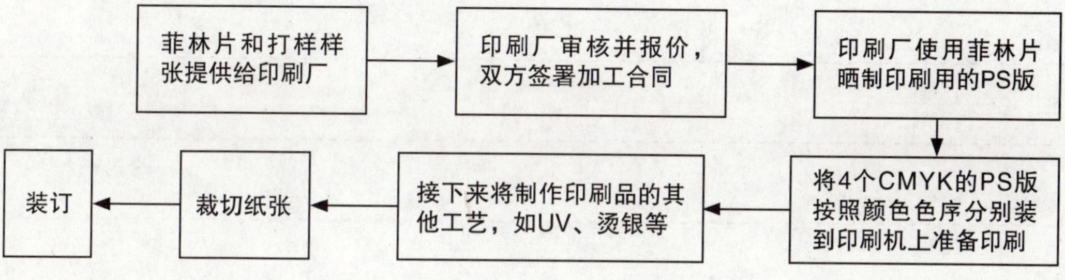

图10-60

10.4 小结

本章通过折页设计案例的讲解让设计师掌握页面尺寸的设置，参考线的基本运用和特殊工艺的制作。

读书笔记

第11章

逃出陷阱和提高工作效率

几番辛劳，设计制作的作品自己很满意，也得到了客户的肯定，这时候终于可以给自己放个小小的假了。而此刻，也许输出公司正派专人不厌其烦地在修改文件，也许印刷厂一个个询问的电话会让自己不胜其烦，也许……单个艺术品向批量工业品转化的印制过程有其自身的规矩，只有符合这些规矩才能得到无误的印刷品。

掌握这些技术，小心地绕过众多陷阱，是本章要告诉设计师的经验之谈。

设计要点

- 填充、描边色的设置
- 颜色填充面板的应用
- 图形填充的工具
- 单色、渐变和图案的填充
- 有关描边调板
- 实时上色的应用
- 有关实时描摹

11.1 逃出陷阱

11.1.1 底色陷阱

在设计制作中，为彩色印刷品满铺一个底色是设计师常见的手法，正确的底色设置不但可以提高印刷品的质量，提高工作效率，还可以节约成本。根据底色的明暗程度可分为“黑色底”、“浅色底”，如图11-1所示。

1.“黑色底”避四色黑

大面积的单色黑块“C=0，M=0，Y=0，K=100”在印刷时可能会出现颜色不均匀的问题。为了使黑块更加均匀，可以再黑色块中增加一些青色，如“C=30，M=0，Y=0，K=100”或“C=30，M=0，Y=0，K=80”的黑色。增加青色的多少取决于黑色块的面积，面积越大，需要添加的青色就越多。如图11-2所示为显示器通过红色、绿色和蓝色荧光粉发射光线产生颜色。

图11-1

图11-2

为什么不能直接设置成单色黑“K=100”或者四色黑“CMYK=100”呢？

因为K为100的黑印刷出来显得并不是很饱满，尤其是高速运转的印刷机有可能造成网点不实，而青版油墨的补充能弥补单色黑的不足。四色黑虽然看上去很饱满，但由于墨量太大，油墨不容易干，易造成过背蹭脏，也会拉长印刷周期。

2.“黑色底”就黑色图

当一张带着黑边的图片放置到黑底的上面时，这个黑底应该如何设置呢？将两种黑色设置成一样的数值，图片和底色就能够融合得很好，如图11-3所示。

图11-3

首先在Photoshop软件中执行【窗口】→【信息】命令，打开【信息】调板，然后将指针移至图片的黑色部分，确认黑色图片的数值，如图11-4所示。

图11-4

然后在Illustrator软件中，打开【色板】调板设定黑色色值，如图11-5所示。

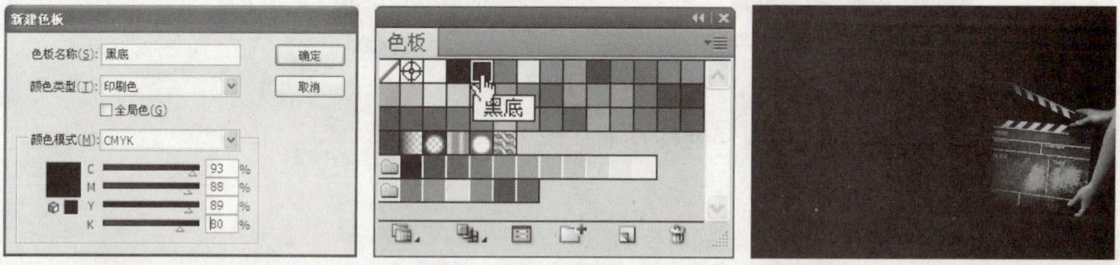

图11-5

3. “浅色底”避黑

“黑色底”设置需小心，“浅色底”设置也有“避黑”的讲究。所谓“避黑”就是在设置浅色底色时，尽量让黑版的数值为0，避开文字使用的单黑色，如图11-6所示。

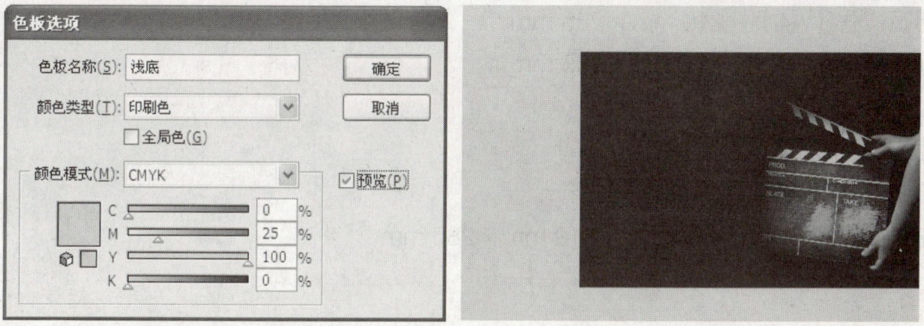

图11-6

“避黑”的好处是在出完菲林片后，如果发现还有少量的文字错误，可以直接在菲林片上进行修改，从而节省了时间和成本。

11.1.2 尺寸陷阱

设置正确的尺寸是得到正确印刷品的基础。不管是设计师还是客户，尺寸是最容易被忽略的，这也就成为最容易出现的印刷事故，造成的损失也最大。

在平面设计中，尺寸分为两种：一种叫成品尺寸，另一种是印刷尺寸。成品尺寸是指印刷品裁切后的实际尺寸；印刷尺寸是指印刷品裁切前包含了出血部分的尺寸。在开始设计之前，一定要确认拿到的是哪种尺寸，然后在软件中进行相应的设置，如图11-7所示。

图11-7

下面列举一些常用的设计品的标准尺寸。

设计品尺寸（单位：mm）

名片

- 横版：90 mm × 55 mm（方角） 85 mm × 54 mm（圆角）
- 竖版：90 mm × 50 mm（方角） 85 mm × 54 mm（圆角）
- 方版：90 mm × 90 mm 90 mm × 95 mm

IC卡：85 mm × 54 mm

三折页广告（A4）：210 mm × 285 mm

普通宣传册（A4）：210 mm × 285 mm

文件封套：220 mm × 305 mm

招贴画：540 mm × 380 mm

手提袋：400 mm × 285 mm × 80 mm

信纸/便条：185 mm × 260 mm /210 mm × 285 mm

提 示

A4是设计者常用的设计成品尺寸，通常用到的A4的尺寸是210mm × 285mm，而210mm × 297mm是打印纸的尺寸，在印刷中没有适合210mm × 297mm的纸。一些设计师经常会错误地设置A4的尺寸，事实上，210mm × 285mm才是标准的印刷品尺寸。

11.1.3 颜色陷阱

1. 四色的设置

印刷品对颜色设置的要求也是很严格的，颜色取值最好是按照5的倍数来设置，这样设置数值的好处是，便于记忆，有色标对照，如图11-8所示。

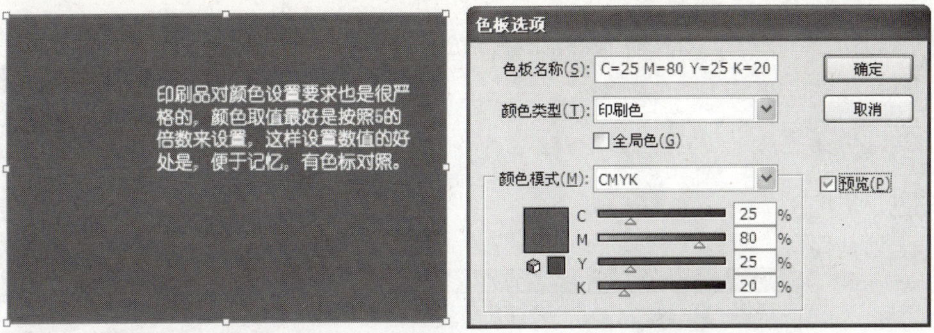

图11-8

2. 专色的困惑

专色是指在印刷过程中为达到某些效果或者基于成本考虑使用一些特殊的油墨。由于印刷的后期工艺按专色来设置，本书将工艺设置也归为专色处理。设计师要为每个印刷专色和后期工艺单独设置一个专色，这样才能得到一张独立的菲林片，如图11-9所示。

图11-9

认识和理解专色的6个要素是正确设计制作专色的前提，6大要素包括：形状、大小、位置、颜色、虚实、套压。

11.1.4 标线陷阱

设计师在设计制作过程中，有时候也会碰到需要设置角线、套准线和压痕线等标线的情况，比如做封面的封套要加上压痕线、把名片拼到页面中、光盘面的设计等。这些线在页面内不能出现，但是印刷厂需要参照它来更好地完成套准、裁切、压线等作业。以光盘设计为例，如图11-10所示。

图11-10

设置角线的操作步骤如下。

1 绘制角线。在工具箱中选择【钢笔工具】，绘制出两条宽度相等的十字交叉线。打开【描边】调板，在【粗细】数值框中输入0.25，然后按快捷键Ctrl+G将十字交叉线群组，如图11-11所示。

2 确定位置。用【选择工具】选中十字交叉线，将它移至圆心位置，如图11-12所示。

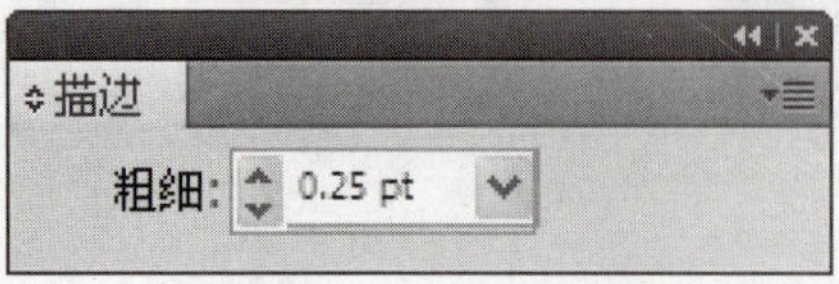

图11-11

图11-12

提 示

光盘印刷有两种方式。一种是丝网印刷；一种是柯式印刷。本案例介绍的是丝网印刷方式，做丝网印刷的光盘设计一定要在圆心处绘制套准线。

③ 设置颜色。执行【窗口】→【色板】命令，打开【色板】调板，单击调板右侧的黑色三角按钮，在弹出的下拉菜单中选择【新建色板】命令，在弹出的【新建色板】对话框中设置颜色数值为“C=100，M=100，Y=100，100”，如图11-13所示。单击【确定】按钮，则十字线轮廓被设置成四色黑，以保证每个印刷色版都有套准线，如图11-14所示。

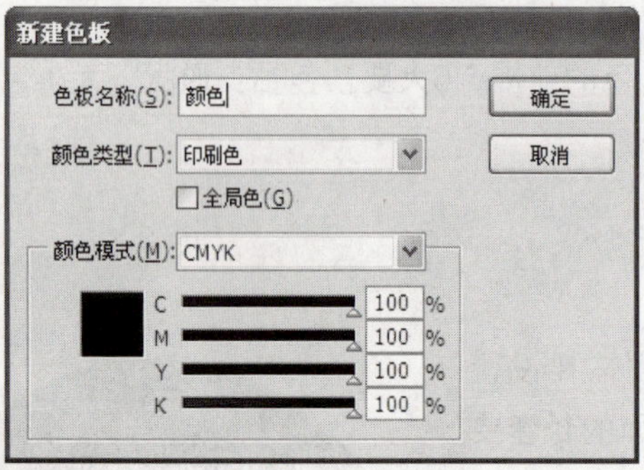

图11-13

图11-14

11.1.5 图片陷阱

作为版面重要元素之一的图片同样需要正确的设置来规避陷阱。

1. 图片的模式问题

没有将RGB图像模式转成CMYK模式，或者是将绘制的图形的颜色设置成了RGB模式。最好使用Photoshop将图像转换成CMYK模式，如图11-15所示。

2. 图片的缩放问题

在绘图或排版软件中，建议设计师不要对图像进行拉伸放大，最好使用Photoshop来完成这个操作，这样对图像拉大后的效果能够直接看到。

3. 图片的尺寸问题

如果设计的图像在排版中要放置在裁切边上，一定要设置好出血量。

4. 图片的链接问题

当图像被置入到排版软件中时，其实在页面中的图像只是粗略图，在输出时，一定要带上原始图像。

图11-15

11.2 提高工作效率

本节主要通过介绍正确的工作习惯和分类列出常用的快捷键，来讲解提高工作效率的方法和途径。

11.2.1 正确的工作习惯

首先，应将客户提供的文件和没有编辑过的素材文件统一放在一个文件夹里，将编辑并应用到版面中的图片与制作文件放在另一个文件夹，图片应按放置版面的页数以及位置起好名字。在制作过程中，设计师可能需要发电子文件给客户提供修改意见，客户根据文件也会提出修改图片、换图片或是移动图片的要求。如果前期没有将文件分类管理，那么在做文件修改时可能会导致图片出错等问题。

设计师可参照图11-16所示对文件进行归类。

图11-16

11.2.2 快捷键

下面为设计师列出常用快捷键的分类列表，方便设计师查找和记忆。熟记快捷键能为工作带来极大的方便，建议设计师常使用快捷键操作文档。

1. 常用快捷键分类

（1）用于编辑路径的快捷键

设计师对钢笔工具都不会陌生，这是常用的绘图工具。下面以绘制一个简单图形为例讲解使用钢笔工具编辑路径的快捷键，使设计师能快速地绘制路径。

1 绘制一条曲线时需要两个控制点才能调整好曲线的形状，按P键选择【钢笔工具】，单击页面空白处，并按Alt键向左上角拖出一条方向线，如图11-17所示。

2 在左侧空白处单击并向下拖出一条方向线，如图11-18所示。

图11-17

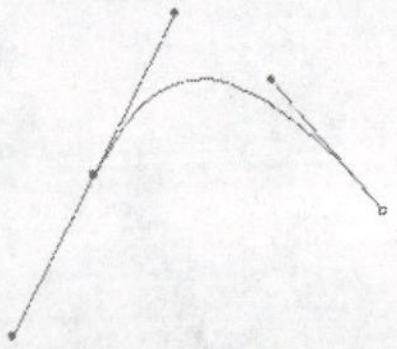

图11-18

3 在图11-18 所示的锚点下方单击一个锚点，如图11-19所示。

4 然后在图11-18所示的锚点的左侧单击并向上拖出一条方向线，如图11-20所示。

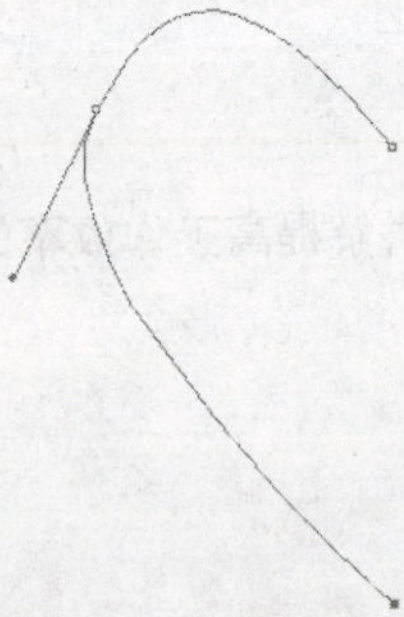

图11-19

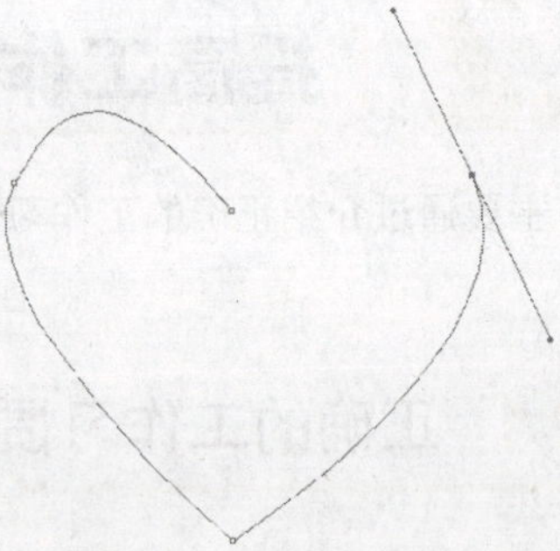

图11-20

5 闭合路径时，按住Alt键进行闭合，可以在不移动其他方向线的情况下拖出一条方向线，以便调整曲线，如图11-21所示。

6 最后按住Ctrl键调整控制点，如图11-22所示。

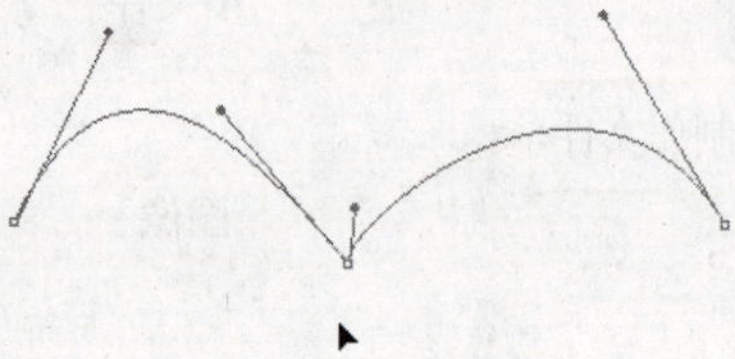

图11-21

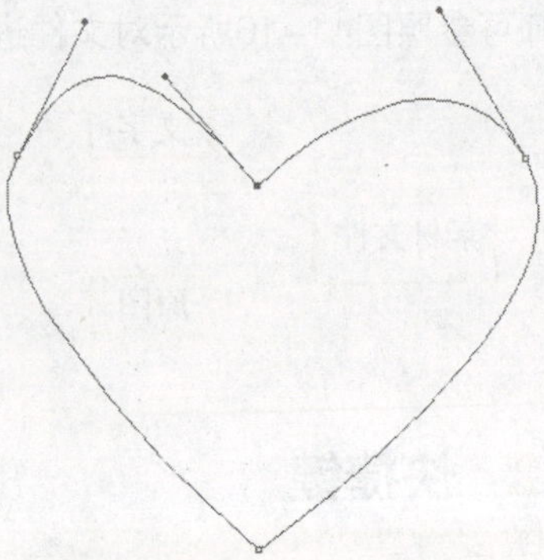

图11-22

（2）用于绘图的键盘快捷键

结果	Windows	Mac OS
将形状的比例或方向限制为： 用于矩形、圆角矩形、椭圆和网格的相等高度和宽度 用于直线段和弧线段的45°增量 用于多边形、星形和光晕的原方向	按住Shift键拖曳鼠标	按住Shift键拖曳鼠标
绘制时移动形状	按住空格键拖曳鼠标	按住空格键拖曳鼠标
从形状中央拖曳（多边形、星形和光晕除外）	按住Alt键拖曳鼠标	按住Option键拖曳鼠标
连续复制一个形状	‘（沉音符）– 拖曳鼠标	‘（沉音符）– 拖曳鼠标
增加或减少多边形的边，星形的点，弧线段的角度，螺旋线的螺旋或光晕的射线	开始拖曳鼠标，然后按↑键或↓键	开始拖曳鼠标，然后按↑或↓键
保持星形内半径为常量	开始拖曳鼠标，然后按住Ctrl键	开始拖曳鼠标，然后按住Command键
保持星形的边为直线	按住Alt键拖曳鼠标	按住Option键拖曳
在开放和封闭弧形之间切换	开始拖曳鼠标，然后按住C键	开始拖曳鼠标，然后按住C键
翻转一条弧线，保持参考点为常量	开始拖曳鼠标，然后按住F键	开始拖曳鼠标，然后按住F键
增加螺旋线长度时，从螺旋线中添加或减少螺旋	按住Alt键拖曳鼠标	按住Option键拖曳鼠标
改变螺旋线的衰减率	按住Ctrl键拖曳鼠标	按住Command键拖曳鼠标
从矩形网格添加或删除水平线或从极坐标网格添加或删除同心圆线	开始拖曳鼠标，然后按↑或↓键	开始拖曳鼠标，然后按↑或↓键
从矩形网格添加或删除垂直线或从极坐标网格添加或删除径向线	开始拖曳鼠标，然后按→或←键	开始拖曳鼠标，然后按→或←键
将矩形网格中的水平分隔线或极坐标网格中的径向分隔线的切变值按10%减少	开始拖曳鼠标，然后按F键	开始拖曳鼠标，然后按F键
将矩形网格中的水平分隔线或极坐标网格中的径向分隔线的切变值按10%增加	开始拖曳鼠标，然后按V键	开始拖曳鼠标，然后按V键
将矩形网格中的垂直分隔线或极坐标网格中的同心圆分隔线的切变值按10%减少	开始拖曳鼠标，然后按X键	开始拖曳鼠标，然后按X键
将矩形网格中的垂直分隔线或极坐标网格中的同心圆分隔线的切变值按10%增加	开始拖曳鼠标，然后按C键	开始拖曳鼠标，然后按C键
单步创建并扩展“实时描摹”对象	在“控制”调板中按住Alt键单击“实时描摹”，或按住Alt键并选择描摹预设	在“控制”调板中按住Option键单击“实时描摹”，或按住Option键并选择描摹预设

（3）用于选择的键盘快捷键

结果	Windows	Mac OS
切换到上次使用的选择工具（【选择工具】、【直接选择工具】、【编组选择工具】或【实时上色选择工具】）	Ctrl键	Command键
在【直接选择工具】和【编组选择工具】之间切换	Alt键	Option键
用【选择工具】、【直接选择工具】、【编组选择工具】、【实时上色选择工具】或【魔棒工具】向选区添加内容	按住Shift键单击鼠标左键	按住Shift键单击鼠标左键
用【选择工具】、【直接选择工具】、【编组选择工具】、【实时上色选择工具】或【魔棒工具】从选区减少内容	按住Shift键单击鼠标左键	按住Shift键单击鼠标左键
用【套索工具】向选区添加内容	按住Shift键拖曳鼠标	按住Shift键拖曳鼠标
用【套索工具】从选区减少内容	按住Alt键拖曳鼠标	按住Option键拖曳鼠标
将选定工具的指针改为十字线	Caps Lock键	Caps Lock键

（4）用于文字处理的键盘快捷键

结果	Windows	Mac OS
向右或向左移动一个字符	→或←键	→或←键
向上或向下移动一行	↑或↓键	↑或↓键
向右或向左移动一个单词	Ctrl+→或←键	Command+→或←键
向上或向下移动一个段落	Ctrl+↑或↓键	Command+↑或↓键
选择左侧后或右侧的单词	Shift+Ctrl+→或←键	Shift+Command+→或←键
选择前一个或后一个段落	Shift+Ctrl+↑或↓键	Shift+Command+↑或↓键
扩展现有的选区	按住Shift键单击鼠标	按住Shift键单击鼠标
段落向左对齐、右对齐或居中对齐	Ctrl+Shift+L、R或C键	Command+Shift+L、R或C键
段落对齐	Ctrl+Shift+J键	Command+Shift+J键
插入软回车	Shift+Enter键	Shift+Return键
突出显示字偶间距调整	Shift+Alt+K键	Command+Option+K键
将水平缩放重置为 100%	Ctrl+Shift+X键	Command+Shift+X键
增加或减小文字大小	Ctrl+Shift+→或<键	Command+Shift+→或<键
增加或减小行距	Alt + ↑或↓键	Option+↑或↓键
将行距设置为文字大小	在“字符”调板中双击行距图标	在“字符”调板中双击行距图标
将字符间距调整/字偶间距调整重置为 0	Ctrl+Alt+Q键	Command+Option+Q键
添加或删除两个字符之间的间距（字偶间距调整）	Alt+→或←键	Option+→或←键

结果	Windows	Mac OS
以5倍增量值添加或删除字符间的间距（字偶间距）	Ctrl+Alt+→或←键	Command+Option+→或←键
增加或减少基线偏移	Alt+Shift+↑或↓键	Option+ Shift+↑或↓键
在【文字】和【直排文字】，【区域文字】和【直排区域文字】，以及【路径文字】和【直排路径文字】工具之间切换	Shift键	Shift键
在【区域文字】和【文字】，【路径文字】和【区域文字】，以及【直排路径文字】和【直排区域文字】工具之间切换	按住Alt键单击【文字工具】	按住Option键单击【文字工具】

2. 操作快捷键方法

Illustrator把快捷键分为两种：工具箱快捷键和菜单快捷键。

（1）工具箱快捷键。Illustrator把最常用的工具都放置在工具箱中，把鼠标放在工具箱按钮上停留几秒，会显示出工具的快捷键（如图11-23所示），熟记这些快捷键可减少鼠标在工具箱和文档窗口间来回移动的次数，帮助设计师提高工作效率。

（2）菜单快捷键。菜单命令也是在设计工作中经常使用到的命令，同样，使用菜单命令的快捷键能提高设计师的工作效率。

1. 按住Alt键+菜单快捷键，如图11-24所示。
2. 在弹出的下拉菜单中，再按住需要执行命令的快捷键，如图11-25所示。

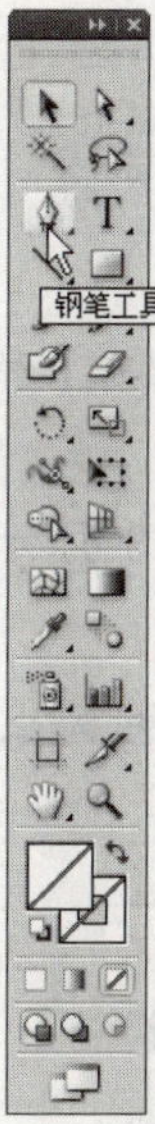

图11-23

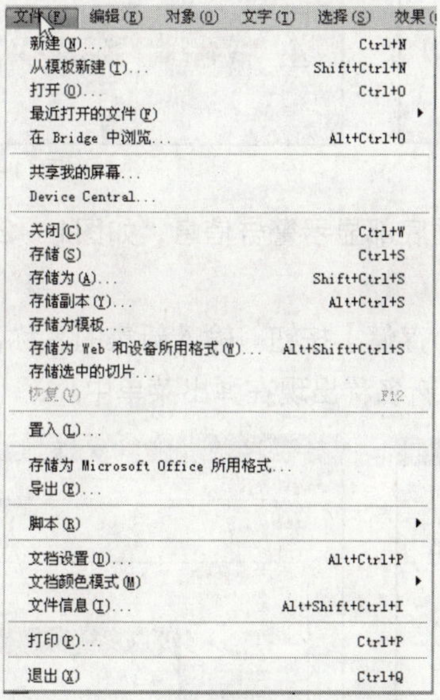

图11-24

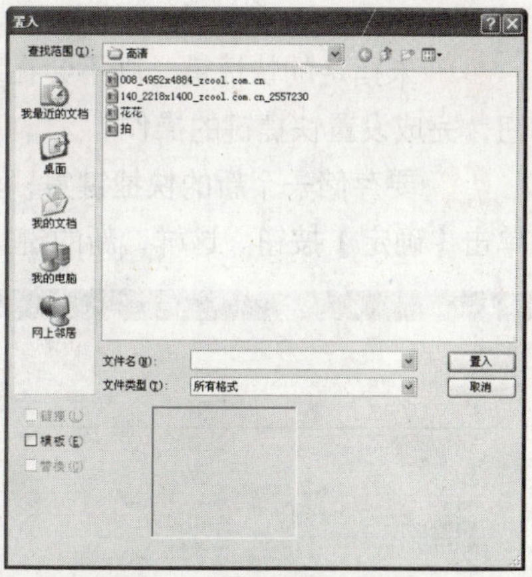

图11-25

3. 定义快捷键

设计师在工作中会发现，Illustrator的菜单命令有些没有设置快捷键，对于经常使用的命令无法快速使用。这时，设计师可以通过执行【编辑】→【键盘快捷键】命令，在弹出的【键盘快捷键】对话框中进行设置，如图11-26所示。

下面介绍定义快捷键的操作步骤。

1 从快捷键显示区上方的菜单中选择一种快捷键类型，本例选择“菜单”。如果该命令当前没有设置快捷键，则在快捷键列表中无显示，如图11-27所示。

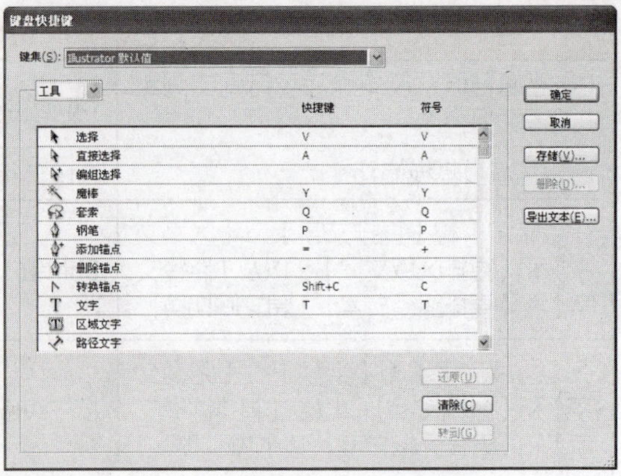

图11-26

2 要更改快捷键，请单击滚动列表中的“快捷键”列，输入一个新的快捷键。如果输入的快捷键已指定给另一个命令或工具，对话框底部会显示一个警告信息，如图11-28所示。此时，可以单击【还原】按钮还原更改，或单击【转到】按钮转到其他命令或工具，并指定一个新的快捷键。在“符号”列中输入要显示在命令或工具菜单中或工具提示中的符号。可以使用“快捷键”列中允许输入的任何字符。

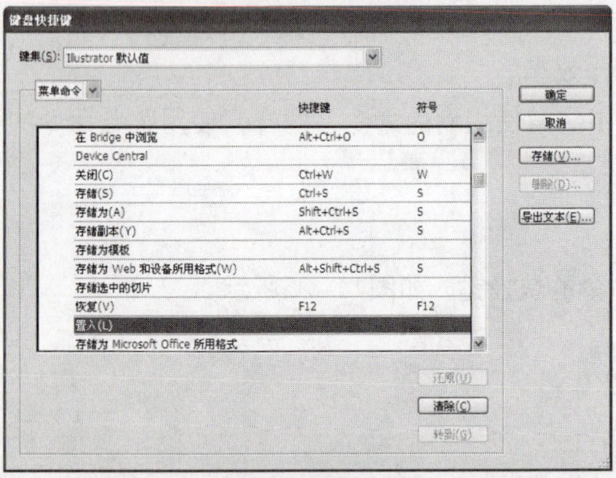

图11-27

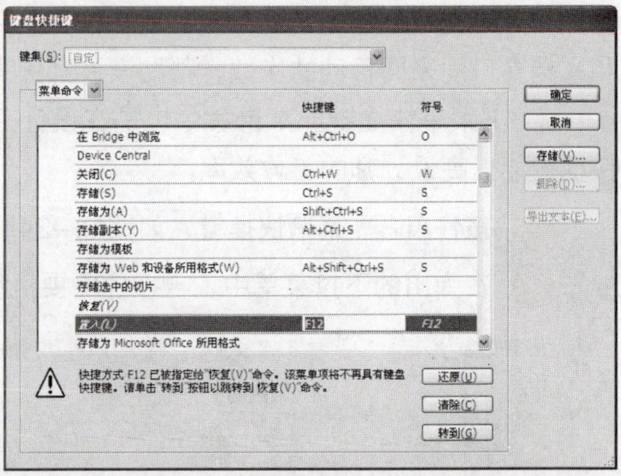

图11-28

3 未指定的快捷键，则不会在对话框底部显示警告信息，如图11-29所示。单击【确定】按钮，完成设置快捷键的操作。

4 要存储一个新的快捷键集，单击【存储】按钮。输入新集的名称，如图11-30所示，然后单击【确定】按钮。这样，新的键集将以新名称出现在弹出菜单中。

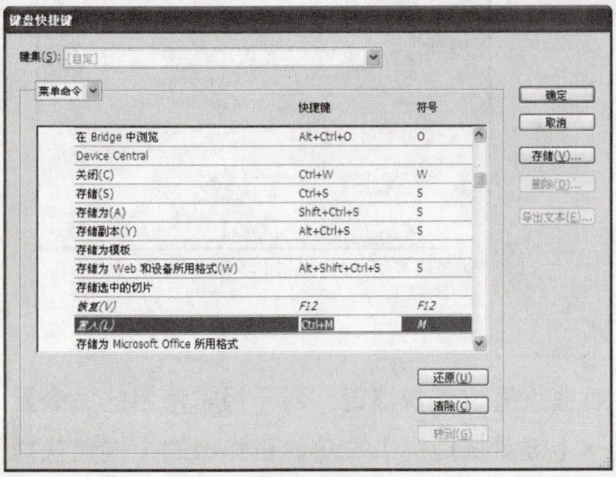

图11-29

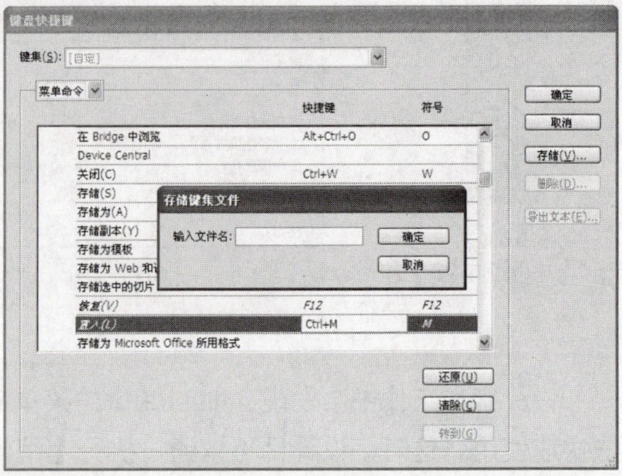

图11-30

5 要删除快捷键集，单击【删除】按钮，如图11-31所示。

6 要将显示的快捷键集导出到文本文件中，单击【导出文本】按钮。弹出【将键集文件存储为】对话框，输入正在存储的当前键集的文件名，如图11-32所示。然后单击【保存】按钮。设计师可以将该文本文件打印出来，做为一份键盘快捷键的副本，如图11-33所示。

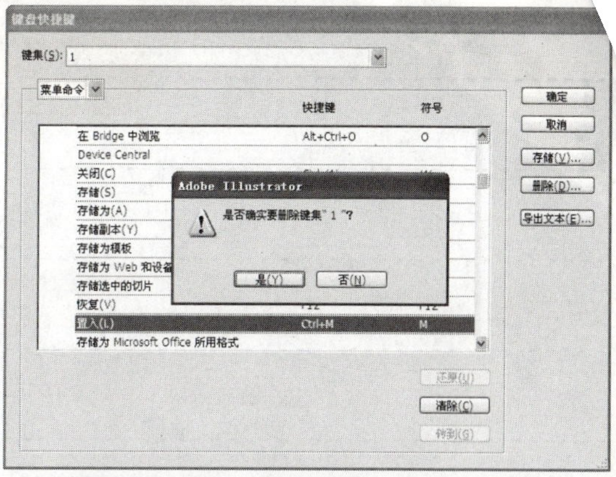

图11-31

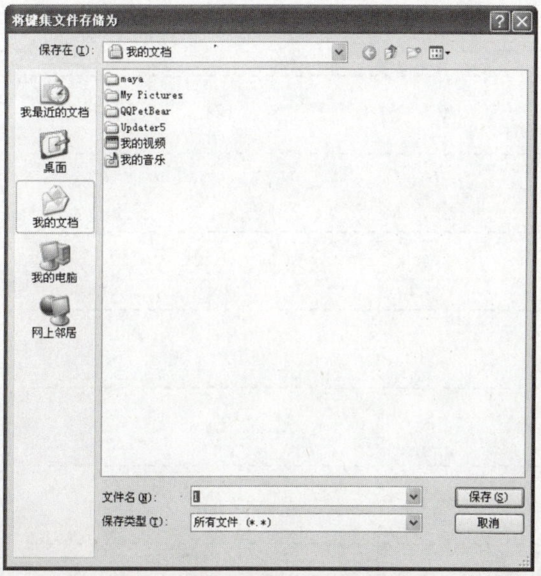

图11-32

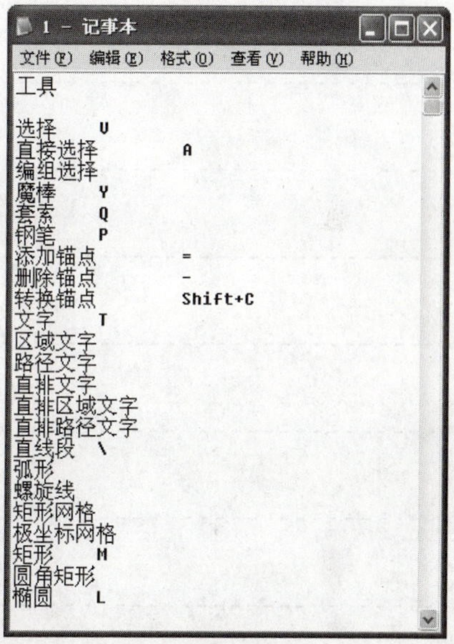

图11-33

11.3 小结

本章主要讲解了如何在设计制作过程中避免设计陷阱，包括底色陷阱、文字陷阱、尺寸陷阱、颜色陷阱、标线陷阱和图片陷阱，介绍了正确的工作习惯和快捷键的使用。通过本章的学习，让设计师在工作中能够减少出错率。

读书笔记